基于.NET Core框架的分布式系统架构设计

汤佳　著

·北京·

内 容 提 要

本书以 C#为编程语言，全面介绍了.NET Core 开发和设计高性能 Web 系统的核心关键技术，同时介绍了版本控制、项目管理等开发中的软件工程技术。全书共有 9 章，主要内容有 Web 项目架构简介、架构体系的演变历程、分布式系统理论、分布式文件存储系统、内存知识进阶、数据全文检索、消息队列中间件、微服务架构、分布式站点的设计与开发。

本书可作为高等院校信息类专业本科 Web 应用开发课程的教材或实践指导书，也可作为.NET Core 开发和应用开发程序员的参考书。

图书在版编目（ＣＩＰ）数据

基于.NET Core框架的分布式系统架构设计 / 汤佳著. -- 北京 : 中国水利水电出版社, 2022.4
ISBN 978-7-5226-0303-2

Ⅰ. ①基… Ⅱ. ①汤… Ⅲ. ①网页制作工具—程序设计 Ⅳ. ①TP393.092.2

中国版本图书馆CIP数据核字(2021)第260019号

策划编辑：陈红华　　责任编辑：陈红华　　封面设计：梁　燕

书　名	基于.NET Core 框架的分布式系统架构设计 JIYU .NET Core KUANGJIA DE FENBUSHI XITONG JIAGOU SHEJI
作　者	汤佳　著
出版发行	中国水利水电出版社 （北京市海淀区玉渊潭南路 1 号 D 座　100038） 网址：www.waterpub.com.cn E-mail：mchannel@263.net（万水） sales@waterpub.com.cn 电话：（010）68367658（营销中心）、82562819（万水）
经　售	全国各地新华书店和相关出版物销售网点
排　版	北京万水电子信息有限公司
印　刷	三河市元兴印务有限公司
规　格	170mm×240mm　16 开本　15.5 印张　234 千字
版　次	2022 年 4 月第 1 版　2022 年 4 月第 1 次印刷
定　价	84.00 元

前　言

众所周知，现代的软件开发通常会从下向上抽象为系统层、中间层和应用层。中间层和系统层是支撑体系的基础，而且更封闭或狭窄，需要人耐得住寂寞，经受得起考验，所以在这个领域出了很多“大牛”。大部分程序员都是为“应用”而生的，毕竟工程要落地在实际业务应用上才有立足之本，有了应用才有更多商业价值，“码农”才能养家糊口，所以应用层就如同实践领域一般，相对不那么容易出“大神”。软件开发的教父级人物——Martin Fowler 是应用层罕见的“大神”，他将软件开发的实践过程抽象总结并形成实践“概念”。他提出的微服务架构是一个分布式系统架构，按业务领域划分为独立的服务单元，满足越来越复杂的业务需求，并且可以自动化运维、容错、快速演进。微服务是“互联网+时代”催生的一种设计思想和理念。随着业务场景越来越复杂，云计算、大数据、区块链、人工智能飞速发展，对系统架构提出了越来越高的要求，我们原来使用的单体架构已经不能满足工作场景的需求，本书应运而生，Martin Fowler 的“敏捷开发方法论”理念给了我巨大的启发。

本书主要讲解了分布式架构层级、分布式和集群的概念、分布式架构解决的问题、分布式架构的优点、分布式系统的关键技术、分布式系统核心。本书从多个维度全面剖析分布式系统全栈技术，呈现分布式系统架构的多样性和完整性。

本书结合作者多年实战经验，注重基础知识，兼顾实用能力培养，技术全面，可读性强，既可作为高校计算机专业本、专科学生的学习资料，又可供计算机、力学、物理学科各专业选用及社会读者阅读。由于编写时间有限，内容略显陈旧，案例略显枯燥，技术条理性不够清晰，希望广大读者给予批评指正。

作者

2021 年 10 月

目　　录

第 1 章　Web 项目架构简介

1.1　经典三层架构模式

一些小型的网站（如小型信息管理系统、企业门户网站、个人博客系统或者功能单一的应用类网站）只要使用简单的一个工程项目，采用 MVC 框架模型，配合 HTML 静态页面，采用简单的 RestAPI，就能实现一个功能完善的 Web 应用系统。该系统内的每个展示界面都要归于共有的目录之中，同时，以此为基础的页面能够拥有一个对各方面功能都存在较低标准的准入性。

典型的个人博客系统架构如图 1-1 所示。

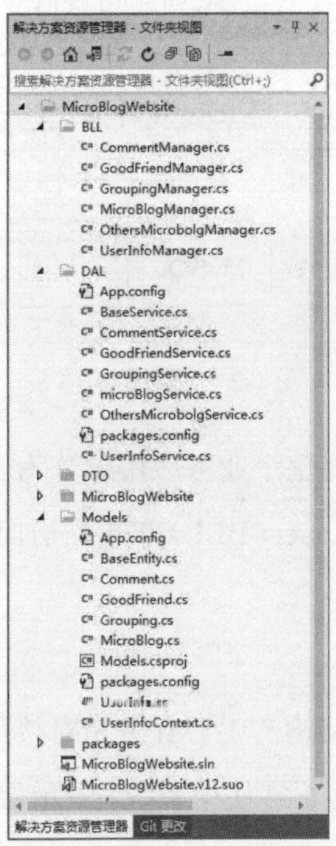

图 1-1　典型的个人博客系统架构

从以往的情况来看，网站本身的构建思路取决于其内容和规模，而规模上具有较低水平的网站所采取的构建思路通常都会以多项共进为主导，将内容分为多个层级，以层级的分类建构为中心，该思路主要也是基于一种共同的架构中心，同时一些软件的体系中具有较高的应用频率。例如在相关系统中较出色的微软架构采用了三层架构（three-tier architecture）体系，如图 1-2 所示。

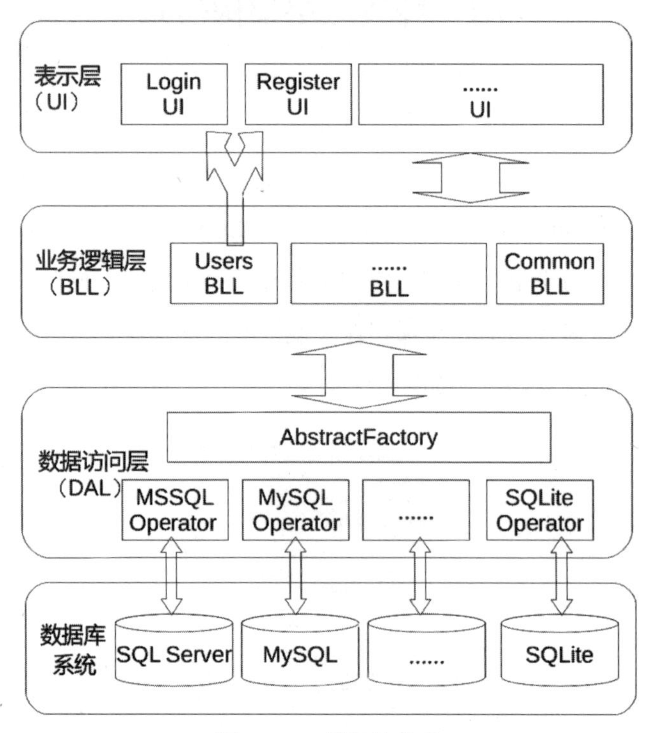

图 1-2　三层架构体系

三层架构通常意义上是将整个业务应用划分为表示层（User Interface，UI）、业务逻辑层（Business Logic Layer，BLL）和数据访问层（Data Access Layer，DAL）三个层次。

1. 表示层

在表示层中，系统设计架构的中心任务是对接用户端，进而实现处理需求、信息传输等任务，让用户能够正常使用系统。表示层是用户直达系统的直接渠道，其核心功能在于对系统内容的表达，同时实现对使用者相关信息的纳入，进而使得业务逻辑层在运行时实现对 UI 信息的处理，并以处理后的数据作为对用户需求的表现，在该层中，更多的是一种与使用者的对接。

实现层级划分过程本身也是降低开发者操作难度的过程，当开发者的注意力能够实现聚焦时，工作效率也能够得以提升。同时层级的改变不再受到整体的桎梏，能够做到更简易地更替，进而直接投入使用。这种方式从某种意义上来说也提升了各部分之间的独立性，使得每个部分能够实现更高的架构准则，并为其他部分带来更大拓展潜力。然而分层思想中存在着一定的问题，即增加了数据访问的步骤，信息的提取步骤变得更复杂，还会出现相关的问题。例如级联修改问题下，分层思想会使得中层系统需要作出相关改进，并需要在业务逻辑层和数据访问层的修改工作量大幅提升，进而使得开发者的工作量大幅提升。

在高性能 Web 项目的运行过程中，需要考虑系统的并发性能，采用缓存是网站性能优化不可缺少的一种数据处理机制，它能有效地缓解数据库压力。缓存一般被定义为以内部存储缩减载入工作量的机制。通俗来说，使用者获取的资料会以系统内部空间进行保留，省略了线上信息的载入过程，使用者能够直接查看已有信息。在小型项目中，一般采用页面缓存、数据源缓存、自定义数据缓存等。

因为网站日志的作用一般是记录系统中各处理项目或者问题，所以也可以称为服务器日志。服务器日志的核心是记录系统运行细节，进而实现以服务器日志洞悉使用者的行为、操作时间、行为过程依托的具体方式和具体设备等，以及行为的最终结果。在小型网站中，可采用 Log4net 为应用添加日志功能。应用 Log4net，开发者可以很精确地控制日志信息的输出，减少了多余信息，提高了日志记录性能。同时，通过外部配置文件，用户可以不用重新编译程序就能改变应用的日志行为，可以根据情况灵活地选择要记录的信息。在实际项目部署过程中，为了保障系统的安全，可采用 Web 应用防火墙进行 Web 防护、网页保护等整体安全防护。采用 Web 应用防火墙，可事前主动防御、智能分析应用缺陷、屏蔽恶意请求、防范网页篡改、阻断应用攻击，全方位保护 Web 应用；并且能够在事中智能响应，快速 P2DR 建模、模糊归纳和定位攻击，阻止风险扩散，将“安全事故”消除于萌芽之中。通过事后行为审计，深度挖掘访问行为、分析攻击数据、提升应用价值，为评估安全状况提供详尽报表，从而提高应用响应速度和系统性能，改善Web 访问体验。

在科技发展的大背景下，网络上的网站建设技术越发成熟，相关技术发展的细化程度也越来越高，使得依托于网站技术的相关程序有了更多的提升需求。规模较大的平台上往往有着较高水准的技术支持，这使得平台无论是构建网站的基础系统还是技术，都有着深厚的发展基础，也使得网站对有关内部的设计水平有了越来越严格的标准。

2. 业务逻辑层

业务逻辑层主要是调用数据访问层的方法，然后返回结果给表示层。如果业务逻辑相对复杂，可以再创建一层，采用多层架构。此层的工作逻辑为具有较强指向性的工作方法，其工作对象一般为数据层，主要更改的是该层的底层逻辑。从整个系统的重心来看，该层工作的实际作用较强，是一个系统中最具代表性的层级，其工作重心一般聚焦于规则制定、流程实现等，而这类工作也往往和工作需要呈现出较明显的关联性特征，这代表着业务逻辑层本身的相关性还体现在其内部领域逻辑中，这也是业务逻辑层还叫作领域层的原因。业务逻辑层不仅是一个系统中最具核心价值的层级，而且更居于一个系统的重心位置（主要在前三层中的第二层），居于其中，既能够与表示层进行数据交互，又能够与数据访问层形成对接。在基于层级这一基本逻辑架构体系的情况下，其相互之间的关系也存在着纵向的依靠状态，依靠程度与层级级别成负相关，即当在较高的层级出现调整时，较低层级内的体系架构和数据都不会有变动。这种负相关依赖也会随着设计进行调整，当接口处于一种正对状态时，负相关依赖会随之降低。所以将变量的控制点集中于接口朝向时，整个结构体系会趋于一个较完善的状态，并以一种可替换层级的形式结构出现。所以业务逻辑层本身是一个具有极大潜力的层级，其内部设计的改善可以让整个系统的开发潜力得到巨大提升。在该过程中，业务逻辑层实现了双重作用，一方面对下一层级实现了数据获取，另一方面对上一层级进行了数据传输。

3. 数据访问层

数据访问层主要是连接数据库的，执行插入和查询等操作。该层级的主要应用对象一般代表着以数据库、文本等为主要存储形式的数据，这类数据并非来自系统最初包含的资源，而是后期生成的内容。从功能划分来说，该层因作用的交互点来自对数据库内容的查找与配置，故也叫作持久层。如果要在此层加入 ORM 的元素，那么会包括对象和数据表之间的 mapping 以及对象实体的持久化。为了能够屏蔽数据库的差异，使得系统能够适用于各类数据库，可采用抽象工厂的模式，为各类数据库建立一个抽象类——AbstractFactory，而 MSSQLOperator、MySQLOperator 和 SQLiteOperator 实现了 AbstractFactory 类，通过配置文件，可以任意切换系统采用的数据库类型，这有利于系统的移植。抽象工厂模式是所有形态的工厂模式中最抽象和最具一般性的一种。抽象工厂模式是有多个抽象角色时使用的一种工厂模式。抽象工厂模式可以向客户端提供一个接口，使客户端在不必指定产品的情况下，创建多个产品族中的产品对象。根据里氏替换原则，任何接受父类型的地方，都应当能够接受子类型。因此，实际上系统需要的仅是类型与这些抽象角色相同的一些实例（具体子类的实例），而不是这些抽象产品的实例。工厂类负责创建抽象产品的具体子类的实例。

1.2 工厂模式简介

从人类文明的演进过程来看，最初我们生存需求较少，以家庭和个人为单位，没有具体的生产单位；发展到农耕文明时，开始有了一定的加工规模，并实现了一个小的生产体系；工业革命时期，有了一套系统化的加工方式，并能够实现流水线操作；出现有现代化意义的工厂时，有了成熟产业和品牌的复杂系统。每个阶段特征都可以被比喻为一套代码，从最初的单一型转变为最后的复杂型；而从调用者的角度来看，越是复杂的代码，反而应用成本越低。

工厂模式的定义如下：定义一个创建产品对象的工厂接口，将产品对象的实际创建工作推迟到具体子工厂类当中。这满足创建型模式中要求的“创建与使用相分离”的特点。工厂模式是我们最常用的实例化对象模式，是用工厂方法代替实例化对象操作的一种模式。在日常开发中，凡是需要生成复杂对象的地方，都可以考虑使用工厂模式来代替。

1. 工厂模式的优点

(1)工厂类包含必要的逻辑判断,可以决定在什么时候创建哪个产品的实例。客户端可以免除直接创建产品对象的职责，很方便地创建出相应的产品。工厂和产品的职责区分明确。

(2）客户端无须知道创建具体产品的类名，只需知道参数即可。

(3）也可以引入配置文件，在不修改客户端代码的情况下更换和添加新的具体产品类。

2. 工厂模式的缺点

(1）简单工厂模式的工厂类单一，负责创建所有产品，职责过重，一旦出现异常，整个系统将受影响；且工厂类代码非常臃肿，违背高聚合原则。

(2）使用简单工厂模式会增加系统中类的数量（引入新的工厂类），增大系统的复杂度和理解难度。

(3）系统扩展困难，一旦增加新产品，就不得不修改工厂逻辑，在产品类型较多时，可能造成逻辑过于复杂。

(4）简单工厂模式使用static工厂方法，造成工厂角色无法形成基于继承的等级结构。

3. 工厂模式的应用场景

对于产品种类较少的情况，考虑使用简单工厂模式。使用简单工厂模式的客户端只需要传入工厂类的参数，不需要关心如何创建对象的逻辑，可以很方便地创建所需产品。

4. 简单工厂模式的结构与实现

简单工厂模式的主要角色如下：

(1）简单工厂（SimpleFactory)：是简单工厂模式的核心，负责创建所有实例的内部逻辑。工厂类的创建产品类的方法可以被外界直接调用，创建所需的产品对象。

（2）抽象产品（Product）：是简单工厂创建的所有对象的父类，负责描述所有实例共有的公共接口。

（3）具体产品（ConcreteProduct）：是简单工厂模式的创建目标。

简单工厂模式的结构如图 1-3 所示。

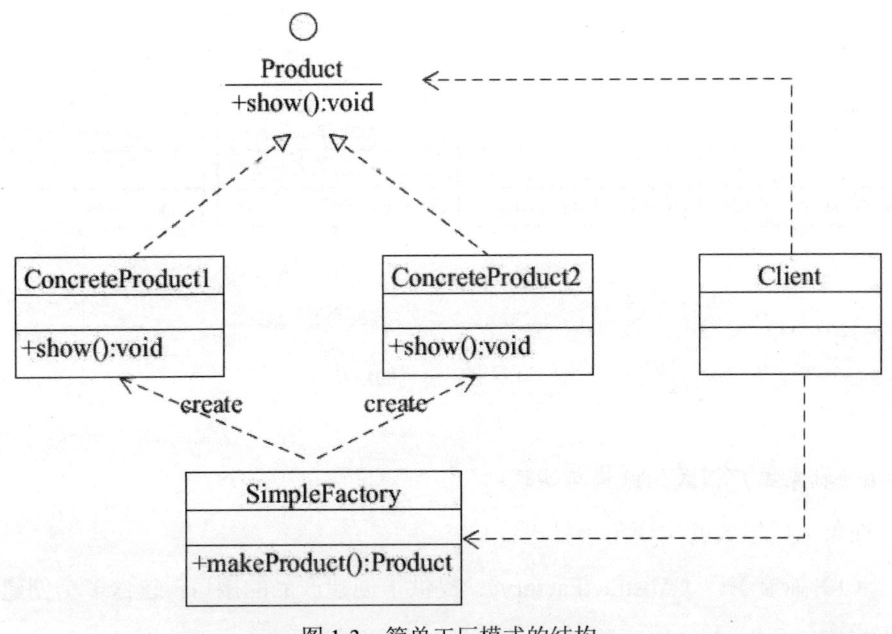

图 1-3　简单工厂模式的结构

5. 工厂模式的结构与实现

工厂方法模式的主要角色如下：

（1）抽象工厂（AbstractFactory）：提供创建产品的接口，调用者通过它访问具体工厂的工厂方法 newProduct()来创建产品。

（2）具体工厂（ConcreteFactory）：主要是实现抽象工厂中的抽象方法，完成具体产品的创建。

（3）抽象产品（Product）：定义了产品的规范，描述了产品的主要特性和功能。

（4）具体产品（ConcreteProduct）：实现了抽象产品角色定义的接口，由具体工厂创建，与具体工厂一一对应。

工厂模式的结构如图 1-4 所示。

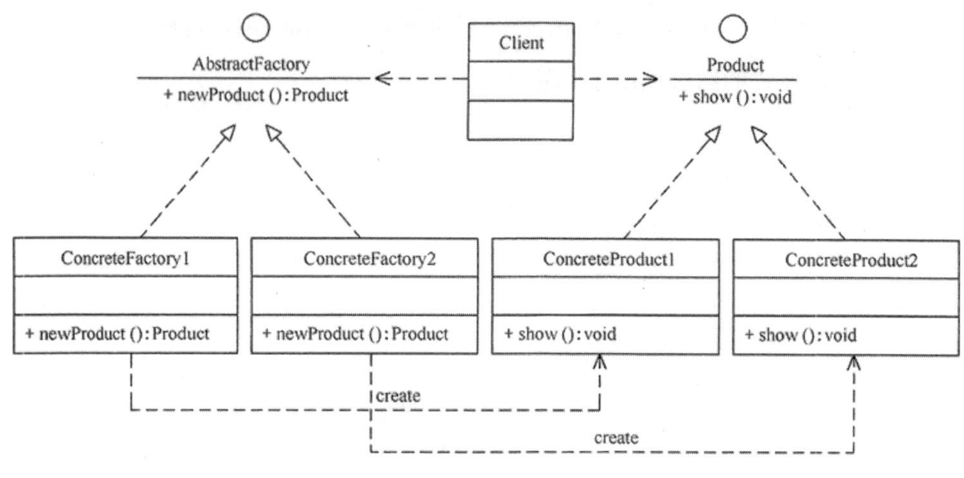

图 1-4　工厂模式的结构

6. 抽象工厂模式的结构与实现

抽象工厂模式的主要角色如下：

（1）抽象工厂（AbstractFactory）：提供了创建产品的接口，包含多个创建产品的方法 newProduct()，可以创建多个不同等级的产品。

（2）具体工厂（ConcreteFactory）：主要是实现抽象工厂中的多个抽象方法，完成具体产品的创建。

（3）抽象产品（Product）：定义了产品的规范，描述了产品的主要特性和功能，抽象工厂模式有多个抽象产品。

（4）具体产品（ConcreteProduct）：实现了抽象产品角色定义的接口，由具体工厂创建，与具体工厂是多对一的关系。

抽象工厂模式的结构如图 1-5 所示。

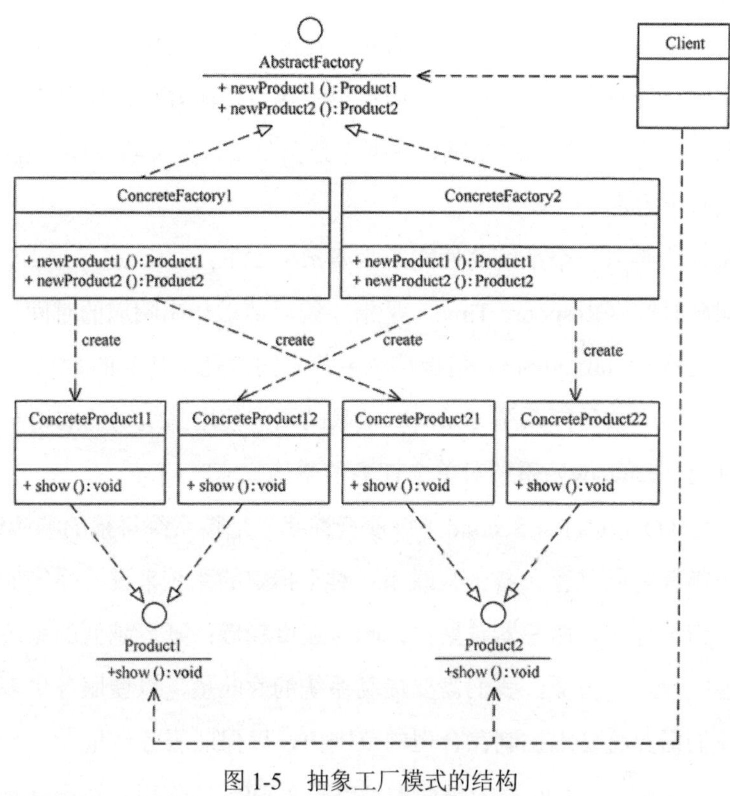

图 1-5　抽象工厂模式的结构

1.3　高并发系统存在的瓶颈

从一般情况来看，“程序”被解释为三种功能的结合体，分别是算法、数据结构和数据。从算法的概念来看，程序的本质是一种应用计算的途径，其更强调使用方法，而数据结构一般被定义为数据在某个系统中的存在体系。从这两个方面来看，都能够呈现出一种系统架构对资源的应用需求，其中包括处理器、存储等多种类型的资源。

所谓临界资源就是多个进程（线程）并发访问某个资源时，该资源同时只能服务某个或者某些进程（线程）。服务的瓶颈主要就是在这些临界资源上，还有一些资源原本并不是临界资源，比如内存在一开始是够的，但是因为连接数或者线程数不断增多，最终导致其成为临界资源，其他的 CPU、磁盘、网卡其实和内存一样，在访问量增大以后都可能成为瓶颈。在高并发系统中，并发系统中的共享资源并发访问、计算型密集型任务访问、单一热点资源峰值问题是系统存在的主要瓶颈来源，主要表现在网络带宽、数据库数据阻塞、服务器性能、程序的优化、缓存技术这几个方面。

一般来说，衡量一个系统的性能的主要指标如下：

- 响应时间（Response Time）是指系统对请求作出响应的时间。
- 吞吐量（Throughput）是指系统单位时间内处理任务的数量。
- 并发用户数是指系统可以同时承载的正常使用系统功能的用户的数量。
- 延迟（Latency）系统对单个任务的平均响应时间。
- QPS（Queries Per Second，每秒查询率）是指系统每秒的响应请求数。

这五个指标之间又存在着一些联系：对于指定的系统来说，系统的吞吐量越大，处理的请求越多，服务器越繁忙，响应速度越慢；延迟越低的系统，能够承载越大的吞吐量。一方面，我们需要提高系统的吞吐量，以便服务更多用户；另一方面，我们需要将延迟控制在合理的范围内，以保证服务质量。

从一般情况来看，吞吐率的指标为 QPS，而 QPS 的作用是实现高频率状态下同时发生的情况，所以 QPS 实际来说具有一定的核心作用。高并发场景会为处理器带来极大的负荷，进而使得程序处理时效大幅降低，从 Web 服务器来看，随着所需处理项目的增加，处理器的工作内容数量也在不断增大，进而使得处理器磨损程度不断增大，降低了处理器工作能力，同时降低了处理时效。

尽管有关网络带宽的问题也从属于相关影响因素，但其是否能够作为请求瓶颈的标准在于请求资源的具体内存占用，当系统请求的资源容量较大、数量较大时，可能造成单服务器网络接口传输速率达到上限而导致阻塞。如对于千兆网络带宽，当 bps 达到 100 左右时，网络出口占用为 120MB/s，这是千兆网卡的满载速率了，导致网络成为主要瓶颈。通过查看网络 I/O 传输表，可以发现 eth0-write 的速率达到 120000KB，也就是 120MB。这种方式就是请求接近单机的性能瓶颈，造成了数据传输瓶颈。

网络带宽一般被定义为从一个端口到另一端口能够进行实际应用的阈值。该定义往往是从两种角度出发的，多数情况下是缺少对称性的，通常上部会比下部小，同时在核心和出口方位的数据链路会呈现出较小的差距和距离。所以在路径的选择上，以走向为区分标准意义重大。贯通广域网数据包的网关在具有特殊工作环境的情况下，容易实现网关的延时工作，尽管这种延时的数值较小，但多次工作堆叠下的延时时长会大幅增加，同时 TCP/IP 协议往往会在广域网中表现出时效较差的工作状态。举例来说，非主系统的使用者在调用总服务器资源的过程中，会在短时间内不断触发使用者与服务系统的交互行为，即“握手机制”。就算以提速的方式改变网络，TCP 也无法呈现出较良好的工作成效。此外，机械硬盘的单位时间内磁盘读写数据也可能造成数据传输瓶颈。

无限地增加带宽不如合理地分析网络中的应用，部署智能的服务保障体系。我们需要提高对网络流量的监控能力，实现网络流量协议的划分，如 Web 浏览（HTTP），电子邮件（POP3、SMTP、Web MAIL），文件下载（FTP），即时聊天（MSN、QQ 等），流媒体（MMS、RTSP）等。针对不同的网络应用协议进行流量监控和分析，如果某个协议在一个时间段内出现超常占用可用带宽的情况，则可能出现攻击流量或蠕虫病毒。再者，针对现有广域网应用，部署 QoS 也可以起到加速的作用。因为 QoS 强调网络的充分可控性，即需要对网络资源和用户行为进行严格的约束和控制。至今为止，在 IP 网络上实现 QoS 已经有若干可行方案，包括 IntServ、DiffServ、SCORE、DPS 等。其中，进入网络工程领域的是基于 MPLS 的 QoS 方案，许多企业已经充分将 VPN 与 QoS 同步部署。MPLS 是面向连接的，是 ATM 技术在 IP 网络内的扩展，通过在网络中间节点上维护一定的状态信息，保证分组在网络中流动时的可控性，是电信网络设计思想在互联网中的渗透与融合。

影响系统并发性能的另一个主要瓶颈是数据库处理速度。随着业务规模的增大，访问量的增大，如果不对业务进行拆分，每个模块都使用相同的数据库进行存储，则不同的业务访问相同的数据库，势必造成数据库的写压力增大。单纯地增加 cache 层（如 Memcached）只能缓解数据库的读取压力，并不能够从本质上解决这个问题，读写集中在一个数据库上让数据库不堪重负。这种情况下一般应用的解决方式是 master-slave，应用后能够让数据库信息的载入能力强化，并且存储信息传输的拓宽潜力有所提升。该模式的根本逻辑在于项目代码的编写对象仅在于主服务器，而代码的载入需要由从属平台完成，该逻辑的内涵在于提升主服务器处理的单一性，而从数据库处理 select 查询，数据库复制被用于把事务性查询（增删改）导致的改变更新同步到集群中的从数据库。而在数据库中，采用集中性工作的工作方式能够提高对并发查询的工作能力，同时在发现相关信息改动时能够做好信息的同步，并让处理器的处理时效切实得到强化。

无论怎样都应从瓶颈来源入手，通过追根溯源判断处理器资源占用率、虚拟内存占用率等情况的影响程度。在此类问题出现的情况下，均能够以提高硬件素质的方式来应对；而相对地，提升硬件素质会带来更高的成本。从另一个层面来说，可以从软件的角度进行缓解，例如提升内存空间或提升 I/O 处理效率的方式，同时可以从数据库内部结构进行优化，进而解决相关问题。

1.4 大型互联网公司系统架构图

在海量数据处理和搜索引擎的诸多技术中，系统架构图背后隐藏的设计思想是构建高性能 Web 系统的指南。以下是在互联网上搜集的 WikiPedia、Facebook、Yahoo！Mail、Twitter、Google App Engine、Amazon、优酷、12306 等大型网站的技术架构。通过分析这些知名互联网公司网站的架构，寻求高性能 Web 系统设计的思路。

1.4.1 WikiPedia 技术架构

WikiPedia 的技术架构如图 1-6 所示。

WikiPedia 的官网的峰值请求为 30000QPS，每秒近 3Gbit 流量，约为 375MB。系统中存在一个 GeoDNSA 服务器，通过解析用户的 IP 地址，把用户分配到最近（网络距离，最小跳数）的服务器。GeoDNS 在 WikiPedia 架构中担当重任当然是由 WikiPedia 的内容性质决定的——面向各国、各地域。WikiPedia 负载均衡系统如图 1-7 所示。

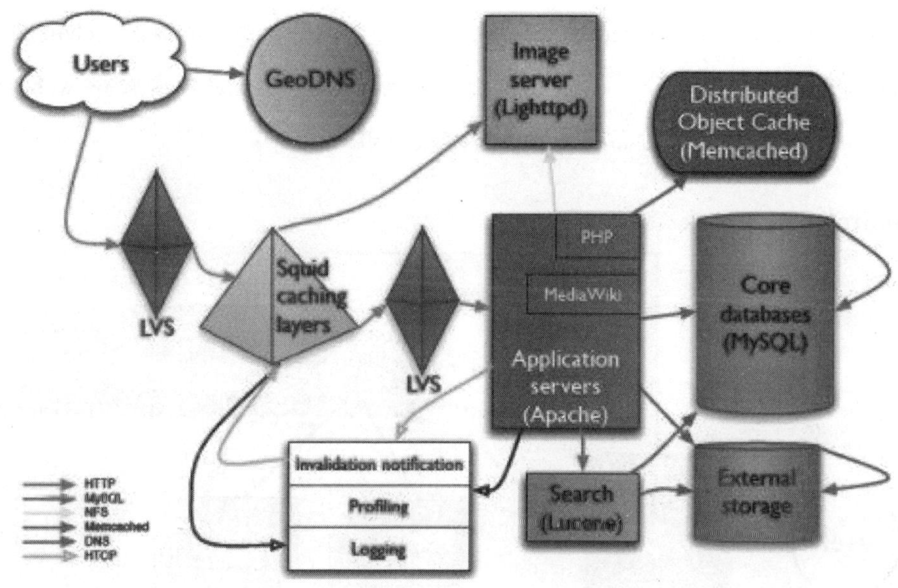

图 1-6　WikiPedia 的技术架构

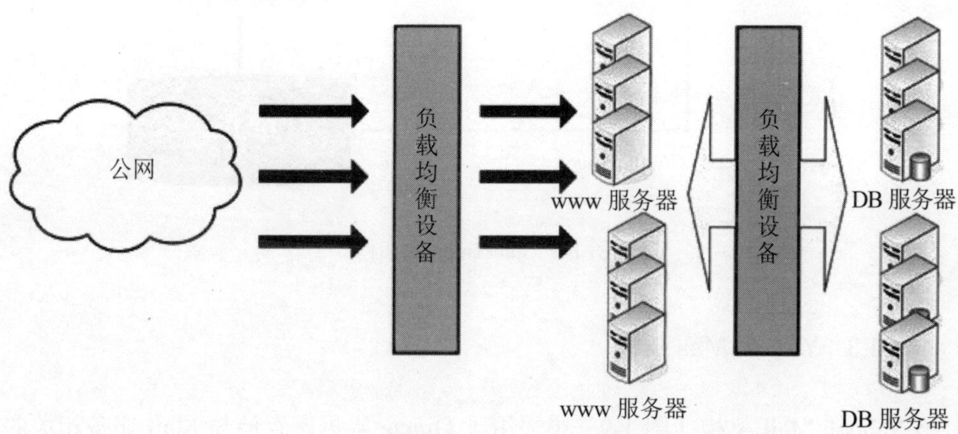

图 1-7　WikiPedia 负载均衡系统

1.4.2　Facebook 架构

Facebook 作为全球领先的社交网络，其高性能集群系统承担了海量数据的处理，它的架构（图 1-8）一直为业界众人所关注。Facebook 的页面采用 PHP 开发。

web tier、chatlogger、presence、channel 都是多个服务器组成的集群。channel 服务器又根据 User ID 做分区，每个分区有一个高可用的 channel 集群服务。web tier、chatlogger、presence 的分布和冗余备份方式未知。

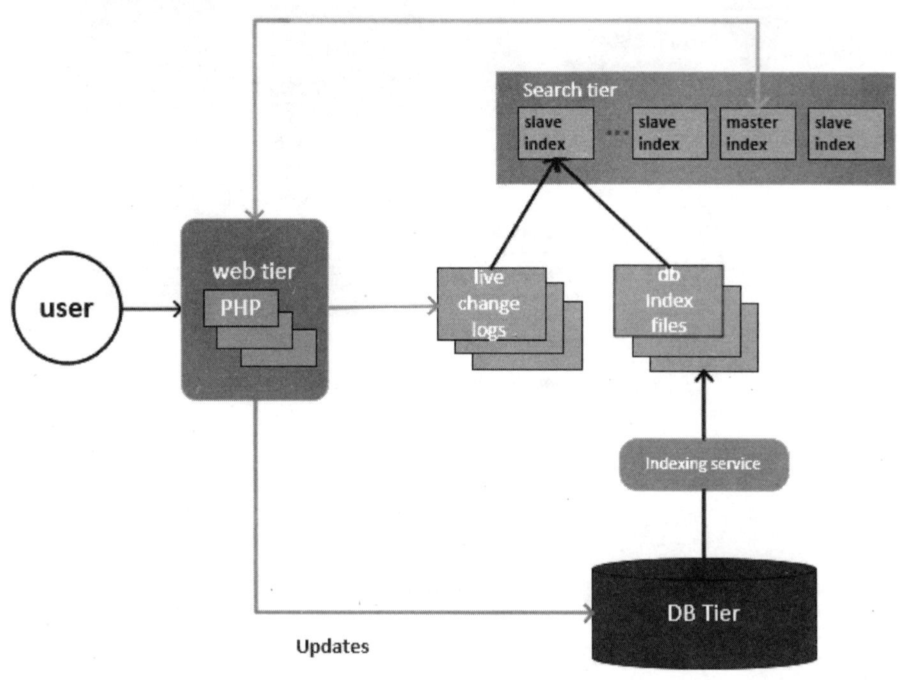

图 1-8 FackBook 的架构

1.4.3 Yahoo! Mail 架构

Yahoo! Mail 架构（图 1-9）中采用了 Oracle 数据库存储与 Mail 服务相关的 Meta 数据。70% Hadoop 的贡献来自 Yahoo 公司，Hadoop 一直是 Yahoo 公司云计算平台的核心。除了支持批处理的 Hadoop 之外，Yahoo 框架中还集成了 Spark 和 Storm 等计算框架。Yahoo 公司针对实时数据类型（即流数据）的计算分析框架，在流数据不断变化运动的过程中实时分析，捕捉可能对用户有用的信息，并把结果迅速发送出去。

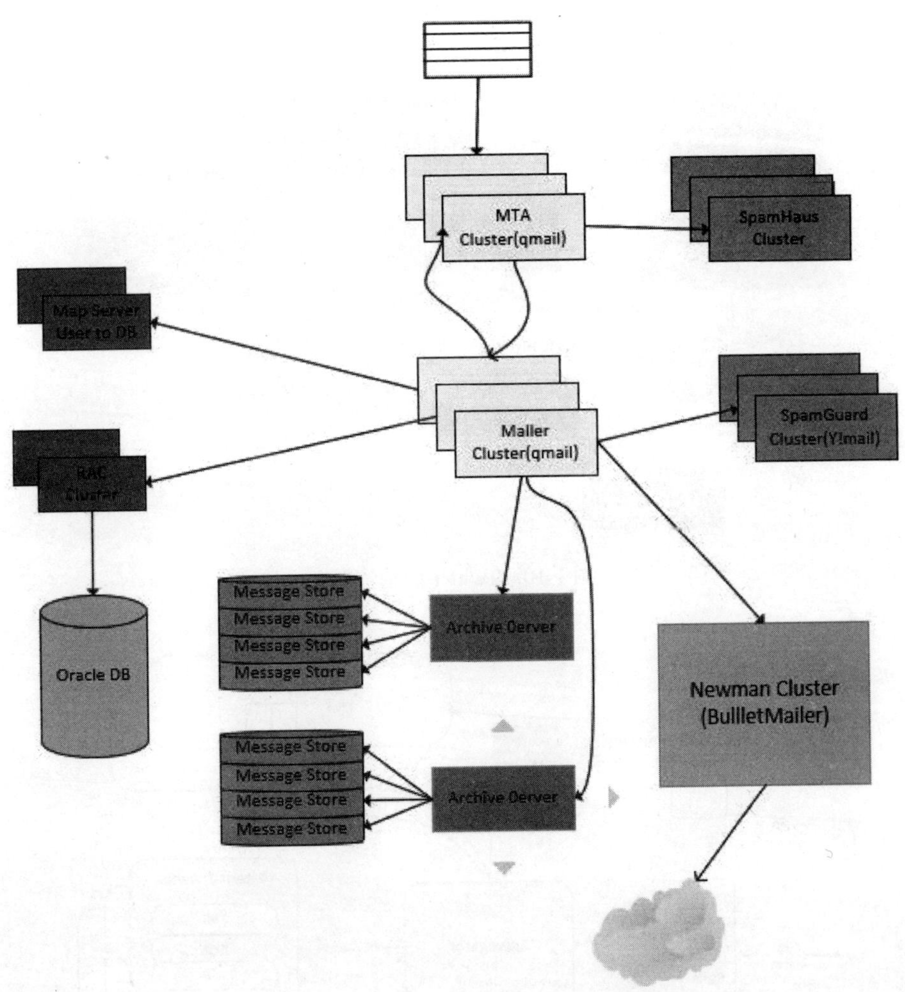

图 1-9 Yahoo! Mail 的架构

1.4.4 Twitter 技术架构

Twitter 平台大致由网站、手机应用及第三方应用构成，如图 1-10 所示。在大型 Web 应用中缓存起到很重要的作用，数据越靠近 CPU，存取速度越快。Twitter 的缓存架构图如图 1-11 所示。

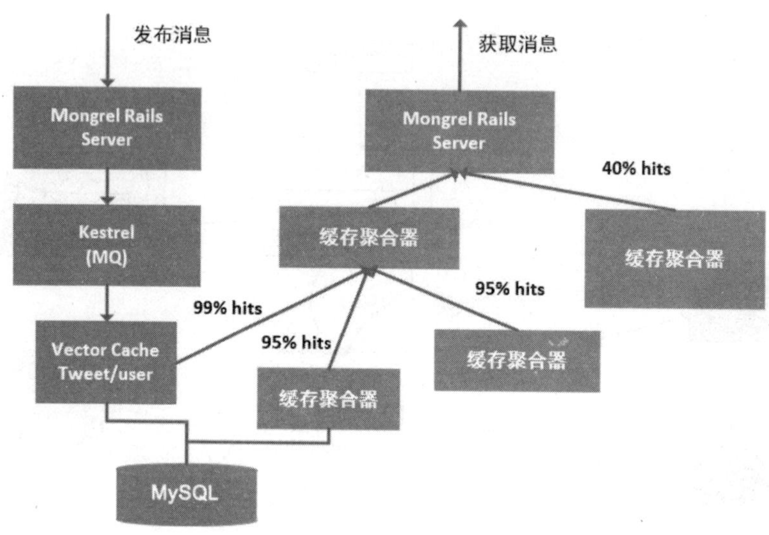

图 1-10 Twitter 的整体架构

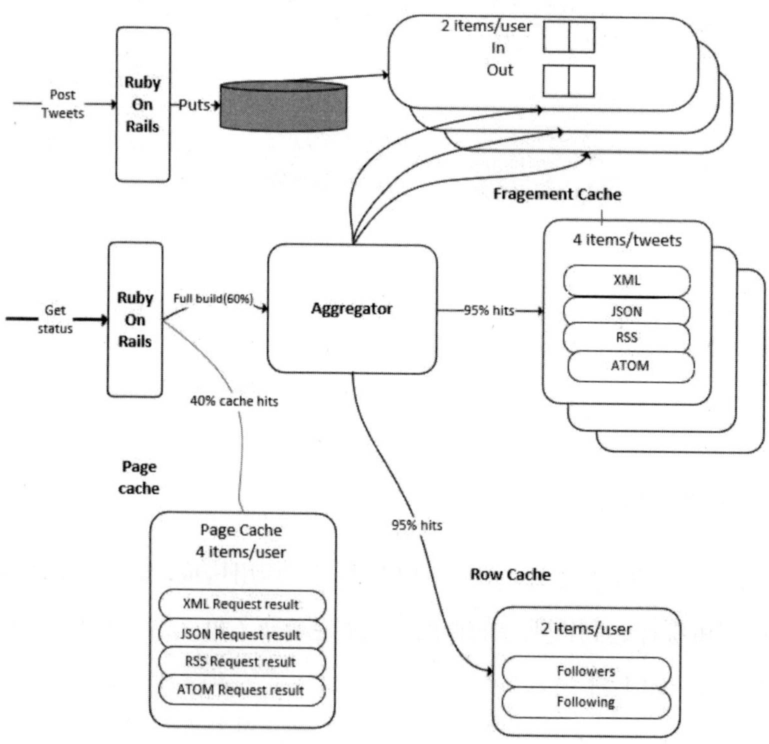

图 1-11 Twitter 的缓存架构

缓存系统的架构如图 1-12 所示。

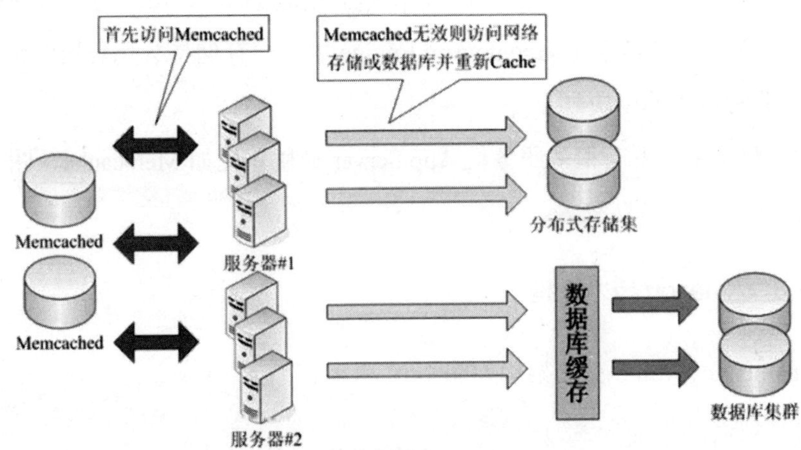

图 1-12 缓存系统的架构

1.4.5 Google App Engine 技术架构

Google App Engine 的架构分为三个部分：前端、Datastore 和服务器集群，如图 1-13 所示。

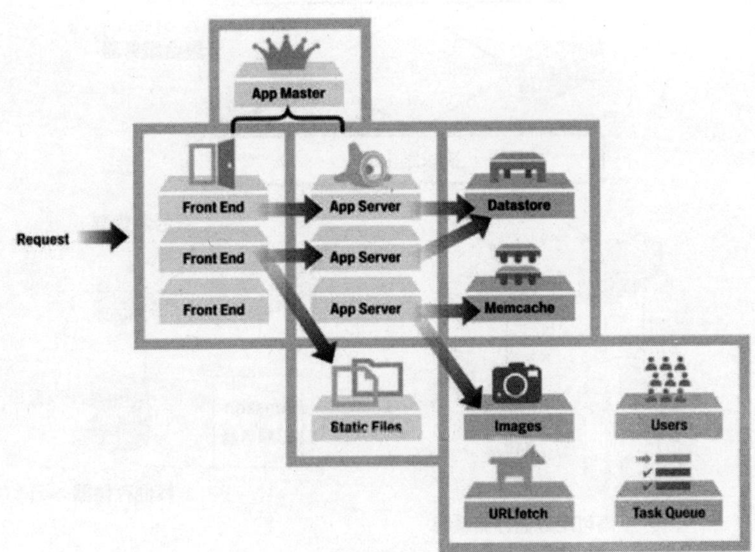

图 1-13 Google App Engine 技术架构

（1）前端包括 4 个模块：Front End、Static Files、App Server、App Master。

（2）Datastore 是基于 BigTable 技术的分布式数据库，虽然也可以理解成一个服务，但是由于其是整个 Google App Engine 中唯一存储持久化数据的地方，因此是一个非常核心的模块。

（3）整个服务群有很多服务供 App Server 调用，比如 Memcache、图形、用户、URL 抓取、任务队列等。

1.4.6 Amazon 技术架构

Dynamo Key-Value 存储架构如图 1-14 所示。

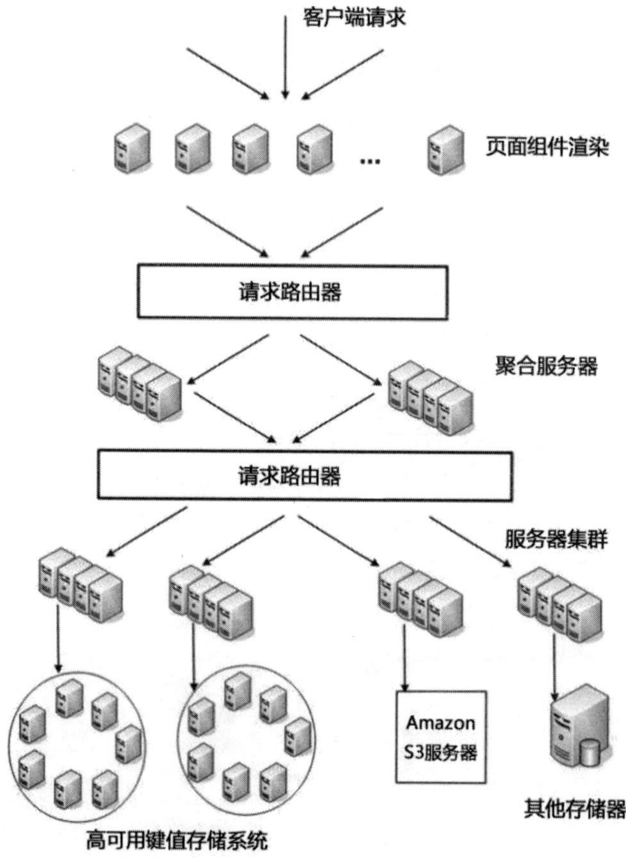

图 1-14　Dynamo Key-Value 存储架构

Dynamo 是 Amazon 的 key-value 模式的存储平台，可用性和扩展性都很好，性能也不错，读写访问中 99.9%的响应时间都在 300ms 内。其按分布式系统常用的哈希算法切分数据，分放在不同的节点上。当进行 Read 操作时，根据 key 的哈希值寻找对应的节点。Dynamo 使用了 Consistent Hashing 算法，node 对应的不再是一个确定的哈希值，而是一个哈希值范围，key 的哈希值落在这个范围内，则顺时针沿环找，碰到的第一个 node 即为所需。

Dynamo 对 Consistent Hashing 算法的改进在于：它放在环上作为一个 node 的是一组机器，而不是 Memcached 把一台机器作为 node，这组机器是通过同步机制保证数据一致的。

分布式存储系统如图 1-15 所示。

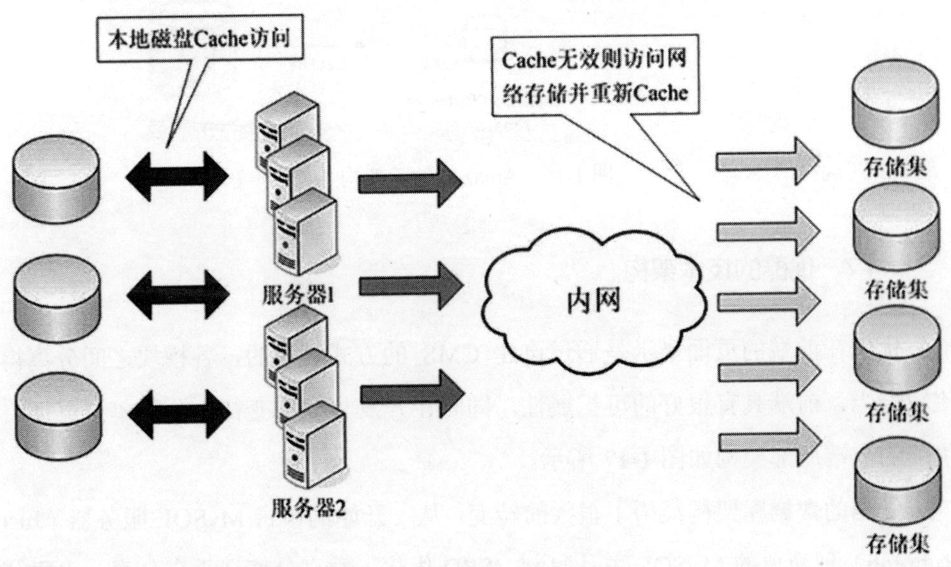

图 1-15 分布式存储系统

Amazon 的云架构如图 1-16 所示。

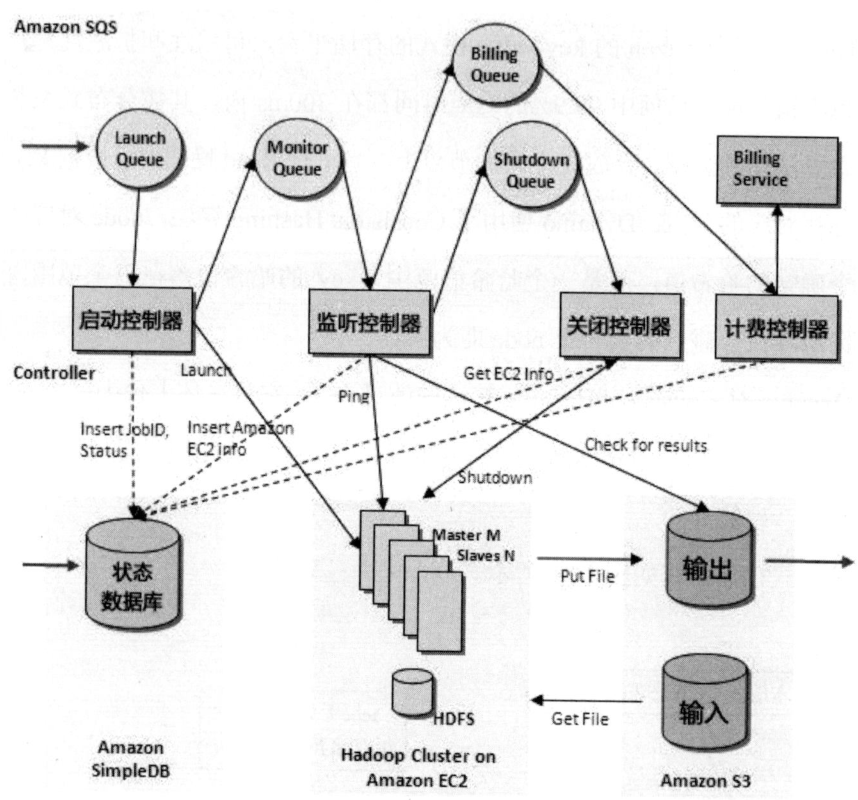

图 1-16　Amazon 的云架构

1.4.7　优酷的技术架构

优酷在前端的页面显示是通过自建 CMS 的方式解决的，各模块之间分离得比较恰当，前端具有很好的可扩展性，同时让开发与维护变得十分简单、灵活。优酷的前端局部架构如图 1-17 所示。

优酷的数据库架构经历了很大的转变，从一开始的单台 MySQL 服务器（Just Running）到简单的 MySQL 主从复制、SSD 优化、垂直分库、垂直分表、水平分库、水平分表。

（1）简单的 MySQL 主从复制。

（2）MySQL 的主从复制解决了数据库的读写分离，并很好地提升了读的性能，原图如图 1-18 所示。

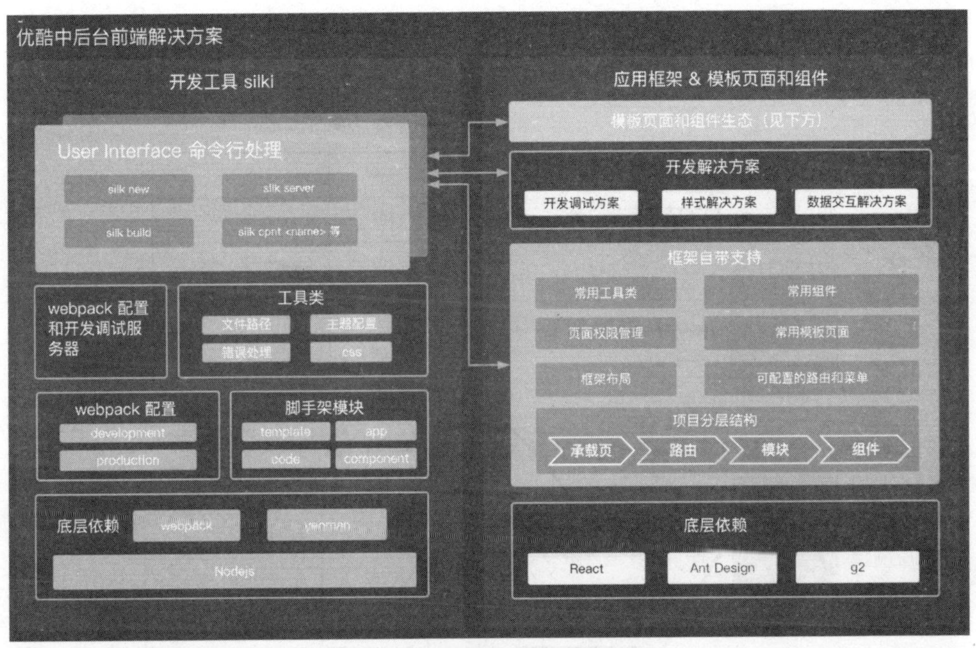

图 1-17　优酷的前端局部架构

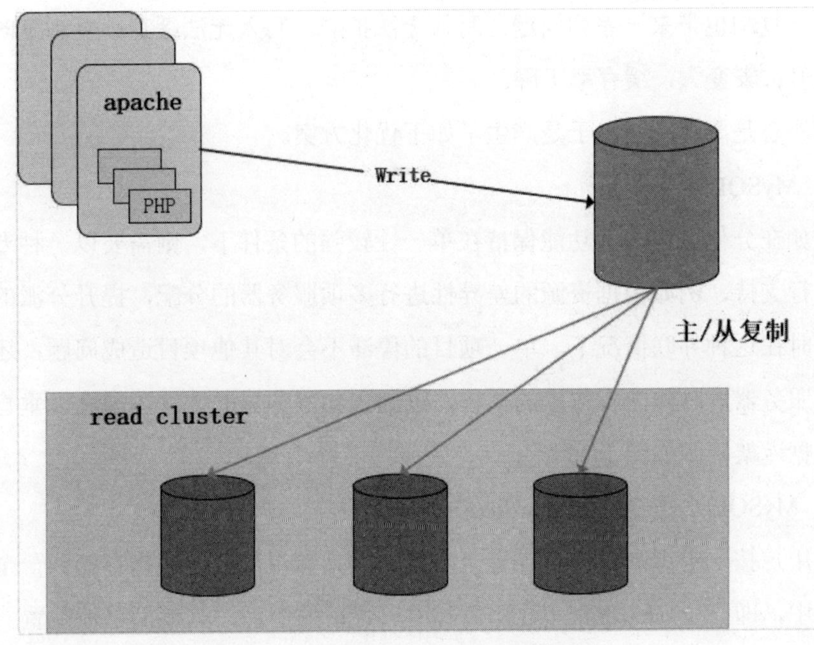

图 1-18　主从复制原图

主从复制过程如图 1-19 所示。

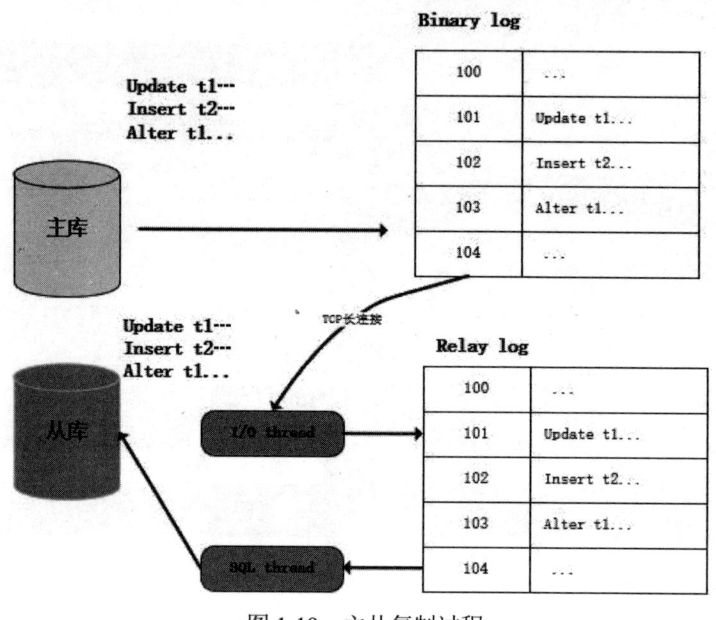

图 1-19　主从复制过程

主从复制也带来一系列问题：写入无法扩展；写入无法缓存；复制延时；锁表率上升；表变大，缓存率下降。

问题总是要解决的，于是产生了如下优化方案。

1. MySQL 垂直分区

假如在分化过程中让功能保持在单一性较强的条件下，则需要以一种专业化手段进行支持，例如根据资源的差异性进行多项服务器的分配，提升分派的指向性，同时在这种并联情况下，单一项目的停滞不会对其他项目造成问题，还能够实现对服务器短时间内工作量的稀释，进而强化服务器的数据流通性。垂直分区后的数据库架构图如图 1-20 所示。

2. MySQL 水平分片（Sharding）

将用户按一定规则（按 id 哈希）分组，并把该组用户的数据存储到一个数据库分片中，即一个 sharding，这样随着用户数量的增加，只要简单地配置一台服务器即可。MySQL 水平分片原理如图 1-21 所示。

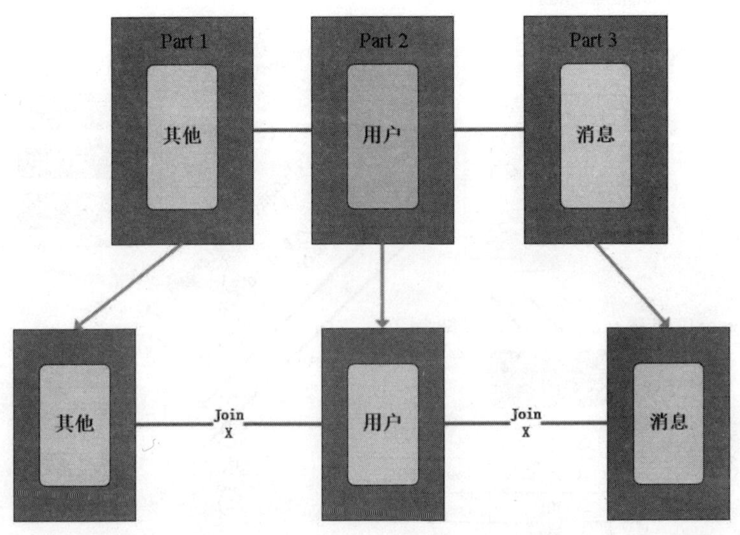

图 1-20　垂直分区后的数据库架构

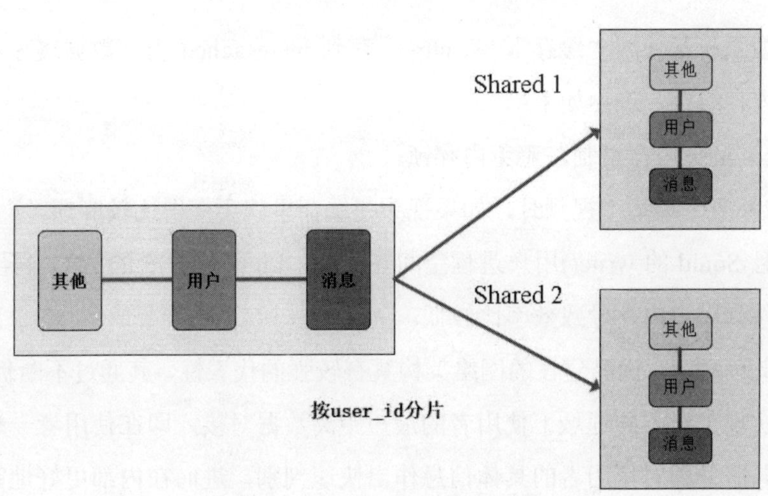

图 1-21　MySQL 水平分片原理

可以建一张用户和 Shard 对应的数据表来确定某个用户所在的 Shard，每次请求时先从这张表找用户的 ID，再从对应 Shard 中查询相关数据，如图 1-22 所示。

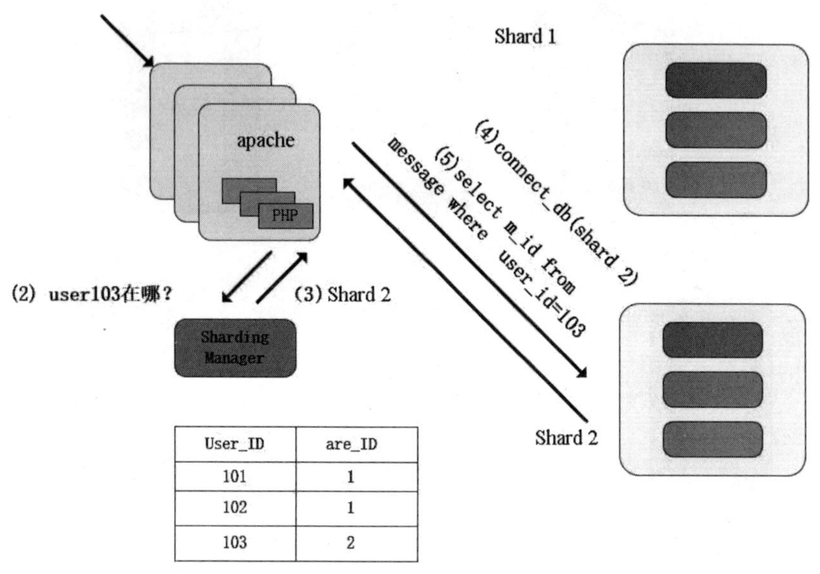

图 1-22 用户和 shard 对应的数据表

大型系统都使用“缓存”，从 http 缓存到 memcached 内存数据缓存，优酷没有使用内存缓存，理由如下：

（1）避免内存复制，避免内存锁。

（2）要下架某个视频时，如果视频在缓存里就会变得比较麻烦。

而且 Squid 的 write()用户进程空间有消耗，Lighttpd 1.5 的 AIO（异步 I/O）读取文件到用户内存导致效率比较低。

在此问题上，优酷建设的网络架构具有较强的代表性，其通过不断优化 CDN 网络，实现了对不同地域下使用者的最短距离数据对接，即在使用者一端发送信号后，其服务器对使用者的具体信息作出快速判别，进而在内部更好地筛选近距离服务器，提升视频传输质量，这就是 CDN 带来的优势。

1.4.8 12306 的技术架构

12306 售票是一个兼具性能、延展性及高处理效力的架构体系，能够实现对服务器高峰时段的高效处理，进而使系统保持对使用者的有效服务。但在此系统中，惯用的方式是提升服务器质量和数量，应对高密度数据，同时以 J2EE 为基础进行项目的高密度规划，这样数据处理的负担便落在了信息处理库中。因此从以往的逻辑体系看，对系统体系的设计并非聚焦于处理效力、延展性等问题，这也正是 12306 系统所缺失的地方。

由于 12306 系统的数据库非常庞大，在信息交互的时候很容易出现问题。我们可以对这些海量的数据进行分区，这样就极大缓解了单一服务器的压力。我们可以把数据按某种逻辑来分类。比如火车票的订票系统可以按铁路局、车型、始发站、目的地分，反正就是把一张表拆成多张有一样的字段但是不同种类的表，这样，这些表就可以存在不同的机器上以达到分担负载的目的。把火车票的数据分区，并放在各个省市，会对 12306 这个系统有非常深远的意义，以及性能的提高。

总的来说，对于数据库这个关键环节，我们得对数据库进行分割（分割方案如图 1-23 所示），对 SQL 语句进行查询优化。我们也都了解，关系数据库在多张表联合查询时常常崩溃，所以我们也要禁止这种查询。在硬件方面，要配置高性能的机器（如大内存、SSD）。关系数据库集群（RAC/DB2 Purescale）特别是 DB2 PureScale 的公开资料证明，它能线性扩展到几百个节点。

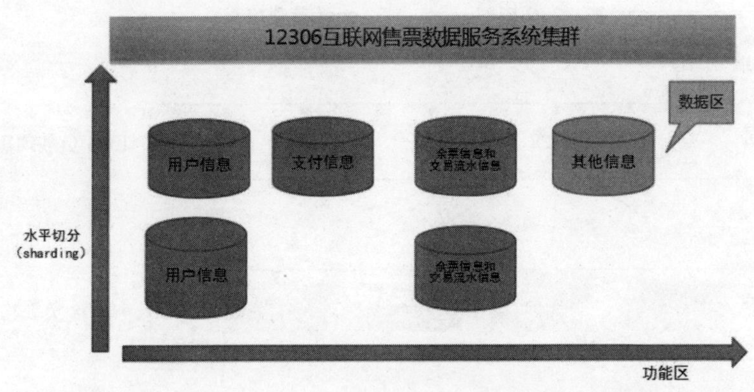

图 1-23　数据库的水平分割

因为整体思路是进行分化处理，代表着涉及 Share-Nothing 架构（图 1-24）的各点位都应该实现内存空间的普及，进而实现对相关数据的复制和留存。同时这一优势也在于让多个服务器参与到工作中，提高硬件的利用率，并提升数据的流动性。由此来看，该思路也能够承接售票系统中的多方高关联度访问。

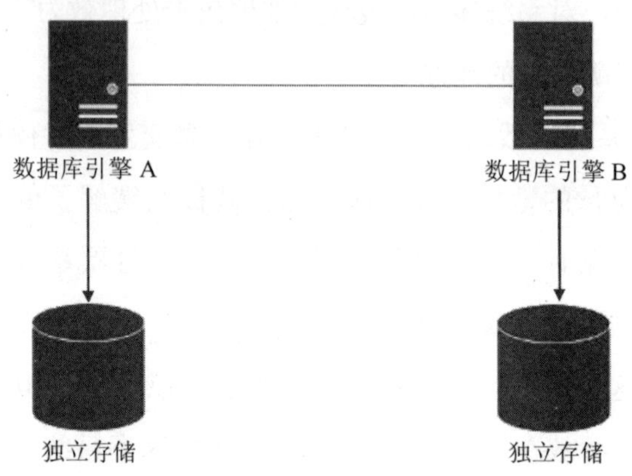

图 1-24　Share-Nothing 架构

高并发的系统架构都采用分布式集群部署，服务上层有着层层负载均衡，并提供各种容灾手段（双火机房、节点容错、服务器灾备等），保证系统高可用，流量也会根据不同的负载能力和配置策略均衡到不同的服务器上。图 1-25 所示是大型高并发系统架构。

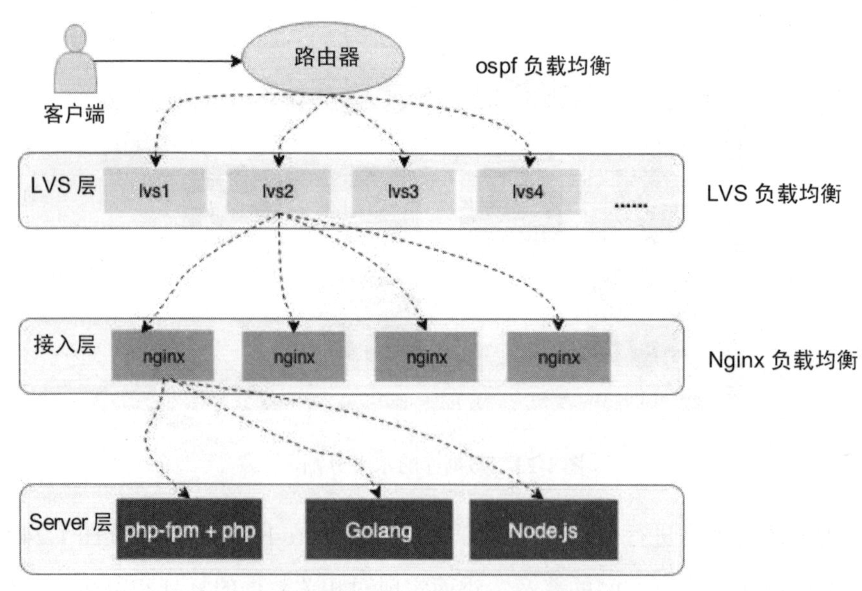

图 1-25　大型高并发系统架构

第 2 章　架构体系的演变历程

2.1　单机构建网站

网站构建初期，我们经常会用单机跑所有程序和软件。网站服务器通常由 App Server 和 DB Server 组成，如 tomcat 和 MySQL，最后通过 JDBC 连接和操作数据库。互联网上有很多关于网站架构的技术分享，其中有些主要是从运维和基础架构的角度分析的（堆机器，做集群），过于关注技术细节实现，普通的开发人员基本看不太懂。

一般 5 万～30 万 pv 访问量，结合内核参数调优、Web 应用性能参数调优、数据库调优，网站基本上能够稳定运行。单台机器的 Web 系统如图 2-1 所示。

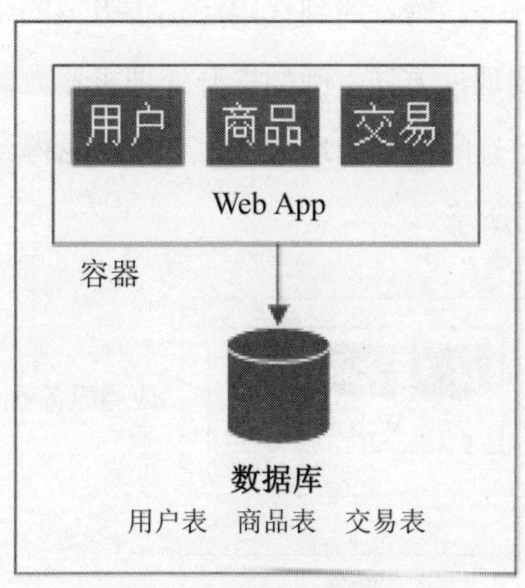

图 2-1　单台机器的 Web 系统

有一定的业务量和用户规模后，若想提升网站速度，可以为系统增加一定量的缓存。单机时代（RDBMS+Cache）如图 2-2 所示。

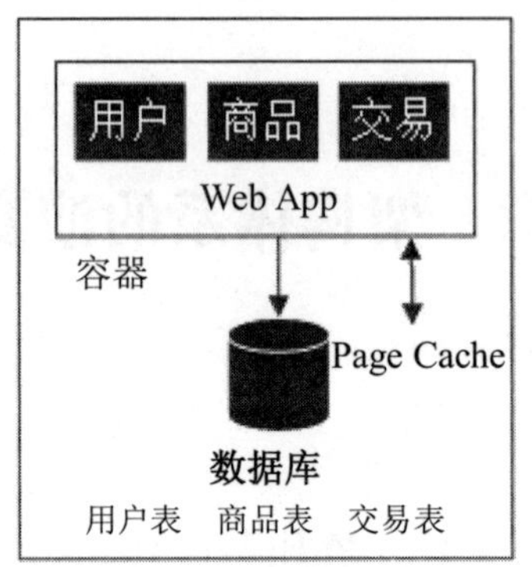

图 2-2 单机时代（RDBMS+Cache）

2.2 应用服务器与数据库分离

随着网站的发展，当访问量逐渐增大，服务器的负载慢慢增加，系统的压力越来越大，响应速度越来越慢，更容易发现作用于数据库与软件本体的相关性问题，二者中的一方发生故障，都会影响到彼此的正常运行。

服务器在正常工作过程中，要防患于未然，提前做好有关故障的预防方案，包括对数据承载强度的提升等。倘若遇到代码层完善方案的阻碍，应该转换思路，从软件的提升角度转变为物理性方法，例如提升处理机器数量等。这样不但减轻了单一数据库的处理负担，而且降低了处理成本，容错率也得到了极大提升。数据库与应用服务器分离如图 2-3 所示。

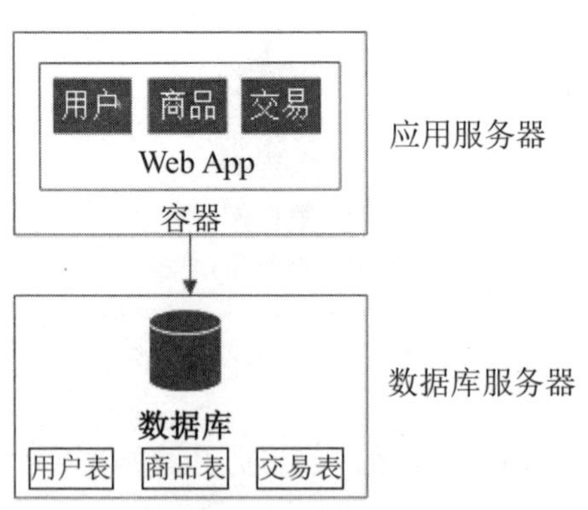

图 2-3 数据库与应用服务器分离

随着用户量的增大、对带宽的需求增加、对 CPU 处理能力要求的增加，将应用服务器与数据库分离的方式不足以融合所有用户或者网站业务量的需求。此处很少也不应该直接对它做负载均衡式的扩展，因为数据同步很麻烦，所以我们架构扩展，不会直接做负载均衡式，把每组组件当作一个整体进行扩展，而是在功能上切割。此时技术上没有什么新的要求，但发现确实起到效果了，系统又恢复到以前的响应速度，并且支撑住了更大的流量，不会因为数据库和应用相互产生影响。

2.3 应用服务器负载均衡

数据库信息的调用会在用户不断增加的情况下得以提升，意味着应用服务器的数量也应该随之增大，以满足调用量的要求。如果服务器没有出现超载情况，就可从增大数量的角度入手，对用户的调用需求进行分化，以实现对服务器承载能力的提升。从该角度讲，更应该做好相关产品的抉择，例如 keepalived 配合上 ipvsadm 做负载均衡等。该阶段需要掌握更多基础知识的关键节点。图 2-4 所示为使用 DNS 解析对用户请求做负载均衡。

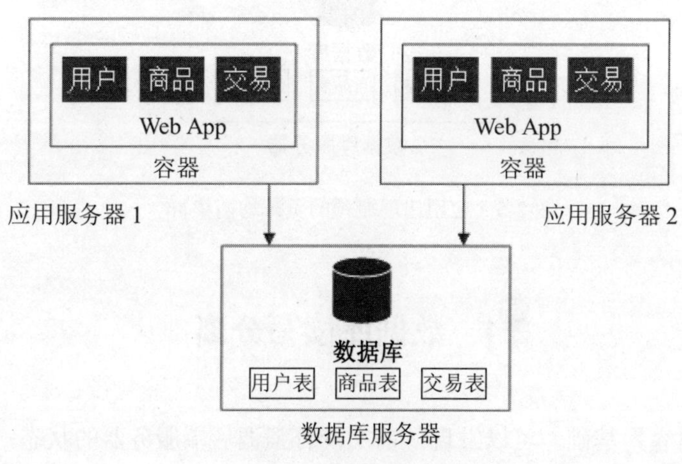

图 2-4　服务器负载均衡

需要注意负载均衡产品的选择、负载均衡算法的选择、用户 session 保持的问题、应从占用资源的角度选择合理的服务器配置。

解决方案：根据图 2-5 所示的技术特性选择适合业务的产品、技术。例如 nginx+keepalived 一台服务器、apache+tomcat 一台服务器、mysql 一台服务器。图 2-5 所示为应用出现瓶颈的负载均衡集群。

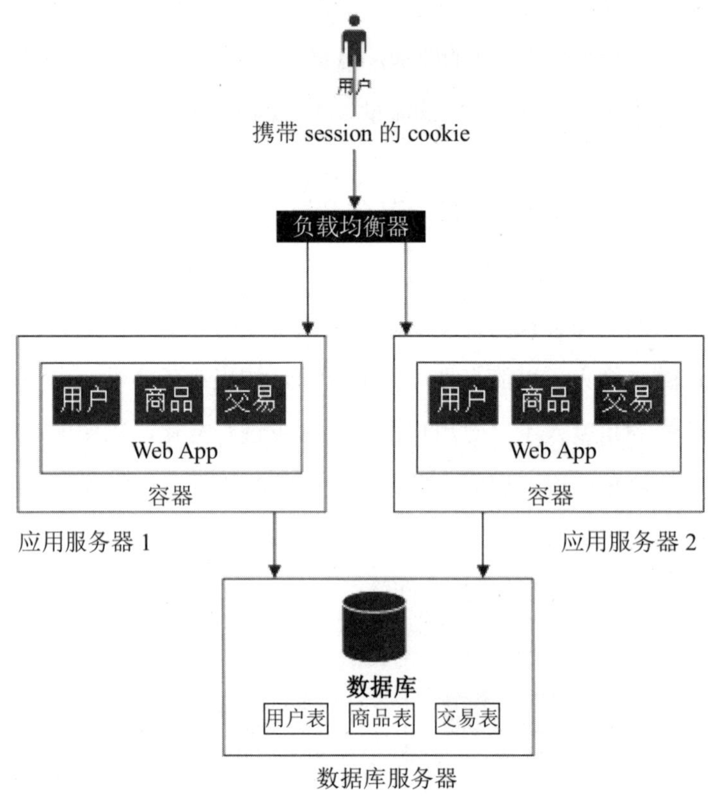

图 2-5　应用出现瓶颈的负载均衡集群

2.4　数据库读写分离

以前面内容为基础，可以发现，前文没有强调后端服务器的状态，而是从信息调用量的提升角度进行考量，后端数据库同样存在压力。如果以数据库一分为二的角度进行考量，则容易出现两个数据库信息不对称的情况。对于这种情况，我们可以考虑使用读写分离的方式，如图 2-6 所示。由于大部分互联网具有“读多写少”的特性，因此采用单台 Master 和多台 Slave，Slave 的数量取决于按业务评估的读写比例。

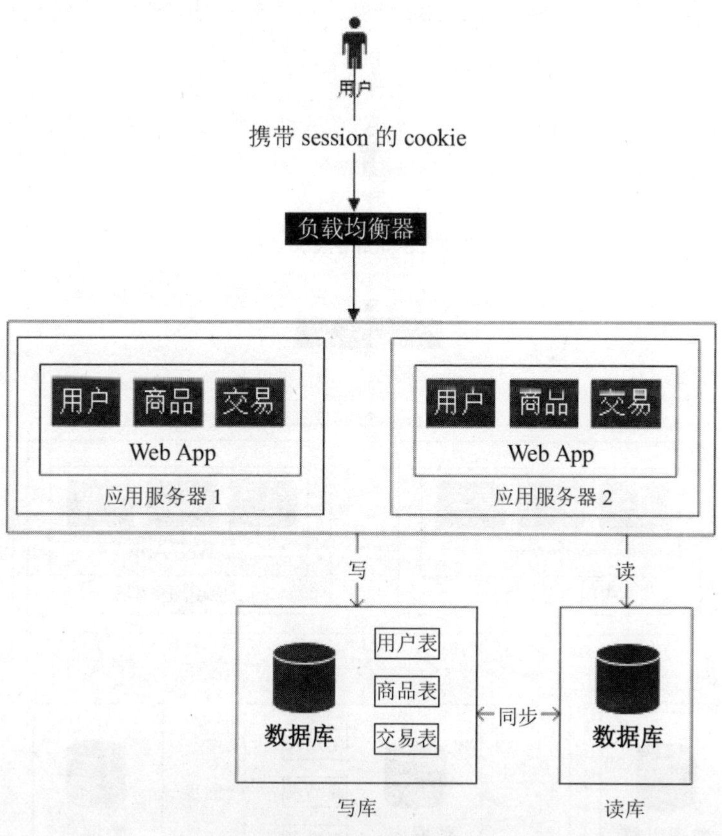

图 2-6 数据库出现瓶颈，读写分离

2.5 引入搜索引擎实现全文搜索

MySQL 对全局搜索能力支持不强，只对 MyISAM 引擎做全文索引，但不支持事务，而 MySQL 对 InnoDB 引擎不支持全文索引。当一个站点到了该阶段，其用户搜索量是非常大的。一个电商站点的交易中，有 70%是通过搜索达成的，越来越多的搜索需求使得数据库根本没办法应对这种需要，因为每次搜索都是一次全面查询，常常对模糊查找力不从心，即使做了读写分离，这个问题仍未能解决。

我们要想应对这种需求，一般只能自己构建搜索引擎，以缓解读库的压力。

搜索引擎并不能替代数据库，它解决了某些场景下的“读”问题，是否引入搜索引擎，需要综合考虑整个系统的需求。引入搜索引擎后的系统架构如图 2-7 所示。

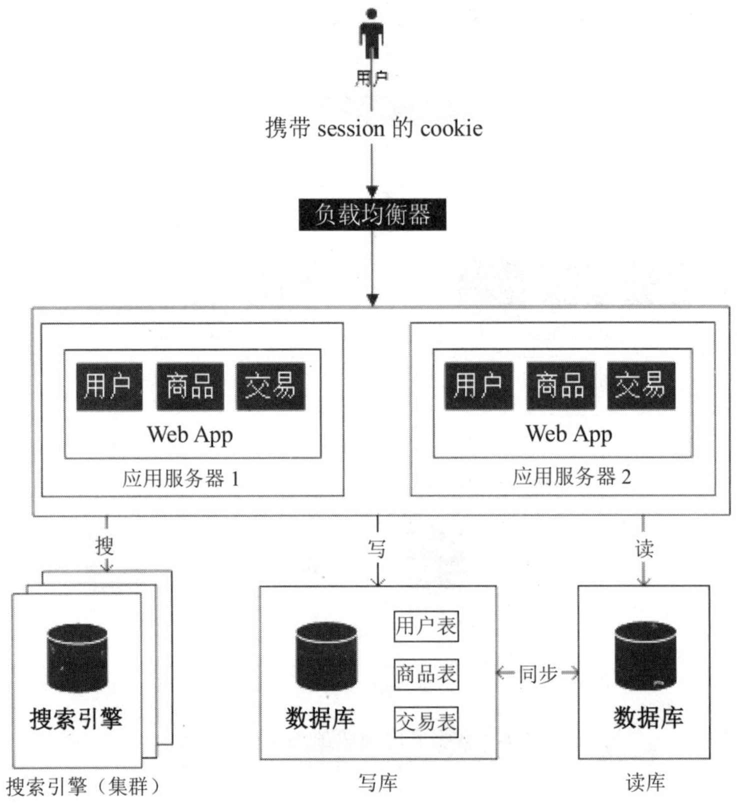

图 2-7　引入搜索引擎后的系统架构

2.6　引入缓存

增加机器简单，关键是增加之后的效果，可能会引发一些问题，如页面输出缓存和本地缓存问题、Session 保存问题等。缓存服务器集群的调度算法与上面提到的应用服务器和数据库不同，最好采用一致性哈希算法。

1. 页面缓存

Web 服务器压力较大时，如果让站点的一部分内容缓存，另一部分内容不能缓存，可以使用 ESI 动态缓存技术。Web 缓存服务器还可以对 jpg、jpeg、gif、png、html、css、js 格式的页面做缓存，如 varnish、squid。

2. 数据缓存

随着访问量的增大，逐渐出现许多用户访问同一部分内容的情况，这些比较热门的内容没必要每次都从数据库读取，可以使用缓存技术，如 memcached、redis。

- 优点：减小数据库的压力，大幅度提高访问速度。
- 缺点：需要维护缓存服务器，提高了编码的复杂性。

缓存服务器访问机制如图 2-8 所示。

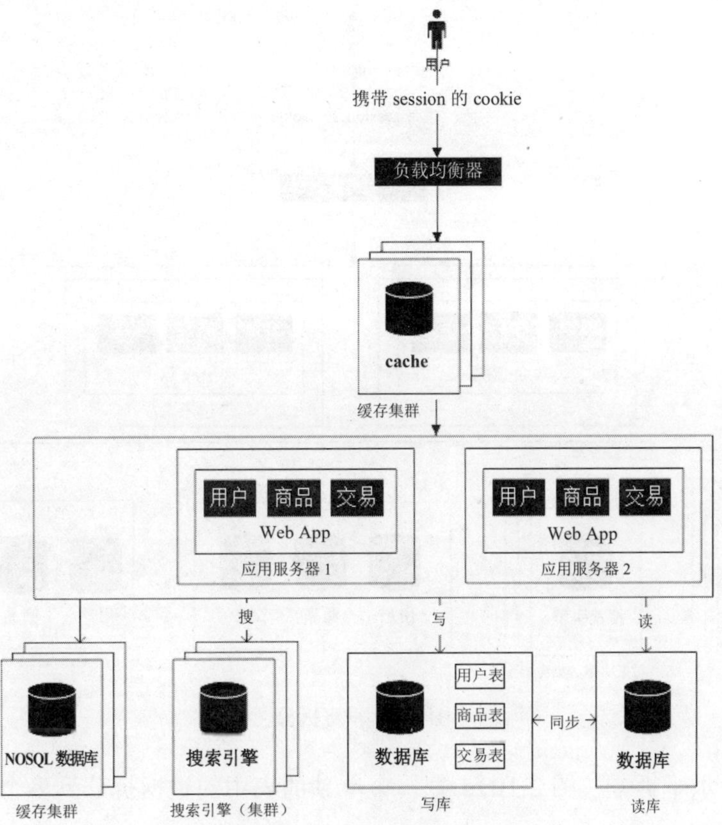

图 2-8 缓存服务器访问机制

2.7 数据库拆分

当访问量逐渐增大，单一应用增加机器带来的效果不明显时，需要结合业务考虑数据库拆分，以提升系统运行效率。从上述建设来看，网站内部的交互信息和相关资料都存储于一个数据库，从用户数量攀升的角度来说，内部数据的增加必然使服务器荷载增大，这种情况下主库写操作压力只能做数据库拆分，有垂直拆分和水平拆分两种选择。

（1）垂直拆分（图 2-9）：把数据库中不同业务的数据拆分到不同的数据库服务器中。

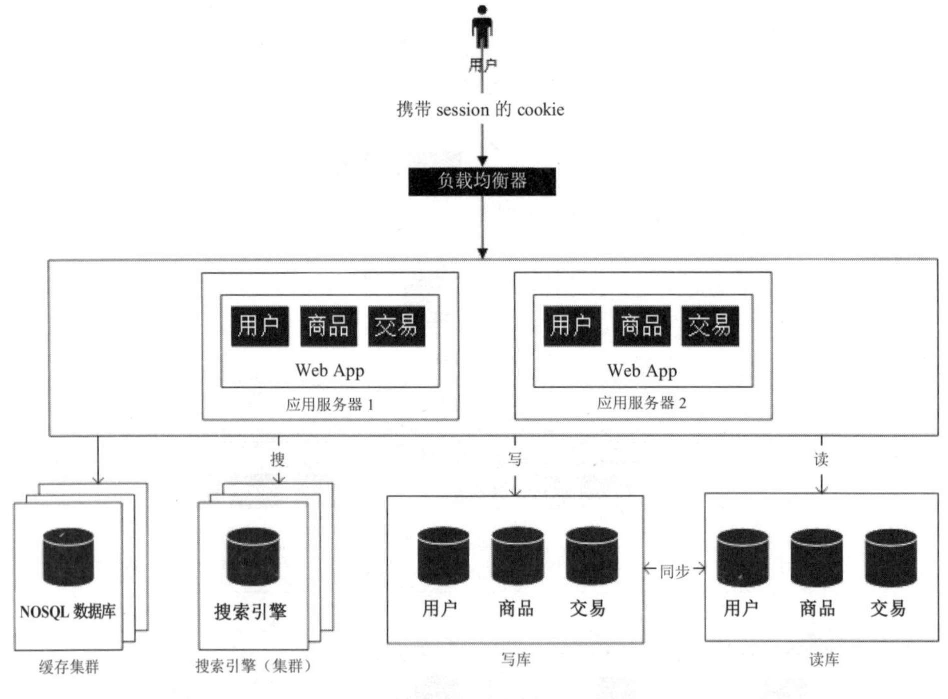

图 2-9 垂直拆分

（2）水平拆分（图 2-10）：把一个单独的表中的数据拆分到多个不同的数据库服务器上。

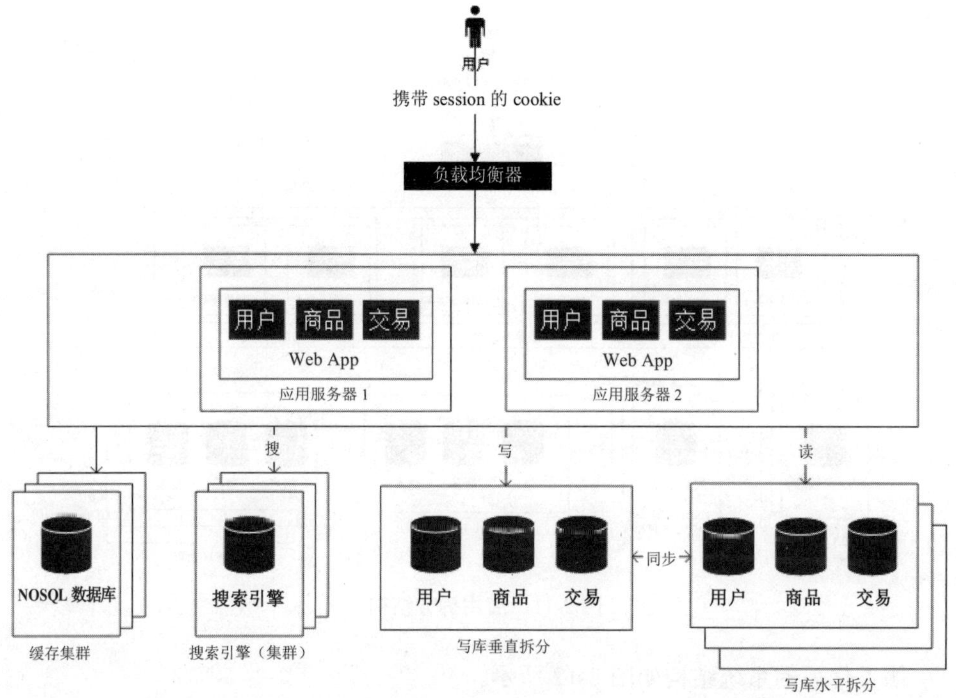

图 2-10　数据库水平拆分

2.8　应用拆分

网站的发展会带来更多的功能和项目，使得内部数据多而杂，缺少条理，所以要进行拆分，从应用的数量的提升着手。例如上文案例，可以把用户、商品、交易拆分成“用户、商品”和“用户，交易”两个子系统，如图 2-11 所示。

需要注意：拆分后的结构会出现重复代码，应该保持不同系统中信息的相似性，那么如何保证代码复用呢？

解决方案：通过走服务化的路线解决，把公共服务拆分出来，形成一种服务化的模式。

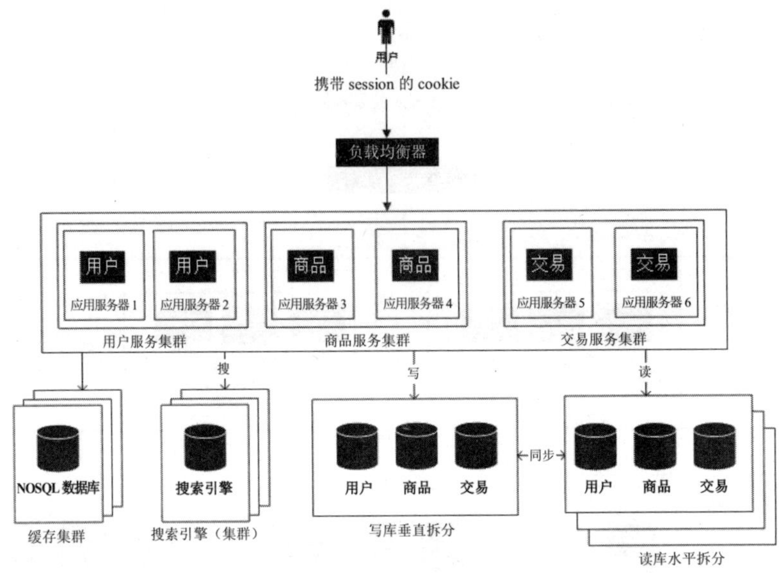

图 2-11 应用拆分结构

服务化后的系统结构如图 2-12 所示。

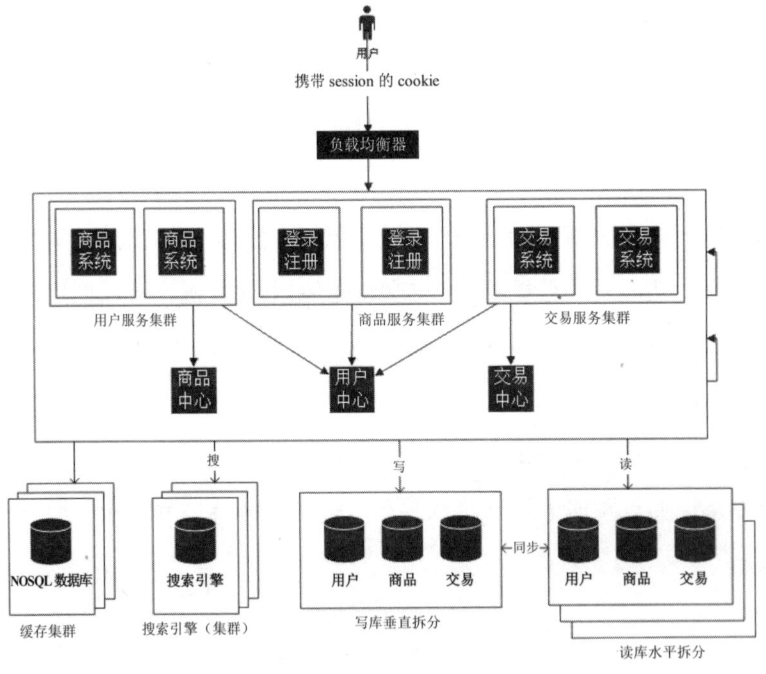

图 2-12 服务化后的系统结构

需要注意：远程服务调用的方法。

解决方案：可以通过引入消息中间件解决。

2.9 引入消息中间件

网站的演进必然带来相关项目的独立化分区和独立系统，这也意味着要用一个平台承载相关材料，同时提升系统工作内容的可见性，进而在信息交互过程中做到相关步骤的取用，以判断网站内部的变动情况。开源消息中间件有阿里的Dubbo，可以搭配 Google 开源的分布式程序协调服务——ZooKeeper 实现服务器的注册与发现。

引入消息中间件后的结构如图 2-13 所示。

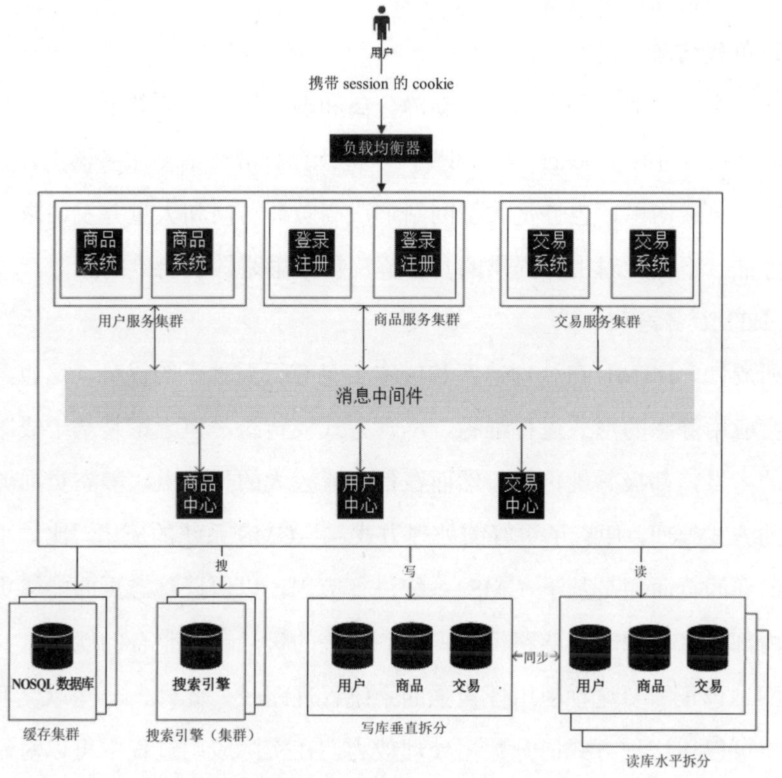

图 2-13　引入消息中间件后的结构

2.10 分布式系统架构设计

具有一定规模的网站通常都会以一些特有方式处理较大的数据涌入量，例如应用高质量的硬件设施、较先进的服务器、后台数据库等。此外，在服务器负担过重的情况下，往往还会出现内部设计的相关问题。针对此类问题，需要假定以下技术要点：

- HTML 静态化，在.Net Core 中可以通过 RazorLight 实现。
- 图片服务器分离（类似地，在视频网站中，视频文件也应独立出来）。
- 数据库集群和库表散列，Oracle、MySQL 等 DBMS 都有完美的支持。
- 缓存，比如使用 Redis 实现分布式缓存，或者是开发语言的缓存模块。
- 网站镜像，可采用 Docker 部署。
- 负载均衡。

设计一个科学的系统架构，在动静分离和静态缓存的基础上，采用数据库集群技术，对站点进行 Docker 镜像部署，以将计算分散在诸多服务器上，同时使用 Nginx 进行负载均衡，也许是大型网站解决高负荷访问和大量并发请求采用的终极解决方法。下面针对上面提供的几个解决技术思路做出简单的探讨。

1. HTML 静态化

众所周知，HTML 在处理速率和成本上具有得天独厚的优势，这也意味着多数网站会应用静态的形式进行维稳，尽管方式较传统，但无论是基于成本还是操作难度的考量，都极具性价比。然而在信息流较大的平台上，静态页面无法以人为手动的方式处理，便有了更好的处理方式——CMS 系统的应用，比如平时常见网站中的新闻页面便是基于 CMS 系统进行应用，以保证静态页面能够更好地承载系统内部信息。同时，该路径还能做到相关的资源管理整合的能力，具有一定规模的网站也正需要这种应用性极强的系统管理路径。此外，一些以交互为核心的网站也可以用这种方式提升数据处理效力，在实际应用过程中可以对站内资源进行静态化操作，而在信息资源轮换时同样以静态化方式为主，这种方式也应用于各种大型社区（如网易社区）中。HTML 的静态化方式也用于缓存管理中，尤其是一些依赖数据库进行高密度检索功能的应用，以静态化的方法更能够起到良好的效果。举例来说，网站的论坛会有一些公告类项目，项目中的信息资料或者相关平台都能够实现对管理过程的免操作化，进而安置于系统内部。虽然对于前端来说，这些相关数据处于一个持续被需要的过程，但是较长的需求周期使得其相关操作和数据流动能够实现后端的静态化，并且不与信息的轮换发生冲突，简化了原本复杂的流程。同时相关资源的静态化行为能够进行折中的应用，如以前端系统的动态化进行，具体工作中包括了定时静态化等操作，进而保证了整体工作的变通能力。通过设定一些 HTML 静态化的时间间隔来对动态网站内容进行缓存，分担大部分的压力到静态页面上，可以应用于中小型网站的架构上。

2. 图片服务器

图片是一种较特殊的资源，尤其是从网站的角度上，图片会占用较大内存，所以解决这种问题最好的方法就是进行资源的分化管理，而这种思路也是具有规模的平台的常用思路。在规模较大的网站中往往配备图片专用的服务器，其数量也较多，这种分化管理的方式不仅节约了主服务器资源，而且能够使系统更加流畅。同时可以用到 Kestrel 进行静态化管理，以提升系统的处理效力。

3. 数据库集群和库表散列

在规模较大的 Web 平台中，其项目对数据库也有刚需，但这种行为使得用户量或信息行为较多时会产生一定的负载，单一数据库无法应对，就要加入数据库集群或者库表散列。

从数据库集群来看，网站本身会提出相应的策略，例如 Oracle、Sybase 等。具体策略内容需要具体问题具体分析。

上文内容的研究重点在于集群的内在设计和逻辑等问题会因数据库的不同而产生一定的阻碍，下面以程序角度进行入手，通过更改内在逻辑和结构体系，以库表散列的方式应对。更改相关应用的部分内置功能，使得内部数据存储系统与主系统进行分项处理，强化对存储系统的针对性，并以某种方式再次进行数据库散列，实现精确化项目处理。举例来说，从用户表的角度出发，其数据库散列可以应用到用户的个人信息资料中，可以更好地提高处理效率和内部存储的延展性，具有更高的性价比。具有代表性的案例就是搜狐网站的论坛页面，其内部的分离方式主要针对论坛中使用者的信息、相关设置以及使用者的资源交互行为等，从而如上文所述进行数据库散列，以此进行操作的简化以及提升数据库的备用选择，强化系统处理效力并降低使用成本。

4. 缓存

“缓存”概念的推广较广泛，使用普及性也比较高，在各网站中是不可或缺的组成部分，一般来说会被归类为架构缓存和程序开发缓存。架构方面的缓存，.NET Core 通过对 Redis 进行封装实现分布式缓存，为了统一和易用，封装时 Redis 缓存时需要实现 ICacheService 接口，微软也有很多是通过 IDistributedCache 接口供我们使用。网站程序开发方面的缓存，Web 编程语言都提供 memcache 访问接口，PHP、Perl、C 和 Java 都有，能够用于网站的基础性建设中，并将相关信息带入缓存过程中，进而提升数据处理的有效性，广泛应用于各种规模化的社区中。另外，在使用 Web 语言开发时，各种语言基本都有自己的缓存模块和方法，PHP 有 Pear 的 Cache 模块和 eAccelerator 加速及 Cache 模块，在.NET Core 中可采用微软提供的 MemoryCache 作为缓存方案。

5. 镜像

镜像是大型网站常采用的提高性能和数据安全性的方式，镜像的技术可以解决不同网络接入商和地域带来的用户访问速度差异。为了解决大规模访问时单节点计算能力的问题，可以对网站中的 Web 站点进行多站点的部署，并通过负载均衡技术进行分配请求。网站中的 Web 站点部署到单个 Docker 站点中，以最大限度地利用硬件的计算能力。

6. 负载均衡

在一般情况下，面对规模较大的信息集聚情况时，Web 方往往会选择集群的方式解决，即服务器能效接近上限的情况下，置换并非最好的方式，因为无论其机器具有多好的性能，都无法满足日益增长的用户信息量和无止境增加的信息交互行为，所以这种情况下，负载均衡是最有效的解决手段，以高数量的站点对信息交互行为进行稀释，进而对服务器处理达到上限情况下采取更有效的解决方式，以多个服务器稀释信息量。负载均衡能够提升信息交互行为的集中性，让服务器本体的信息获取更易于集中性搜集，让服务器的工作压力不会转移到Web中。该方式经过了长期的发展和演进，已经诞生了较多可靠公司和商品，例如Nginx是一款轻量级的Web服务器/反向代理服务器及电子邮件（IMAP/POP3）代理服务器，支持下面三种负载均衡机制。

- round-robin：轮询。以轮询方式将请求分配到不同服务器上。
- least-connected：最少连接数。将下一个请求分配到连接数最少的服务器上。
- ip-hash：基于客户端的IP地址。散列函数被用于确定下一个请求分配到哪台服务器上。

Nginx作为负载均衡工作在网络的七层之上，可以针对HTTP应用（如域名、目录结构）做一些分流的策略。其应用的优势在于灵活性较强，且能够维持好简化的操作以及更稳定的网络系统，所以受到了广泛好评。同时，该产品的承载力较强，并能够维持持续性的高压负载，在实际工作中也能够以端口为路径度量相关问题，并进行实时问题反馈；其不足之处是不支持URL。

1. 硬件四层交换

硬件四层交换往往基于两个层内的信息，即第三、第四层的共同报头数据，并将应用项目内部的识别作为依据，实现数据的交互，同时沿用整体区段内的业务流分化信息流，实现对服务器的针对性对接，进而提升业务处理的针对性，做到具体问题具体分析。该功能本身与虚拟IP相似，其数据交互过程所承载的协议较广泛，有HTTP、FTP、NFS、Telnet等。

2. 软件四层交换

通过研究硬件四层交换的原理，可基于OSI模型实现软件四层交换，虽然性能稍差，但是满足一定量的压力还是游刃有余的。有人说软件实现方式其实更灵活，处理能力完全看配置的熟悉能力。软件四层交换可以使用Linux上常用的LVS（Linux Virtual Server），它提供了基于心跳线（heartbeat）的实时灾难应对解决方案，提高了系统的鲁棒性，同时可提供灵活的虚拟 VIP 配置和管理功能，可以同时满足多种应用需求，这对分布式的系统来说必不可少。

基于以上讨论，本书提出了一个简易高性能 Web 架构供大家探讨，如图 2-14 所示。

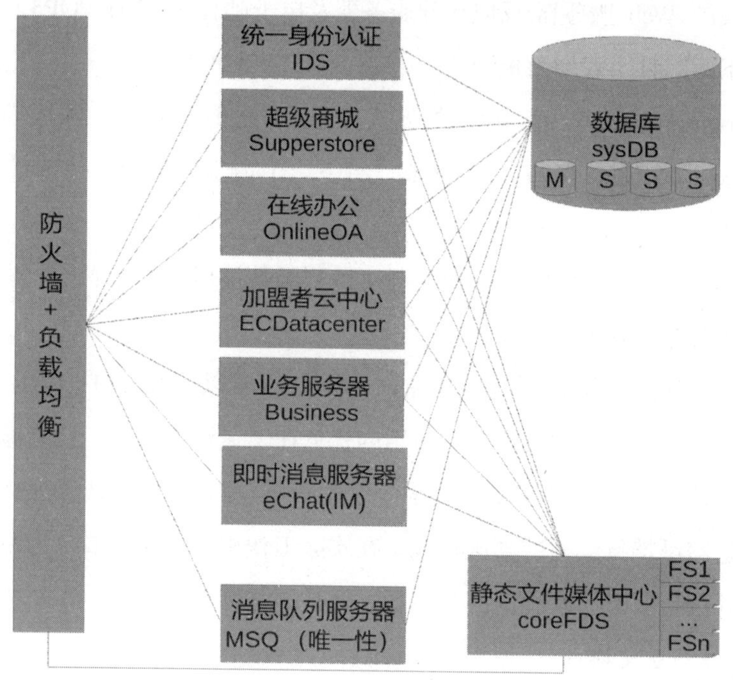

图 2-14　简易高性能 Web 架构

在整个系统框架内，所有应用都位于防火墙和负载均衡之后，防火墙为系统提供了内部网和外部网之间隔离的第一道屏障，其作用是防止非法用户进入，它按照系统预先定义好的规则控制数据包的进出。

负载均衡提供了一种廉价、有效、透明的方法，扩展网络设备和服务器的带宽、增大吞吐量，增强网络数据处理能力，提高网络的灵活性和可用性。

IDS 提供了各业务服务模块整合统一身份认证的解决方案，所有应用系统共享一个身份认证系统，在框架中的各应用系统中，用户只需登录一次 IDS 就可以访问所有相互信任的应用系统。IDS 认证登录模块的主要功能是将用户的登录信息与用户信息库比较，对用户进行登录认证；认证成功后，IDS 认证登录模块生成统一的认证标志，返还给用户。整个系统保证能够读取到位于 shared-auth-ticket-keys 目录下同一个 XML 文件中用于加密 cookie 的 key，并能够对用户提供的 ticket 进行校验，判断其有效性。IDS 除了对用户进行登录认证外，还提供了用户信息、资产的统一管理。

系统中的数据库集群提供了超大规模并发访问下的高性能数据库集群方案，通过读写分离，将访问压力分散到集群中的多个节点，减轻高并发的访问压力，并保持关系型数据库遵循的原子性、一致性、隔离性和持久性；其业务层是分离的，即主服务器负责写，从服务器负责读，从而保持数据的一致性和主从库读写分离。

系统中的消息队列服务器用于高并发请求下消息的串行化工作，从而保证系统异步操作下的快速响应和事务的原子性。消息队列服务器将消息队列中间件注入.NET Core 的处理管道中，主要解决应用耦合、异步消息、流量削锋等问题，实现高性能、高可用、可伸缩和最终一致性架构，是系统中不可或缺的中间件。

系统中的 eChat 为系统提供了即时通信终端服务，提供两人或多人使用网络即时的传递文字信息、档案、语音与视频交流的服务。eChat 根据用户的业务需求，以高效、稳定和安全作为产品开发的重点，根据系统业务需求的自身特点，力求与业务流程结合，提供完整的即时通信服务端及管理程序，与 OnlineOA 子系统结合或成为其注册会员业务系统的一部分，可自由部署到独立的服务器上。

OnlineOA、ECDataCenter、Superstore 和其他 Business 服务器集群共同组成了系统基础逻辑业务平台。OnlineOA 主要用于系统平台的在线办公系统，其主要职能为审核、资源发布、平台基础业务处理等；ECDataCenter 主要为系统加盟用户提供办公支持；Superstore 为注册用户、平台加盟用户和平台提供基础的商业交流。

第 3 章　分布式系统理论

3.1　分布式系统的设计理念

分布式系统最根本的目的在于增强系统内部的核心处理能力及提升系统的延展性。假设在系统的架构中，通过较多机器承载的分布式系统仅带来单机系统性能的小倍数的提升，那么这种设计毫无意义。同时，尽管这种系统结构投入了基本应用，但不能忽略对单机系统的培养，因为最终的目标是立足于整体性提质战略。这也是为什么在进行系统的维护和提质过程中也要进一步巩固单机程序的基础，做好基础架构，如多线程并发编程、高性能的网络框架等。

同时,无论是什么系统架构都没办法完全免除一些故障或意外发生的可能性，所以通常以故障率进行判别，从细微之处来看，服务器可能会出现硬盘故障、网线故障等，从整体角度来说，更可能是多台机器共同出现问题。总的来说，分布式系统的一大特征就是故障率较高，排除掉一些无法避免的问题，其系统还会受到服务器品质等的影响。

这也是为什么分布式设计更重视其内部的处理效率和相关故障的修复能力，以上两点对分布式系统设计来说是最艰难的。假设在进行一项分布式存储系统的设计工作中，要针对处理效率进行重点考量，那么要在文件建设过程中率先建立起文件的复制体并存放于固定设备中，进而发起多个复制文件行为。该过程的理念较先进，然而依旧无法提升故障风险承担能力，其根源在于文件建设过后，相关设备出现问题会使文件消失。而通过复制的方式抵御风险的方法容易使得处理效率大打折扣。

因为处理效率的衡量标准往往不会轻易变动，但对于系统抗风险能力的标准会根据比对对象的不同发生变化，同时，随着具体项目和处理信息的变动，抗风险标准会随之变动。举例来说，允许意外丢失一些日志类的数据等。这也是为什么在此过程中会有众多分布式系统选择较多的抗风险方式，以针对性的方式应对不同的问题，所以在实际的设计过程中，设计者要重点把握这一问题。

下面将论述的重点集中于分布式系统的设计理念：中心化和去中心化。在此架构中，其主要应用的理念是中心化的设计理念。从本质来看，该理念并不复杂，在分布式系统中，集群的节点器会进行相关的工作划分，划分依据主要来源于系统中的位置，所以分化结果为 Leader 和 Worker。顾名思义，前者的主要功能在于布置工作及检查进程，主要确保后者的工作进程得以有效开展；而在前者进行检查的过程中出现了后者的故障或意外情况，使任务进程停滞，就会删除，同时该 Worker 的工作会并入其他 Worker 的进程。微服务架构 Kubernetes 就采用了这种设计思路。

中心化的理念内部，还有一些能够和敏捷开发进行共鸣的触发点，那就是对每一个 Worker 保持着无条件的信任。这也意味着 Leader 的日常工作只剩任务的创建，剩下就需要 Worker 进行自主领取和工作。

但该设计理念存在一个严重的风险，即 Leader 的风险问题。在 Leader 发生问题的情况下，该系统会随之停滞，而该问题不能用生成多个 Leader 解决，在面对该问题的过程中，很多系统均设置了备选 Leader，在此之中 Leader 本身的更换、替代性等问题都能够伴随相应的问题进行设置，同时众多架构设计均配备了这种备选方案，用来强化该架构内部的使用能力。

此外，该设计理念存在另一个问题——内部 Leader 自身的素质问题。

下面将重心转移到另一个设计理念——去中心化设计。

该设计理念不再是以上文的理念（即角色分化）为主。举例来说，全球互联网本身是一个具有代表性（即去中心化）的系统架构，节点之间的联系程度减小，其故障的问题对彼此的影响性也不大。该理念的聚焦点在于其整体性架构，所以这也是为什么去中心化设计的分布系统能够彻底去除单一节点的问题。可是该设计架构中，任务进度、任务进行等问题的交互需要由各节点的直接交互完成，但这种方式在分布式系统中存在着极大的阻碍，因为这种系统架构具有极差的可靠性，所以节点之间的交互问题亟待解决。

同时该架构存在着一大难点，该难点相对来说只有很小的概率存在，却能够造成一些难以解决的问题。该问题常常会被称为脑裂问题，顾名思义，其主要是群体内部的网络问题引起的集群分裂，分裂后会产生单体之间无法交互的情况，使得集群分裂后出现一定可能性的工作冲突，而此时的解决方法一般是引导低水平集群自我销毁，高规模化的集群停滞工作。

从现实情况看，去中心化也只是一个理想概念，实践中难免出现浮动。然而从另一个角度观察会发现去中心化会与中心化共同作用，并且广泛用于各系统中，在此基础上，Leader 会被筛选，而非进行规定。同时发生集群问题时，系统集群会进行一定程度的权衡，然后作出对 Leader 的更迭。

3.2 分布式系统原理

从分布式系统架构的内容和状况来看，有一点不可忽略——分布式系统的不可靠性。一般来说，可靠性的定义是系统运行过程中可能遭遇的故障率等于零。所以反之，倘若该系统工作过程中会出现停滞等问题，则该系统会被定义为不可靠。从标准来看，这种故障率没有任何衡量，任何微小故障都会被定义为不可靠。众所周知，该系统的架构体系往往基于相对单一的服务器，在密度较低的情况下实现共同作用，从根源性来看，网络其实属于烦琐的 I/O 系统，并且一般来说该系统无论是出现问题的概率还是不可靠性都大于主处理器的，同时其设备本身会提升内部的故障率，甚至可能导致整个架构体系中的规模性停滞。所以在此系统中，较重点的研究内容均是基于其系统的不可靠性问题，也正是该问题使得设计者在进行构建时要重视对补偿性功能和项目的建设，进而保证其不可靠性造成的相关故障让正常运行行为能够维持在较大的概率上。从可用性上来说，其被定义为一个标准，具体来讲，1ms/h 的停滞率代表着 99.9999%的可用性，然而若系统仅会停机而不崩溃，那么系统的可靠性保持在较高的水平上，可用性的数值就会有所减小。

讨论了分布式系统的相关问题后，下面将着重分析其相关内容中较核心的一步——一致性。以分布式为主的集群中，往往存在着一致性概念，此处的一致性问题往往较烦琐，且在此系统中属于不得不解决的一个至关重要的问题。对此，往往会产生以下情况：在其集群中存在的节点组合数量用 N 表示，应该确定这 N 个节点能够实现统一的指令，进而达到工作上的统一。简单来说，就是这 N 个节点对某个命令进行了响应，并呈现出相同的响应结果。

从上文看，相当一部分集群均沿用中心化的理念，而有关一致性的探讨，在其出现一致性问题的情况下，也是基于对中心化设计的沿用，也就是说，这些节点中有一个 Leader，不同的是，这种情况下的另一部分节点均属于 Follwer，在使用者对 Leader 进行需求发送时，Follwer 会对此进行备选操作。尽管语言描述下的情况并不复杂，但这种情况如果基于一个分布式系统，那么在现实操作中将会有极小的概率完成。图 3-1 所示是分布式集群"一致性"算法的典型案例，来自 Kafka。

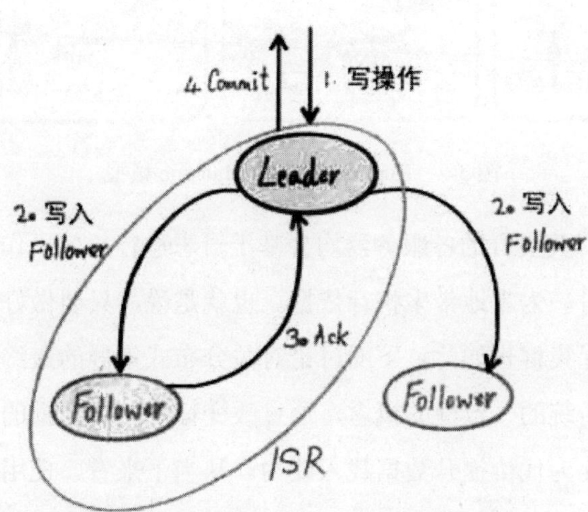

图 3-1 分布式集群" 致性"算法的典型案例

用户的一端对 Kafka 传输了相关信息的指令时，就会有一个 Leader 将相关资料做出备份，并存于当前设备，对 Follower 作出指令，让写入数据，基于此过程，会出现一种情况——Follower 节点出现问题，进而不能及时作出响应。这种情况下遵循一致性原则，倘若此集群内部的响应节点多于 50%，那么可以得出结论——该行为完成。

在图 3-1 中包括 Leader 在内的两个节点成功，所以 Leader 会提交（Commit）Message 数据并且返回成功应答给客户端；反之会拒绝上传数据，说明行为没能取得成功。因为基于一致性的情况较经典，同时其系统内部多数数据均会产生此类疑难问题，且算法的难度较大，所以这些问题也一致存留在相关内容探讨的主流要素。Raft 算法的本质是处理集群中的一致性问题，并形成 Replicated State Machine 模型，如图 3-2 所示。

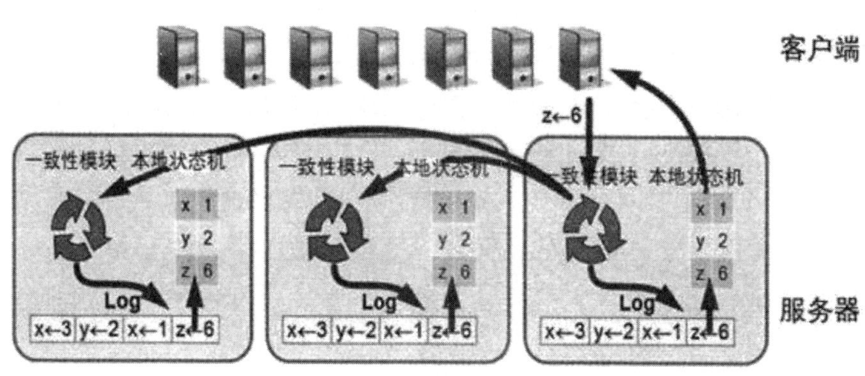

图 3-2　Replicated State Machine 模型

图 3-2 中，有关集群的各服务器均会基于日志进行长效操作，让一方用户提出的请求能够备份，为本地带来执行依据。也就是说，只要做好日志内容的一致性工作，就能确保集群也如此。下面讨论有关分布式集群的最终一致性。简单来说，该概念改变传统的一致性的概念，通过改变标准，将数据的传输呈现出一定的延迟现象，以此为代价提升数据载入能力。从当下来看，使用较广泛的就是最终一致性理念，相关内容的假设如下：如果一个名为 B 的信息得到了更新，那么有关 B 的系统操作并非会基于 B 的最新内容，因为这是以信息传输效率换取的处理数据读写效率，所以这种延时也称为 Inconsistency Window。Cassandra 多副本机制如图 3-3 所示。

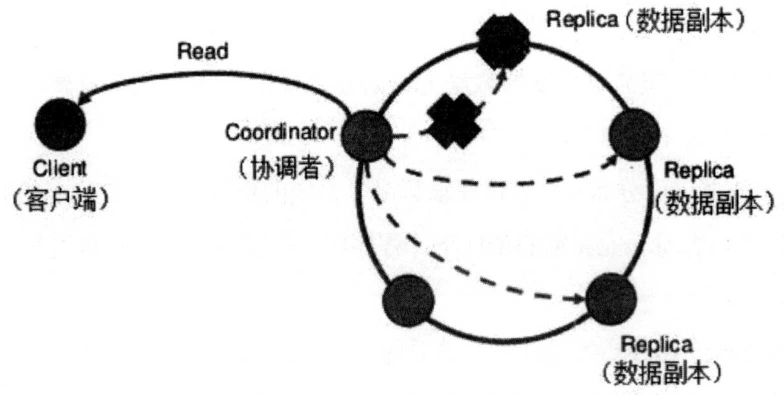

图 3-3 Cassandra 多副本机制

3.3 ZooKeeper 原理及应用

由于 ZooKeeper 集群的实现采用了一致性算法，所以它成为一个非常可靠的、强一致性的、没有单点故障的分布式数据存储系统。但它的目标不是提供简单的数据存储功能，而是成为分布式集群中不可或缺的基础设施。

3.3.1 ZooKeeper 的原理与功能

前面我们提到，绝大多数分布式系统都采用了中心化的设计理念，一些新的分布式系统的设计表面上看似乎是无中心的，但实际上隐含了中心化的内核，这类架构往往有如下共性需求。

（1）可以承接集中化配置。并非文字描述一样简单，从实践的角度来说存在一定的难度。举例来说，在系统不重新启动的状态下，若希望直接实现更改系统，则对分布式集群来讲就会有一定的难度。

（2）需要提供简单可靠的集群节点动态发现机制。该需求主要是以做好有一定灵活性和延展性的分布式集群为前提，进而保证做出具有发现能力的灵活性服务项目，这种集群的建设难度不大。首先是保证各节点之间联系的精准度和可靠性，进而保证在某节点工作停滞后，其他节点能够实时获取相关信息，以确保相关问题的修复。

（3）需要实现简单可靠的节点 Leader 选举机制。该需求用来解决中心化架构集群中领导选举的问题。

（4）需要提供分布式锁。该需求从诸多系统的角度来看存在一定的必要性，在确保集群内容及功能完整的条件下，程序应该先获得数据锁，再进行后面的更新操作。

ZooKeeper 通过巧妙设计一个简单的目录树结构的数据模型和一些基础 API 接口，实现了上述看似毫无关联的需求，而且能满足很多场景，比如简单的实时消息队列。图 3-4 所示是 ZooKeeper 基于目录树的数据结构模型。

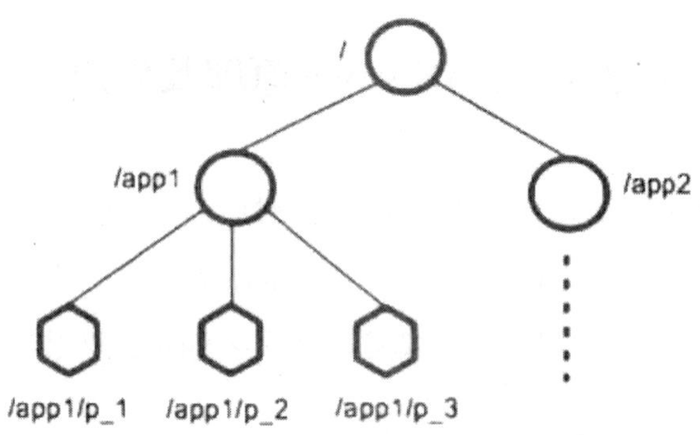

图 3-4　ZooKeeper 基于目录树的数据结构模型

此外，ZNode 是有生命周期的，取决于节点的类型，节点可以分为如下四类。

- 持久节点：节点在创建后就一直存在，直到有删除操作主动删除。
- 临时节点：临时节点的生命周期和创建这个节点的客户端会话绑定，也就是说，如果客户端会话失效（客户端宕机或下线），则这个节点自动删除。
- 时序节点：在创建子节点时可以设置这个属性，这样在创建节点的过程中，ZooKeeper 就会自动为给定的节点名加上一个数字后缀，作为新的节点名。这个数字后缀的范围是整型的最大值。
- 临时性时序节点：同时具备临时节点与时序节点的特性，主要用于实现分布式锁。

从上面的分析说明来看，持久节点主要用于持久化保存的数据，最典型的场景就是集群的配置信息，如果结合 Watch 特性，则可以实现集群的配置实时生效的高级特性。ZooKeeper 服务端设计思路如图 3-5 所示。

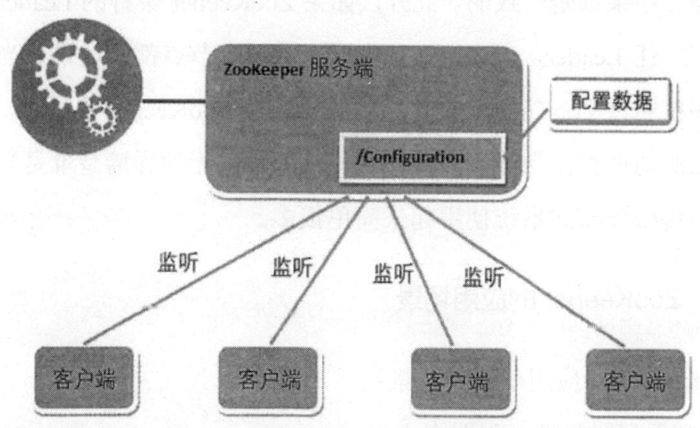

图 3-5 ZooKeeper 服务端设计思路

持久节点并非长期使用，而是作为临时补充，这种设计思路往往具有较强的特点，如果该节点与 ZooKeeper 中存在期限结束的会话，那么该会话通常会遭到消除。同时，持久节点往往能够保证烦琐的功能实现，一般来说需要以下几个途径：用分布式集群进行规划，确保多项服务器的线程实现统一，最终汇集于 ZooKeeper 中，同时能够针对各线程做好对特定节点的建设，当有新的节点（如 Z）加入集群时，ZooKeeper 会实时地把该事件通知（Notify）到所有客户端，客户端就可以把这个新的服务地址加入自己的服务路由转发表中。图 3-6 所示为 ZooKeeper 服务端设计思路示意图。

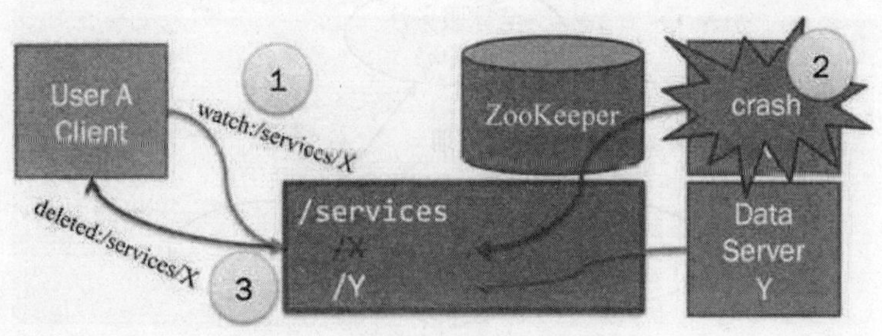

图 3-6 ZooKeeper 服务端设计思路

最后，我们谈谈分布式集群一致性场景中的命令序列是如何对应到ZooKeeper上的。之前说的命令序列其实就是对ZNode的一系列操作，例如增、删、改、查，ZooKeeper会保证任意命令序列在集群中的每个ZooKeeper实例上执行后的最终结果都是一致的。此外，如果ZooKeeper集群的Leader宕机，则会自动选择下一任Leader，ZooKeeper集群中的每个节点都知道谁是当前Leader，因此，程序在通过ZooKeeper的客户端API连接ZooKeeper集群时，只要把集群中所有节点的地址都作为连接参数传递过去即可，无须弄清楚谁是当前Leader，这要比很多传统分布式系统使用起来简单很多。

3.3.2 ZooKeeper 的应用场景

ZooKeeper主要应用于以下场景：

（1）实现配置管理（配置中心）。

（2）服务注册中心。

（3）集群通信与控制子系统。

基本上每个使用ZooKeeper的集群，都会同时采用ZooKeeper存储集群的配置参数。可以说，实现配置管理（配置中心）是ZooKeeper最广泛、最基础的使用场景。

服务注册中心是ZooKeeper最“重量级”的使用场景，ZooKeeper是这里的关键组件，同时最能体现其复杂性，这个场景也是所有“以服务为中心”的分布式系统的核心设计之一。图3-7所示为分布式服务注册与服务发现的原理架构。

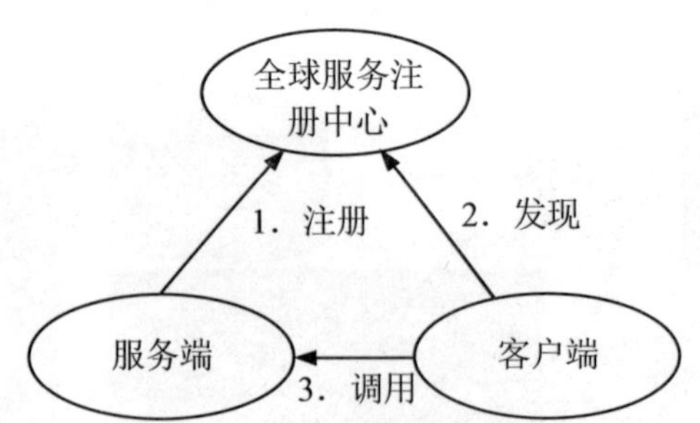

图3-7　分布式服务注册与服务发现的原理架构

图 3-8 所示为分布式服务注册与服务角色类型，此架构有三类角色：服务提供者、服务注册中心和服务消费者。

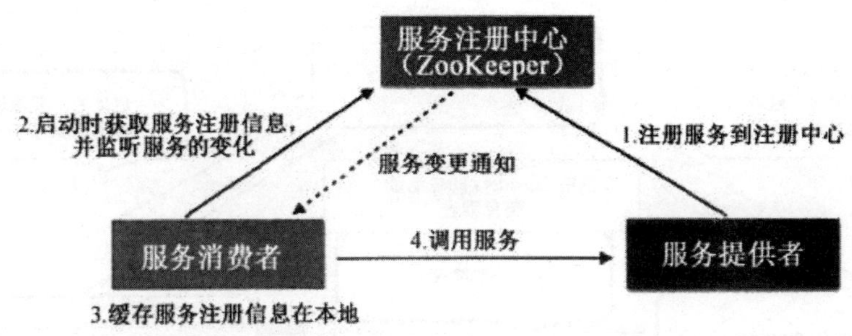

图 3-8　分布式服务注册与服务角色类型

首先，服务提供者作为服务的提供方，将自身的服务信息注册到服务注册中心。通常服务的注册信息包含服务的类型，隶属的系统，服务的 IP、端口，服务的请求 URL，服务的权重。

然后，服务注册中心主要提供所有服务注册信息的中心存储，同时负责将服务注册信息的更新通知实时推送给服务消费者（主要通过 ZooKeeper 的 Watch 机制实现）。

最后，服务消费者只在自己初始化及服务变更时依赖服务注册中心，而在整个服务调用过程中与服务提供方直接通信，不依赖任何第三方服务，包括服务注册中心。服务消费者的主要职责如下：

- 启动时从服务注册中心获取需要的服务注册信息。
- 将服务注册信息缓存到本地，作为服务路由的基础信息。
- 监听服务注册信息的变更，例如在接收到服务注册中心的服务变更通知时，在本地缓存中更新服务的注册信息。
- 根据本地缓存中的服务注册信息构建服务调用请求，并根据负载均衡策略（随机负载均衡、Round-Robin 负载均衡等）转发请求。
- 检测服务提供方的存活，如果出现服务不可用的服务提供方，则从本地缓存中删除。

图 3-9 所示为 RPC 原理架构，其中也采用了 ZooKeeper 来实现服务的注册中心功能，其实现机制和主要逻辑基本上和上述案例大同小异。

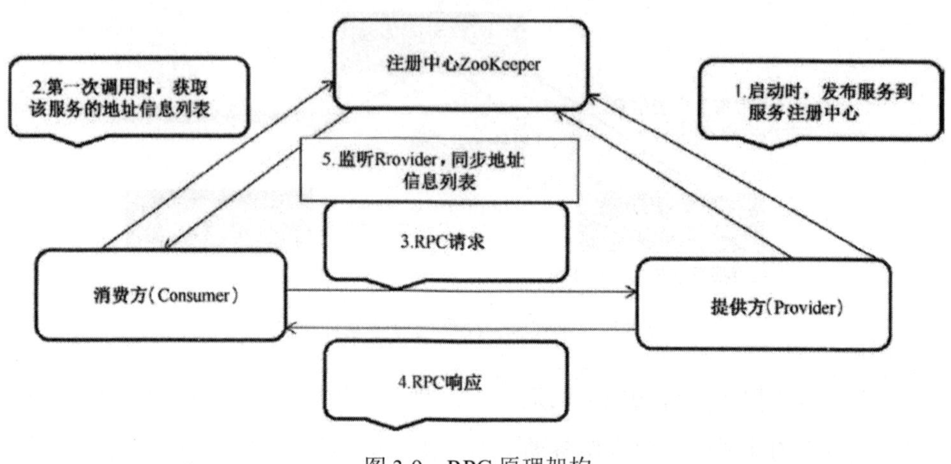

图 3-9　RPC 原理架构

Kubernetes 采用 Etcd 作为服务注册中心的核心组件，从而构建出一个很先进的微服务平台，可见 ZooKeeper 这种基础设施对分布式系统架构的重要性。

ZooKeeper 的第三个重要业务场景是实现整个集群的通信与控制子系统，大多数系统都需要有命令行及 Web 方式的管理命令，这些管理命令通常实现以下管理和控制功能。

- 强制下线某个集群成员。
- 修改配置参数并生效。
- 收集集群中各节点的状态数据并汇总展示。
- 集群停止或暂停服务。

图 3-10 所示为集群的控制子系统的原理架构。

在 ZooKeeper 里规划了一个用于存放控制命令和应答的 ZNode 路径（如图 3-10 中的/Commands），集群中的所有节点在启动后都监听（Watch）此路径，命令行程序（CLI）发给集群节点的命令及参数被包装成一个 ZNode 节点（如图 3-10 中的 ReloadConfig），写入/Commands 路径下，同时在 ReloadConfig 上监听事件。紧接着集群中的所有节点都通过/Commands 上的 Watch 事件收到此命令，然后开始执行 ReloadConfig 命令对应的逻辑，在某个节点执行完成后，在 ReloadConfig 路径下新建一个 ZNode 节点（如 node1result）作为应答。由于 CLI 之前在 ReloadConfig 上监听，因此很快就被通知此命令已经有节点执行完成，CLI 就可以实时输出结果到屏幕上，在所有节点的应答都返回后（或者等待超时），命令行结束。

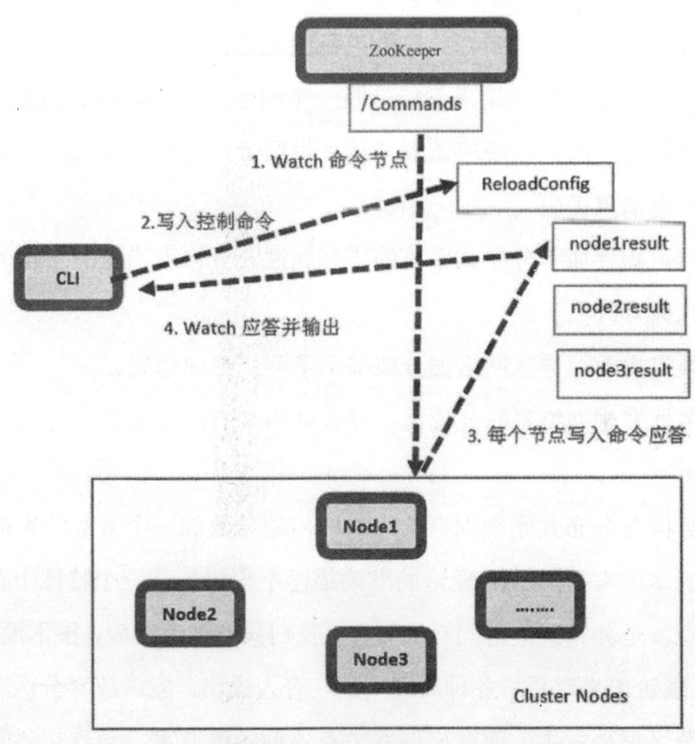

图 3-10 集群的控制子系统的原理架构

3.4 CAP 理论

CAP 理论在互联网界有着广泛的知名度，称为“帽子理论”，它是由 Eric Brewer 教授在 2000 年举行的 ACM 研讨会上提出的一个著名猜想：一致性（Consistency）、可用性（Availability）、分区容错（Partition-tolerance）无法在分布式系统中同时满足，并且最多只能满足其中两个。2003 年，美国麻省理工学院的 Gilbert 和 Lynch 正式证明了这三者确实是不可兼得的。之后 CAP 被奉为分布式领域的重要理论，被很多人当作分布式系统设计的“金律”。

Brewer 教授当时想象的分布式场景是在一组 Web Service 后台运行着众多 Server，对 Service 的读写反映给后台的 Server 集群，Server 集群针对不同的情况采取对应的处理方式。我们可以对 CAP 作出如下定义。

- 一致性（C）：所有节点上的数据都时刻保持同步。
- 可用性（A）：每个请求都能接收一个响应，无论响应成功还是失败。
- 分区容错（P）：系统应该能持续提供服务，即使系统内部（某个节点分区）有消息丢失。

一致性与可用性属于分布式系统的固有属性。分区容错是网络相关的一个属性，常见的几种分区如下：

- 交换机失败，导致网络被分成多个子网，形成脑裂。
- 服务器发生网络延时或死机，导致某些 Server 与集群中的其他机器失去联系。

可见，分区是分布式系统固有的可靠性问题导致的一个紊乱的集群状态。从这三个概念的本质来看，CAP 理论的准确描述不应该是从三个特性中选择两个，因为分区本身就是分布式集群固有的特性，我们只能被迫适应，根本没有选择权。

在 CAP 理论出来以后，各种质疑不断，有人提出：应该放弃分区容错，因为在局域网中分区很少发生；而在广域网中有各种备选方案，导致实际的分区较少发生，并且很多人认为分区同时蕴含着不可用，这两个概念之间存在重叠。还有一些重要的质疑包括 CAP 理论无法用于分布式数据库事务，比如应用因为一些错误的数据而导致更新失败。

面对铺天盖地的质疑，在 CAP 理论诞生 12 年后，CAP 之父 Brewer 和 Lynch 纷纷出来澄清。Brewer 给出重要修订：“三个中的两个”的表述是不准确的，这个说法过于简化了复杂场景和问题领域；在某些分区极少发生的情况下，三者能顺畅地配合。

Lynch 也在 2012 年重写了之前的论文，该论文的重点如下：

- 把 CAP 理论的证明局限在原子读写的场景中，并声明不支持数据库事务等场景。
- 把分区容错归结为一个对网络环境的陈述，而非之前的一个独立条件。这实际上更加明确了概念。
- 引入了活性（Liveness）和安全属性（Safety），在一个更抽象的概念下研究分布式系统，并认为 CAP 是在活性与安全属性之间权衡的一个特例。其中一致性属于活性，可用性属于安全性。
- 把 CAP 的研究推到一个更广阔的空间：网络存在同步、部分同步；一致性的结果也从仅存在一个到存在多个（部分一致）；引入了通信周期 Round，并引用了其他论文，给出了为了保证多个一致性结果，至少需要通信的 Round 数量；还介绍了其他人的一些成果，这些成果分别对 CAP 的某方面作出了特殊贡献。

我们不难发现，Lynch 在论文中主要做了如下事情。

- 承认分区容错是一个既定的环境约束，而非独立的选择或者条件。
- 缩小 CAP 适用的定义，消除质疑的场景。
- 建立更精确的理论模型。
- 暗示 CAP 理论依旧正确。

总结 CAP 理论如下：可以肯定的是，CAP 理论并非一个放之四海而皆准的普适性原理和指导思想，它仅适用于原子读写的 NoSQL 场景中，并不适用于数据库系统；当今的分布式系统早已不是十年前的简单系统了，现在分布式系统有很多特性如扩展性、自动化等，架构师在进行系统设计和开发时，视野要更加开拓，而不仅仅局限在 CAP 问题上。

3.5 BASE 准则

从前面的分析中我们知道：在分布式（数据库分片或分库存在多个实例上）

系统下，CAP 理论并不适用于数据库事务。此外，XA 事务虽然保证了数据库在分布式系统下的 ACID 特性，但也带来了一些代价，特别是性能方面的问题，这对并发和响应时间要求比较高的电子商务平台来说是难以接受的。于是，eBay 公司尝试了完全不同的路，选择了放宽数据库事务的 ACID 要求，提出了一套名为 BASE（Basically Available, Soft-state, Eventually Consistent，主要可用、软状态、最终一致性）的新准则，于 2008 年在 ACM 上发布了一篇 BASE 的说明文章——*In partitioned databases，trading some consistency for availability can lead to dramatic improvements in scalability*，并且给出了他们在实践中总结的基于 BASE 准则的一套新的分布式事物的解决方案。

与 CAP 理论相比，BASE 准则大大降低了我们对系统的要求。其中 Basically Available 的一个解释案例如下：

我们的数据库采用分片模式（partitioned），比如将 100 万个用户数据分在 5 个数据库实例上，如果破坏了其中一个实例，那么可用性还有 80%，即 80%的用户都可以登录，所以系统仍然是主要可用的。

那么，如何理解 Soft-state 概念呢？*Distributed Systems Principles and Paradigms, 2nd Edition* 一书里提到，在基于 Client-Server 模式的系统中，Server 是有状态的（stateful）还是无状态的（stateless）是一个很重要的设计思路。然而，除了 stateless 和 statefull，还存在另外一种方式——soft state，它最早来源于计算机网络中的协议设计（protocol design），在分布式系统中的含义如下：

Server 端承诺会维护 Client 的状态数据，但是"仅仅维持一小段时间"，过了这个时间段，Server 就会将这些状态信息丢弃，恢复正常的行为状态。

Eventually Consistent 指的是数据的最终一致性，而不是强一致性，之前提到过这个概念。从上面的分析来看，BASE 准则的思想其实就是牺牲数据的一致性来满足系统的高可用性，在系统中一部分数据不可用或者不一致时，仍需要保持系统整体"主要可用"。

针对数据库领域，BASE 准则主要通过拆分业务数据实现，让不同的数据分布在不同的机器上，以提升系统的可用性，目前主要有两种做法：按功能划分数据库和分片（如开源的 Mycat、Amoeba 等）。

由于拆分后会涉及分布式事务问题，因此 eBay 公司在该 BASE 论文中提到了如何用最终一致性的思路来实现高性能的分布式事务。

3.6 分布式事务

要正确理解分布式事务，就要先清楚什么是事务（Transaction）。在绝大多数情形下，大家所讲的事情都是指数据库事务（Database Transaction），之后的各类非数据库的事务也都仿效和参照对数据库事务的定义。

事务是数据库系统运作中的一种逻辑性的工作模块，工作模块中的一系列 Oracle 指令兼具原子性操控的特点，这些指令要不完全成功实行，要不彻底撤销或不实行，如果是后者，则体现为数据库系统内的最后数据信息没有出现任何变化。事务一般由数据库系统中的事务管理系统负责解决。

3.6.1 数据库单机事务

数据库事务要符合以下四种需求。

（1）原子性（Atomic）：事务一定是原子结构的工作模块，对其进行数据信息改动，要不全都实行，要不全都不实行。

（2）一致性（Consistency）：事务完成时，一定要使全部的数据信息保持一致状态，在事务结束时，全部的内部数据结构（如 B 树索引或单链表）一定是合理的。

（3）隔离性（Isolation）：由并发各种事务所做的改动必须与所有其他并发事务所做的改动隔离。

（4）持续性（Duration）：在事务结束后，对系统配置的干扰是永久的。

原子性（要记载操作流程和相对应的后果，便于退回）、隔离性（形成锁）使数据库事务的实行成本要高于非事务性工作的操控。通常情况下，隔离性是经过锁机制结束的，而原子性、一致性和持续性三个特征是经过数据库系统里的相应事务日志文件结束的，在这个步骤中涉及很多 I/O 操控。在 MySQL 里，事务的相应日志文件为 redo 和 undo 文件，redolog 记载事务改动后的数，undolog 记载事务改动前的原始记录。因为事务随时随地可能回退，所以在 MySQL 实行事务的步骤中，这两个文档都会被载入数据。以下是 MySQL 里一种事务实行时的简易步骤。

（1）先记载 undolog/redolog，保证系统日志被刷新到硬盘上长久储存。

（2）更新数据信息记载，缓存文件操控并异步载入硬盘。

（3）提交事务，在 redolog 中载入 commit 记载。

其中第（3）步为 commit 事务的操控，具体做以下事情：

（1）清理 undo 段信息。

（2）释放锁资源。

（3）刷新 redo 系统日志，保证将 redo 系统日志载入硬盘，即便改动的数据资料页没有刷新到硬盘，只要系统日志完成了，就能确保数据库系统的完整性和一致性。

（4）清理 savepoint 列表。

在事务管理实行的环节中，很多耗时操控基本都是在 commit 控制指令前结束的，包含写相应的事务管理系统日志，以备回退事务或上传。而 commit 控制指令所做的工作通常是能够"瞬间"结束的，在整体事务管理环节的时间占比很小，这也是事务管理的一个很重要的特点，后边要讲的 XA 二阶段事务管理模式也是根据这种特点制定的。

除此之外，假如在 MySQL 实行事务管理的环节因系统故障中止（停电）造成数据资料没有尽快持久化到硬盘中，则能够在后面利用 redolog 重新做事务或利用 undolog 回退，保证数据资料的一致性。

3.6.2 X/OpenDTP 事务模型

假如一种事务管理内的 Oracle 要各自操控很多单独的数据库系统网络服务器上的数据，那么这类事务就变为分布式事务了。鉴于分布式数据库的程序编写难度很大，而事务管理又是十分关键的功能模块，在程序编写上不能有一丝误差，否则将会造成毁灭性的后果，因此某些技术性达人探究并拟定了业内首例分布式事务技术规范——X/OpenDTP，此标准明确提出的二阶段上传模式（2PC）与TCP三次握手相同，成为了经典之作。J2EE 也遵循 X/OpenDTP 标准，拟定、建立了Java 里的分布式事务程序编写接口规范——JTA。

X/OpenDTP 已经有 20 多年历史了（于 1994 年发表），最开始是由银行很知名的 Tuxedo 中间建立的一种内部标准，之后交到 X/Open 组织实现规范化。

X/OpenDTP 拟定了一种模式来叙述加入分布式事务的每个角色及互动标准，如图 3-11 所示。

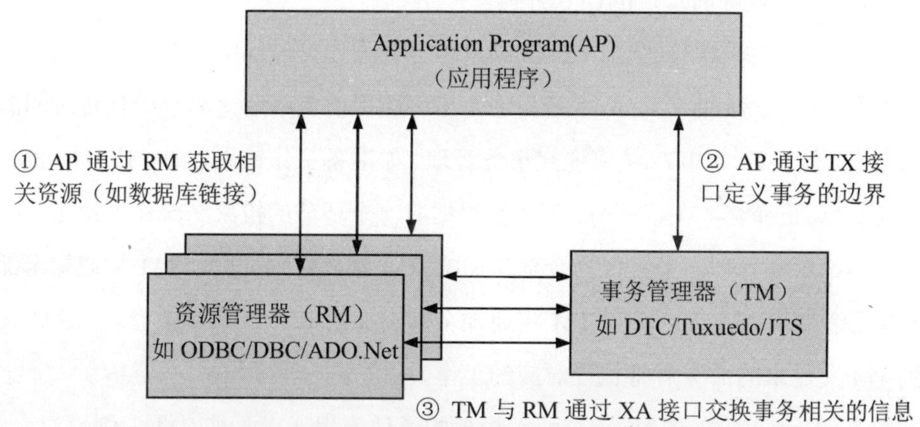

图 3-11　分布式事务的每个角色及互动标准规范

在 X/OpenDTP 建模中，参加事务管理的角色分成下列三种。

（1）AP：可执行程序，绝大多数是 CRUD 源代码等运用。

（2）RM：数据库系统或很少应用的消息中间件等。

（3）TM：事务管理工具、事务管理合作型，执行读取可执行程序（AP）进行的 XA 事务管理命令，同时系统调度和配合参加事务管理的全部 RM（数据库系统），保证事务管理准确结束（或回退）。

该建模中的要点如下：

- AP 负责激发分布式事务，在这个环节中运用了独特的事务管理命令——XA 命令，其并非一般的事务管理命令，这类工作由 TM 对接并发送给全部有关的 RM 去执行。
- RM 负责执行 XA 命令，每个 RM 只负责执行自己的命令。
- TM 负责整体事务管理环节中的相互配合，检测和校验每个 RM 的事务管理执行工作状态。

接下来讲解 X/OpenDTP 建模中有名的二环节递交协议模板。在 X/OpenDTP 建模中，当一个分布式事务涉及的 SQL 逻辑性都执行结束，并到最终递交事务管理的重要环节时，为了防止分布式服务具有的不可靠性造成递交事务管理意外错误，TM 会坚决执行两步走的计划方案。

（1）投票选举。通知全部 RM 先结束事务管理递交过程中涉及的多种繁杂的准备工作，例如写 redo、undo 系统日志，尽可能提前完成递交环节中耗费时间的全部工作，保证后续 100%结束递交事务管理。如准备工作错误，则尽快告知 PM。

（2）真正递交。在该环节，TM 将根据前一个环节的投票结果作出决定，即递交或撤销事务管理。当且仅当全部参加的 RM 都允许递交时，TM 才通知全部 RM 真正递交事务管理，否则 TM 将通知全部参加的 RM 撤销事务管理。RM 读取到 TM 发过来的命令后将执行对应的工作。

图 3-12 所示为二阶段性递交协议模板的通信流程（以两种 RM 为例）。

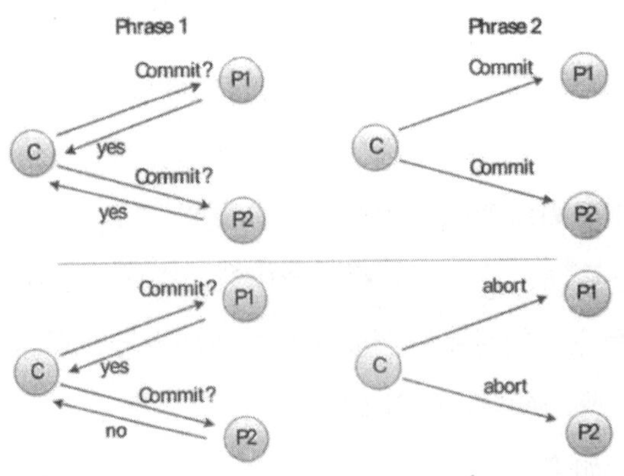

图 3-12　二阶段性递交协议模板的通信流程

二阶段性递交的精妙之处在于考虑到分布式数据库的不靠谱，同时采用了比较简单的方法（二阶段性进行），把由操作系统不靠谱造成事务管理递交异常的概率降至很小。下面列出了一个形象的表述流程，来反映二阶段性递交是如何实现这一点的。

假如一个事务管理的递交流程一共需要 30s 的工作，其中 Prepare 阶段需要 28s（主要保证事务管理记录写进硬盘等各类费时的 I/O 工作），真真正正的 Commit 阶段只需 2s，那么 Commit 阶段发生异常的概率与 Prepare 阶段相比，仅是其 2/28（<10%）。换句话说，假如 Prepare 阶段成功了，则 Commit 阶段因为时间很短，发生异常的概率很小，会大大增大分布式事务完成的概率。不得不承认，二阶段性递交的精妙设计洞悉了分布式数据库的实质。

为何我们在现实生活中极少会使用二阶段性递交的 XA 事务管理呢？具体因素如下：

- 互联网电商软件盛行，对事务管理和信息的完全统一性需求并没有传统化企业应用软件高。
- XA 事务的介入增加了 TM 中间件，使得系统复杂化，而且通常支持 TM 的中间件都是收费的，也增加了软件成本。
- 互联网技术研发中的很多人并不是很懂 XA 相应的专业技能。
- XA 事务管理的特点不明显，因为 TM 要等着 RM 回复，所以为了保证事务管理尽可能完成递交，TM 等着请求超时的时间大多较长（30s～5min），假如 RM 发生问题或回应缓慢，则全部事务管理的特点明显降低。

3.6.3 分布式事务解决方案

现阶段互联网技术行业里有多种风靡的分布式系统解决方法，但不像以前所讲的 XA 事务管理，建立 X/OpenDTP 标准行业规范，只是单单在一些具体的行业里得到较多认同。接下来讲述这类解决方法。

第一种解决方案：业务流程端口整理，防止分布式事务。

此方法是将一个工作流程中需要在一个事务管理里实施的众多相应工作流程端口打包整理到一个事务管理中，属于“就具体的问题详细分析”方法。就问题环境而言，其能将服务项目 A、B、C 整理为一个服务项目 D 来完成单一化事务管理的工作流程服务。如在新项目刚开始就充分考虑分布式事务的复杂性问题，则采用这种方法，用心策划和制定操作系统，规避分布式事务；确实无法规避的，则采用其他对策处理，这应该是最佳方法。

第二种解决方案：最终一致性方案之 eBay 模式。

此方法是 eBay 于 2008 年发布的有关 BASE 准则的文章中提及的一个分布式事务解决方法，在业内反响非常大。eBay 的方法实际上是最后统一性方法，运用了消息中间件来协助完成事务管理操控步骤，其关键是将需要分布式系统解决的工作利用消息中间件异步调用实施。如是事务管理错误，则能进行人力再试的矫正步骤。人力再试大量应用于付款情况中，利用对账单系统解决之后的问题。本书叙述了一种很普遍的付款消费情况：如某个客户（system）建立了一单消费，则需要在消费表（transaction）中添加记载，同时改动客户表的额度（账户余额），因为这两个表属于不同的远程服务，因此涉及分布式事务与数据信息统一性的问题。

下面是用户表与交易表的表结构：

```
user(id, name, amt_soldz amt_bought)
transaction(xidA seller_idA buyer_id, amount)
```

其中 user 表记录用户交易的汇总信息，transaction 表记录每笔交易的详细信息。

在进行一笔交易时需要对数据库进行以下操作：

```
INSERT INTO transaction VALUES(xid, $seller_idz $buyer_id, $amount);
UPDATE user SET amt_sold = amt_sold + $amount WHERE id = $seller_id;
UPDATE user SET amt_bought = amt_bought + $amount WHERE id = $buyer_id;
```

这里不采用 XA 事务模型，而是采用消息队列来分离事务。先启动一个事务，在更新 transaction 表后并不直接更新 user 表，而是将要对 user 表进行的更新动作作为消息插入消息队列：

```
begin;
INSERT INTO transaction VALUES(xid, $seller_id, $buyer_idz $amount);
put_to_queue "update user(nsellern, $seller_id, amount);
```

```
put_to_queue "update user("buyer", $buyer_id, amount);
commit;
```

由于消息队列与对 transaction 的操作使用了同一套存储资源，因此这里的事务不涉及分布式操作。

另外，开启独立进程，从消息队列中获取上述消息，进行接下来的处理过程：

```
for each message in queue
begin;
if message.type = "seller" then
UPDATE user SET amt_sold = amt_sold + message.amount WHERE id = message.user_id; else
UPDATE user SET amt_bought = amt_bought + message.amount WHERE id = message.
user_id;
dequeue message;
end
commit;
end
```

初看这个方法并没有任何问题，但事实上其没有解决分布式系统问题。要想使第一个事务管理不涉及分布式系统应用，则消息中间件需要与 transaction 表应用同一个存储系统。要想使第二个事务管理也是本地网的，则消息中间件需要与 system 表一起存储。二者是无法一起满足需要的，我们假定消息中间件与 transaction 表应用同一个存储系统，则后边从消息中间件交易内容的逻辑关系来讲可能会建立不一致的问题：数据已经刷新了 system 的账户余额内容，但下面从消息中间件中删掉内容时出现异常，例如过程卡死或内容服务项目突发性错误，则此内容仍在操作系统中，下一次又会被递送，产生了内容被反复递送的问题。除非此消息的处理逻辑具有幂等性，可以重复触发，否则重复投递消息会引发事故。

那么，如何解决这个问题呢？eBay 给出了一个简单思路：增加一个 message_applied(msg_id)表来记录被成功消费过的消息，过滤重复投递的消息。

于是，第二段逻辑改为以下方式：

```
for each message in queue
begin;
SELECT count(*) as ent FROM message_applied WHERE msg_id = message.id;
```

```
if cnt = 0 then
if message.type = "seller" then
UPDATE user SET amt_sold = amt_sold + message.amount WHERE id = message.user_id;
else
UPDATE user SET amt_bought = amt_bought + message.amount WHERE id = message.user_id;
end
INSERT INTO message_applied VALUES(message.id);
end
commit;
if 上述事务成功
dequeue message
DELETE FROM message_applied WHERE msg_id = message.id;
end
end
```

以上建模中的消息中间件未必是一个标准规定的常用消息中间件，还可以是一个根据数据系统库储存的简易完成的信息服务项目，完成该信息服务项目只需确保以下两点即可实现：

- 消息要与第一个事务中涉及的数据在同一个存储资源系统中，从而使用本地事务模式，保证事务的原则性结果。
- 消息的服务性能好。

思考：假如以上消费步骤涉及三个或更多的过程，则此处的消息中间件与数据分析表中的本地网事务处理要如何制定呢？

为什么 eBay 的分布式事务建模成为了一个典型案例？因为它的构思直接，而且编码和计划方案简易合理，很多人参照效仿了这个建模，其中网络上公布的蘑菇街的交易订单流程就非常特别，如图 3-13 所示。

在买卖交易建立步骤中，先建立一个不可见订单，随后在同步启用锁券和扣除库存量时，对启用出现异常（错误或是中断）传出未成交信息到消息中间件。如信息上传错误，则本地网会做时间阶梯性的异步传输再试；优惠券体系和库存系统接收信息后，会判定是否做工作回退，即时确保众多本地网事务管理的最后一致性。

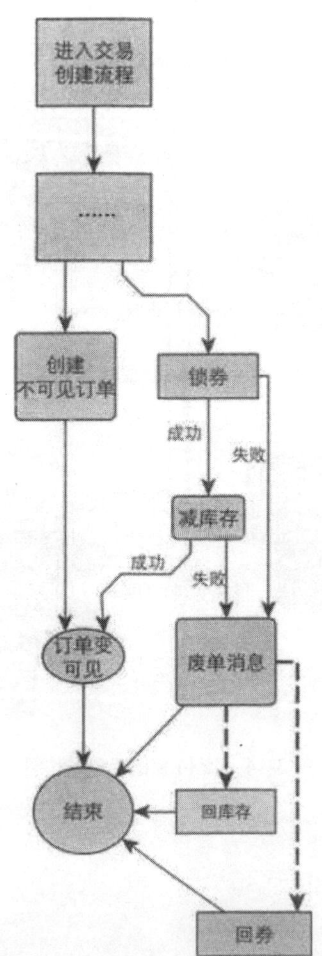

图 3-13 蘑菇街的交易订单流程

第三种方案：X/OpenDTP 模型的支付宝的 DTS 框架。

DTS（Distributed Transaction Service）结构是由支付宝钱包在 X/OpenDTP 模式的基础上改善（效仿）的一种拟定，界定了类似 2PC 的标准二阶段性端口，业务管理系统只要建立相应的端口，就可以运用 DTS 的事务管理功能模块。DTS 从架构上分成 xts client 和 xts-server 两部分，前者是一个融入用户端使用的 JAR 文件，关键承担事务管理数据资料的载入和解决；后者是一个单独的系统软件，关键承担出现异常事务管理的复原。DTS 的明显特性是扩大了数据库系统的强一致管束，确保了数据资料的最后一致性。支付宝的 DTS 框架如图 3-14 所示。

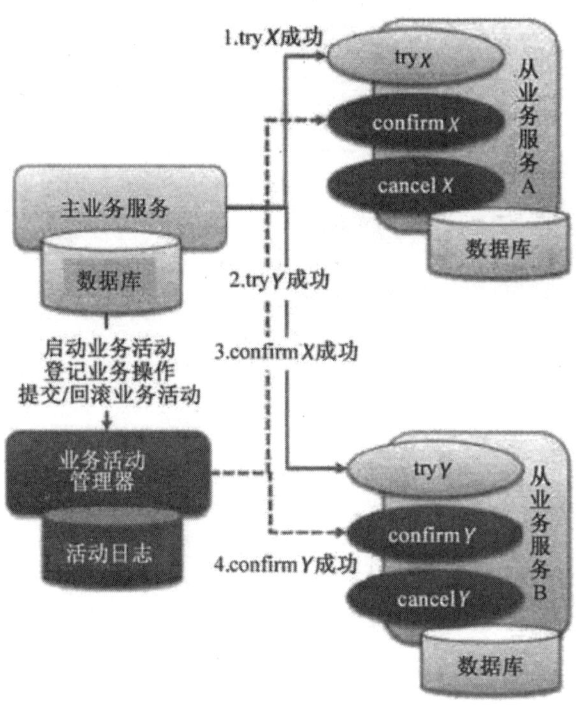

图 3-14 支付宝的 DTS 框架

第 4 章　分布式文件存储系统

本章论述一种支持超大规模并发访问的、容量易扩展的、支持流媒体的分布式文件系统结构。该系统由多个网络内存序列组成的数据服务器集群系统组成。数据存储总体容量等于各卷 Voli 容量之和，卷 Voli 内为冗余互备份服务器，卷内单服务器提供 Web 访问服务，以用于超大规模并发访问时的负载均衡，并支持 Raid 磁盘阵列以提升节点数据吞吐效率，达到数据安全备份，卷 Voli 容量受本卷最小服务器容量限制；包括文件管理服务器组子系统，主要用于下载客户端文件、管理存储空间、同步内存服务器组。该子系统由三部分组成：负载均衡主副服务器、文件管理服务器集群和数据库存储集群。负载均衡主副服务器用于将并发上传访问的客户请求在各个管理服务器上均衡；管理服务器负责查询、计算上传文件用于文件的共享存储的散列校验值和合并文件、存储同步到各卷，文件管理服务器提供存储文件上传的 WebUI 和 API，提供小文件和大文件两种上传机制；数据库存储集群用于存储系统中各文件的状态、位置、权限等。这项研究提供了最大、最具扩展性和免费的集成文件系统可用的在线文件服务。与 FastFDS 相比，本章在功能上有所扩展，性能也有了显著提升。系统可支持秒级传输文件、实时传输媒体、存储大数据文件、共享和保护多个用户文件等基础服务，并提供基础数据存储服务——大数据。

本章涉及一种分布式文件存储系统，特别是涉及一种基于 HTTP 协议的 Web 文件服务器存储集群系统。

4.1　数据存储技术相关知识

外部存储设备是计算机系统中最重要的组件之一，是计算机运行过程中持续的信息来源。它几十年来不断进化，进化的道路如下：

- 单位体积的存储密度。
- 存储容量。
- 读写速度。
- 存储成本。

下面看看企业存储介质的传统主角之一——磁带。1952 年的磁带式驱动器的容量只有 2MB；2013 年 IBM TS3500 磁带库容量可达 125PB（1PB=1024TB）。硬盘技术和光盘技术都不适用于存储和备份数据。它仅与盒式磁带技术兼容。事实上，盒式磁带载体功能强大、可靠（没有机械部件，不易损坏），且比光盘和磁盘等磁介质便宜，因此已经存在很长时间。自母框架时代以来，数据存储和复制技术（数据备份）发生了显著变化。近年来，磁带录音的耐用性有了显著提高。磁带库和一些磁带存储解决方案可以扫描磁带环境，以确保数据随时可读且有价值。如果发现错误或数据泄露，可以将受影响的数据复制到新磁带，并且新磁带传输技术是自动化的。

大数据时代产生了一个新的存储概念——冷存储（Cold Storage），是指长期闲置且很少被访问的数据。以社交平台 Facebook 为例，用户平均每月上传 3 亿个文件，每月上传 7PB 的新文件。这些数据中的大部分已经等待了很长时间，因此可以将其存储在更便宜的存储介质上，而磁带无疑是存储介质的最佳选择。LTO（Linear Tape Open）发布的盒带发货报告显示，虽然自 2008 年以来销售的产品数量有所下降，但 2014 年至 2015 年间盒带产品的出货量增长了 18%。大数据和云计算时代加速了这方面的技术研究：2015 年，IBM 研究人员与富士（日本）合作，维护了比 IBM 之前更大的 123 平方英寸方形磁带。在企业层面，墨盒产品最大产能提升 22 倍；2016 年，索尼最新一代磁带实现了 185TB 的存储容量，是普通磁带的 74 倍，是蓝光光盘的 3700 倍。IBM TS4500 磁带云存储库入选 2019 中国产品市场影响力年度最佳产品排行榜。带库的最大容量为 351BP。IBM TS4500 磁带库对线性带文件系统（LTFS）库使用特殊的文件系统。该技术使磁带读取和写入数据变得更加容易，从而使使用文件系统的磁盘变得更加容易。IBM

向其成员介绍了LTFS技术，可在LTO联盟中下载。惠普、IBM和昆腾是该联盟的领先技术供应商。IBM在存储网络协会（SNIA）中引入了用于标准化的LTFS技术。任何使用或提供LTO技术的制造商都有权使用LTFS。

下面再来看看影响更大的存储设备和硬盘。1956年第一块硬盘诞生，它重1t，只有5MB的内存；2016年4月上旬，希捷发布了一款10TB机械硬盘，主要为云存储数据中心设计，华为和阿里巴巴均已获批并实施。随着用户内置Wi-Fi，可移动无线驱动器已经进入许多IT爱好者的家。2018年年底，希捷宣布开发大容量16TB机械单元，并于2019年正式上市销售。到2020年年底，使用大容量20TB机械硬盘成为现实。

与CPU和内存的飞速发展相比，硬盘的发展并不是很快。这体现在单个磁盘的体积增长缓慢，输入/输出速度增长缓慢，大容量磁盘设备成本低。数据显示，CPU性能每年增长30%～50%，而硬盘驱动器增长仅约7%。有些人正在学习克服这些矛盾：伯克利大学的一个研究小组希望找到一种新技术，可以在短期内快速提高硬盘性能，以平衡CPU的计算能力。他们开发了一个简单高效的解决方案——挂载多个硬盘，模拟一个大容量的虚拟硬盘，接口可以同时提供I/O操作和I/O带宽，称为独立磁盘阵列（RAID）。磁盘驱动器是重要的存储设备，除了提供更多的存储空间来连接多个磁盘之外，企业级还有以下两个重要特性。

（1）提高I/O传输速率。这是RAID最初想要解决的问题，因为当时CPU的速度增长很快，而磁盘驱动器的数据传输速率无法大幅提高，所以需要一种方案解决二者之间的矛盾。RAID通过在多个磁盘上同时存储和读取数据来大幅提高存储系统的数据吞吐量。在RAID中，可以让很多磁盘驱动器同时传输数据，而这些磁盘驱动器在逻辑上又是一个磁盘驱动器，所以在使用RAID后，一个“逻辑磁盘”的I/O速度可以达到单个磁盘的几倍甚至几十倍，这就是RAID条带化的能力，也叫作RAID0模式。RAID0的原理就是将原先顺序写入的数据分散到所有的N块硬盘中同时进行读写，N块硬盘的并行操作使得同一时间内磁盘读写的速度提升了N倍。RAID0模式最大的缺点在于任何一块硬盘出现故障时，整个系统将被破坏，可靠性仅为单独一块硬盘的$1/N$，但对于一些新的分布式存储来说，RAID0 却是最好的选择，因为这些分布式系统本身通过多份存储副本的方式避免了 RAID0 的问题。

（2）检查数据时检查容错。如果不输入写入磁盘的 CRC（Periodic Configuration Check）代码，普通磁盘驱动器将无法承受错误。如果每个驱动器都建立在硬件容错之上，则 RAID 容错可以提供更高的安全性。RAID 是多方面综合的交叉检查和恢复措施，可以显著提高 RAID 系统的容错能力，提高系统的稳定性和重现性。我们需要了解这是由内存容量造成的。例如，RAID1 是指数据从一个磁盘到另一个磁盘，即如果数据写入一个磁盘，则它在另一个空白磁盘上。创建可显著提高 RAID 抗性但会丢失磁盘空间的文件概览。

最初，RAID 解决方案主要针对企业级市场，接受内部驱动器组卡，它使用特殊的设备处理组卡来执行磁盘组的功能，磁盘组卡直接插入服务器主板。高速 SCSI 硬盘驱动器的系统成本较高。1993 年，HighPoint 推出了 IDE-RAID 控制芯片，使用相对便宜的 IDE 磁盘来配置 RAID 系统，降低了 RAID 门槛。此后，个人用户也开始关注这项技术，以较低成本的 RAID 技术让每个用户使用的磁盘速度提高一倍，数据安全性更高。IDE-RAID 芯片随着硬盘传输速率的不断提高而不断更新。市场上最好的芯片支持全 ATA 100 标准，HighPoint 发布的 HPT 372 芯片和 Promise PDC20276 芯片支持 ATA 133 IDE 标准硬盘。如今，随着主板企业之间的竞争加剧，以及计算机用户需求的增加，很少企业在主板上安装 RAID 芯片。以广泛使用的英特尔芯片组为例，高端 Z87 和 H87 组结合了提供直接功能的组控制器，用户无须购买 RAID 卡即可配置磁盘阵列并体验磁盘加速。之后，处理器增长非常快，处理能力显著提升。因此，重新创建了软件模拟（类似于虚拟磁盘技术）来执行磁盘组的功能。这种方法虽然也可以完成磁盘阵列的主要功能，但是磁盘子系统的性能降低了，部分降低的比较大，达到 30%，导致机器速度减慢，甚至无法使用。

随着数据量存储规模的快速增长，内置式的磁盘阵列在容量和速度上已经无法满足企业级市场的存储需求了，于是外置式的大容量磁盘阵列柜应运而生，它是一个单独的硬件产品，由控制器及磁盘柜组成并对外提供存储空间。服务器通过 SCSI 接口（SCSI 协议是块数据传输协议，在存储行业应用广泛，是存储设备的基本标准协议）直接连接磁盘柜，成功实现了存储系统与服务器的“完全分离”。我们可以将外置式的磁盘阵列看作第一代独立存储产品，即 DAS（Direct Attached Storage）。DAS 设备从属于某个特定的服务器，其他服务器无法访问它。当连接它的服务器发生故障时，DAS 设备中的数据暂时不能被存取。这类产品的价格在早期都很贵，一般被用于数据中心的特定关键系统。随着 IT 的发展，DAS 价格一路下滑，成本大大降低，因此被越来越多的中小企业使用，企业中的许多数据应用（特别是数据库）必须被安装在直连 DAS 设备的专有服务器上。

DAS 存储使用来自多个服务器的 CPU 资源来读写输入/输出数据和管理存储。要备份和恢复数据，需要使用基于服务器的服务器资源（包括 CPU、G/C 系统等）并直接连接到数据存储。此外，SCSI 接口通常用于连接 DAS 设备和服务器。当节省了硬盘空间并且增大了一个组中的硬盘数量时，SCSI G/C 通道就会减少。这对提供 7×24 小时服务的银行、电信、媒体和工业部门的大型企业来说是不可接受的。DAS 存储或服务器的升级只能由原始设备制造商提供。上述 DAS 的缺点最终加速了企业存储市场中 SAN 等新型存储设备的发展。

时代需要新技术的诞生，存储区域网络（SAN）技术正是在这种环境下诞生的。SAN 通过高速网络（如光纤通道）连接存储设备和服务器，包含的存储设备是 LUN，它是一个块级存储设备。SAN 存储设备使用 SCSI-3 以每小时比 TCP/IP 高的效率和速度传输输入/输出数据。SAN 将存储设备和服务器转换为多个存储网络，以便多台服务器可以连接到该存储网络并共享整个存储空间。它是一个 SAN 存储网络，拥有专利的存储网络设备。后者是 FC SAN，也就是普通的光纤存储网络，重要的设备是光纤转换器和 HBA 卡，每台主机插入一张 FC HBA 卡。光纤交换机通过光缆（光缆）连接，该光纤交换机还连接到 SAN 存储设备（FC 磁盘阵列），从而形成 FC SAN 存储空间。FC SAN 存储网络如图 4-1 所示。

由于光纤适配器和兼容的 FC HBA 卡是技术，因此 FC SAN 更昂贵，仅用于大型组织和一些数据中心。与此同时，传统以太网也在快速发展。千兆以太网技术出现在 20 世纪 90 年代后期。千兆以太网在数据中心随处可见。八口千兆交换机售价不到 2000 元。因此，带有 SAN 存储的光纤网络已成为流行的以太网趋势。交换机将 SAN 存储网络使用的 SCSI 协议和接口改为以太网 TCP/IP，可用于以太网卡和交换机，它是 IBM 开发的 iSCSI 协议。ISCSI 协议包含 TCSI/IP 中的 SCSI 命令并使用标准以太网传输。因此，出现了一种新的 iSCSI HBA 卡，它采用 iSCSI 协议，不需要特殊且昂贵的光纤接口和交换机。图 4-2 展示了 iSCSI HBA 卡的结构。iSCSI 的创建显著加速了存储库的开发。

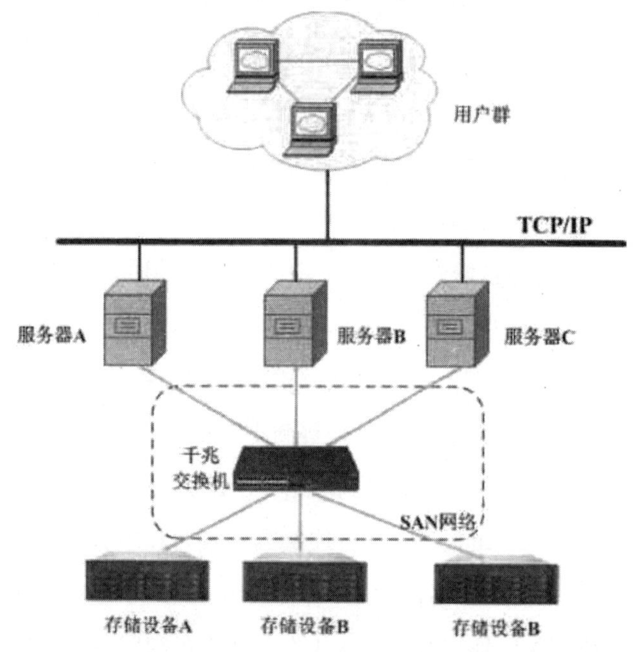

图 4-1　FC SAN 存储网络

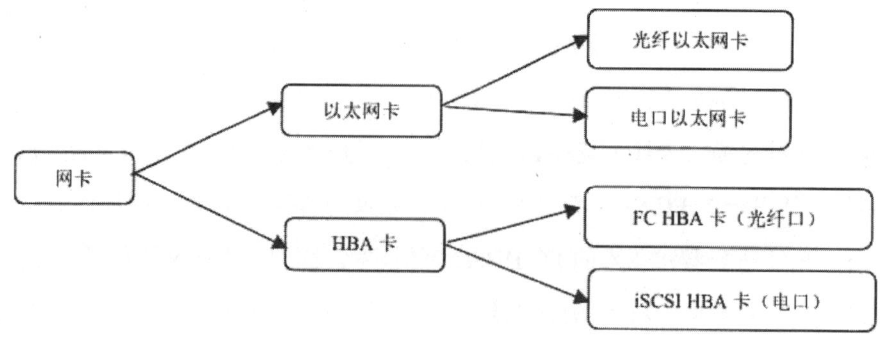

图 4-2　iSCSI HBA 卡的结构

SAN 允许其他客户端直接将其原有的磁盘存储设备配置为本地磁盘，从而首次实现了真正意义上的“云盘”。图 4-3 所示是云平台的硬件和网络架构。我们可以看到，SAN 存储在流行的企业级云平台中处于更高的位置。

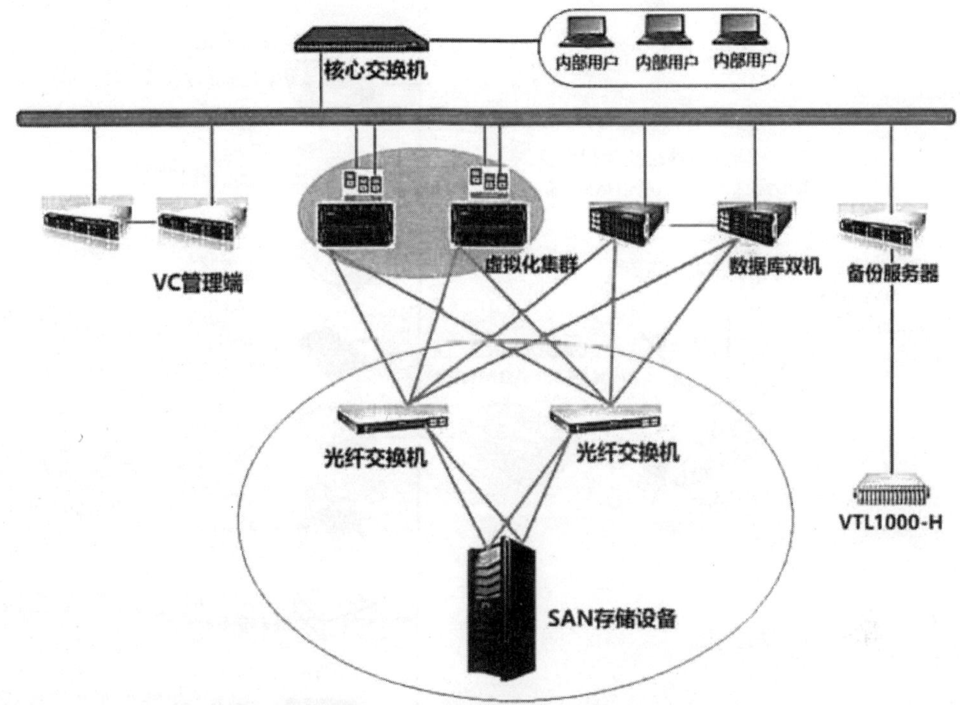

图 4-3　云平台的硬件和网络架构

磁盘、磁盘阵列、DAS 和 SAN 与内存读写功能相同，都是“大容量存储设备”，仅用于读写物理存储块，不提供高级文件存储，于是出现了其他连接的存储设备（网络存储）。NAS 可以被认为是一个独立的“文件服务器”，专为存储而设计，具有“一个非常大的硬盘”及连接到以太网的特别优化的软件和硬件。与硬盘、磁盘柜、存储网络提供的硬盘服务不同，NAS 提供的文件存储服务可以读写二进制文件，可以在 NAS 等普通桌面设备上运行。NAS 必须有两种物理状态：无论使用哪种方法，NAS 都必须能够访问物理卷或磁盘；NAS 必须具有以太网访问权限，即以太网卡。

客户端作为远程文件系统访问 NAS，特别是 UNIX/Linux 客户端可以访问

NFS 协议，Windows 客户端可以访问 CIFS 协议。NFS 是一种在 UNIX 系统之间共享远程磁盘文件的方法。服务器支持客户端应用程序通过网络访问磁盘数据。图 4-4 所示是 NAS 的产品示意，可以看到 NAS 仍然有强大的生命力。

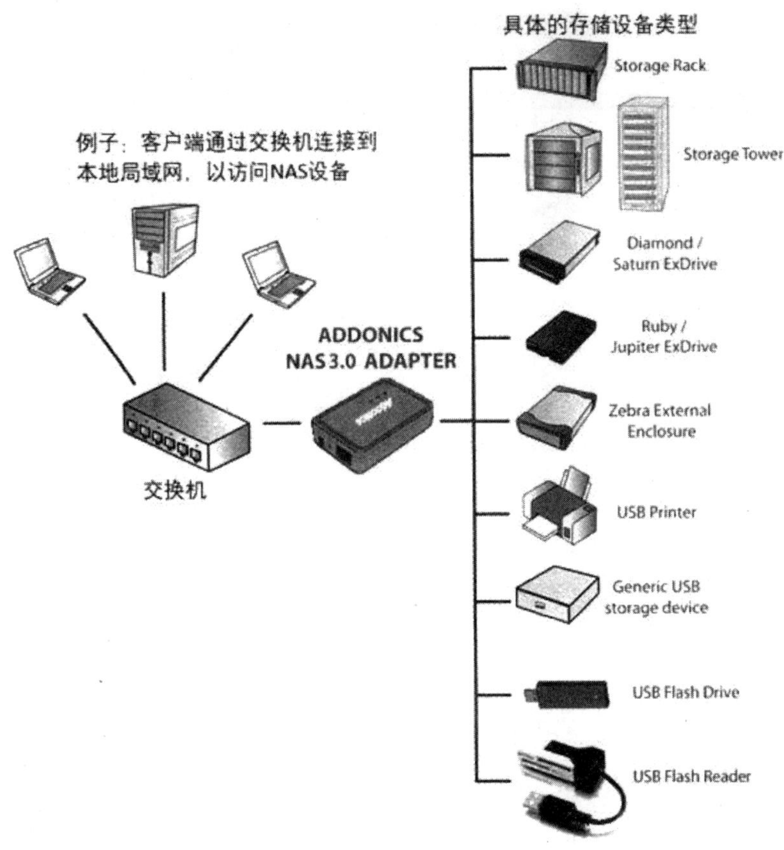

图 4-4　NAS 的产品示意

事实上，NAS 和 SAN 与制造商的产品具有竞争性和协作性。SAN 和 NAS 是一体的，很多高端 NAS 都有 SAN 的前辈。NAS 和 SAN 的融合是 EMN VNX 系列等存储设备发展的趋势。可以将 NAS 和 SAN 整合考虑如下：它是指通过双跨通道光纤通道占用 SAN 后面的块存储空间的 NAS。当 NAS 作为文件系统创建时，会转换为文件级别。因此，服务器通过以太网共享。图 4-5 总结了 DAS、SAN 和 NAS 架构的对比。

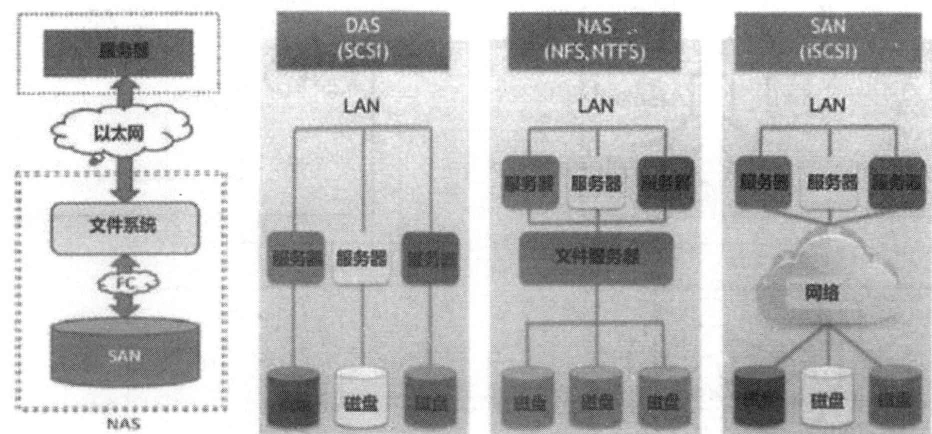

图 4-5 DAS、SAN 与 NAS 架构的对比

随着虚拟化和云计算的快速发展，越来越多的公司使用免费的 x86 服务器组来实现强大的分布式内存。企业不需要购买专有的硬件和软件，可以通过 Swift 等开源存储软件快速分发到大型、可靠、灵活的分布式群体中。

4.2 NFS 网络文件系统

分布式文件系统是分布式系统领域发展最早、应用领域众多、不断推陈出新的基础设施之一。前面提到的 NFS 就是个古老且生命力顽强的分布式文件系统，它于 1984 年诞生在 Sun 的实验室里（比 HTTP 还古老），因为基于 TCP/IP 设计，所以成为第一个现代化的网络文件系统。时至今日，NFS 已经演变成 UNIX 系统中强大且使用广泛的网络文件系统，并且成功进入虚拟化领域，成为虚拟化基础设施中的重要组成部分。除了虚拟机，当前流行的 Docker 容器也支持远程的 NFS Volume。

如图 4-6 所示，NFS 代表的网络文件系统的基本思想是将远程服务器的文件夹适配到本地文件系统，所以看客户端点，访问没有区别。远程管理文件和本地文件，所有本地文件读写器都可以直接远程读写文件，无须更改任何代码。从最终用户和软件开发人员可以明显看出，NFS 拥有强大的粉丝群，因此具有“持续时间”。

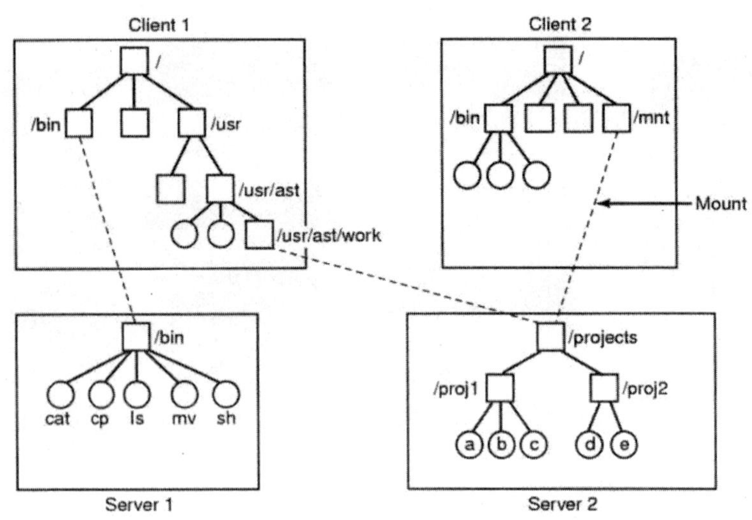

图 4-6 网络文件系统的核心思想

NFS 如何与本地 Linux 文件系统通信呢？从一个标准的 Linux 文件系统开始。许多文件系统（如 EXT3、EXT4、XFS、Btrfs 和 Overlayfs）支持 Linux 世界中不同的物理文件系统，尤其是存储 Docker 容器，Linux 是一个多级虚拟内核文件系统。VFS（Virtual File System）定义了所有文件系统必须支持的文件相关的文件结构和关键接口。每个自定义文件系统都必须在访问 VFS 之前设置适当的 VFS 接口。由于 VFS 可用，它可以毫无问题地与 NFS 设备上的其他文件系统通信。如图 4-7 所示，当用户在程序中访问特定的 NFS 文件时，它会向设备上的 NFS 客户端进程发送 VFS 请求，这是 NFS 的一个守护进程（Daemon 进程），它在收到请求后，通过 RPC 远程过程调用的方式与远程的 NFS Server 通信，通过网络传输方式获取远程文件的内容，然后返回给用户的进程。

与 FTP 不同，为确保文件传输有效，NFS 使用 UDP，而不是 TCP。NFS 不仅解决了分布式情况下的文件共享冲突，而且支持文件共享锁。配置 NFS 的过程并不困难，首先在服务器端启动 NFS 服务器进程，选择要安装到客户端的文件夹；其次，客户选择连接哪个客户的汽车。安装后，插入一个本地文件。以下命令是将文件夹 192.168.0.100 /usr/local/test 链接到文件夹/usr/local/test：

```
mount -t nfs 192.168.0.100:/usr/local/test /usr/local/test
```

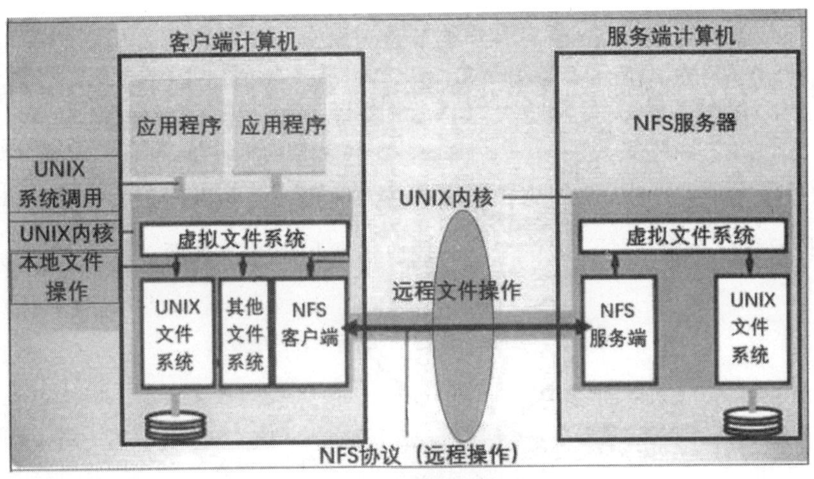

图 4-7 NFS 架构

从 NFS 的架构体系来看，它可以把任意数量的服务器上的文件系统无缝接入本地服务器，形成一个星状的分布式文件系统。从数据分片的思想来看，NFS 其实是一种完全由用户自定义分片路由的分布式文件系统，假设我们有 10 台服务器（192.168.0.1—192.168.0.10），每台服务器都有 2TB 的本地磁盘（/storage），则为了将 20TB 的文件存储到这 10 台服务器上，我们可以在 Client 服务器上建立 10 个目录作为分片目录（/storage/1 -/storage/10）分别映射到这 10 台服务器的某一台上。

4.3 分布式文件系统

NFS 是第一个分布式文件系统，它的部署和目标主要来自小型网络文件系统。随着高性能计算（HPC）集群的快速增长，NFS 等简单的分布式文件系统已经无法满足需求，因此市场上出现了一些新型的大规模分布式文件系统。Google 全局文件系统（GFS）和 IBM 共享并行文件系统（GPFS）。分布式文件管理系统在更大的规模上更复杂，需要更高的性能，例如直接访问物理设备（安全存储）而不是依赖现有的文件系统。

如图 4-8 所示，GPFS 不使用现有的文件系统，而是使用 SAN 存储网络直接提供的高性能块存储设备。所有客户端节点对所有驱动程序都有相同的访问权限。在 GPFS 中，文件被分成几个部分存储在后面的多个磁盘上，这种磁带存储系统为每个磁盘提供了负载均衡，同时让系统实现了更高的 I/R 性能。当单片应用需要读取单个文件时，GPFS 使用预读机制在本地预读文件进行 I/O，后端使用并行 I/O 同时运行多个磁盘块，提供完整的播放带宽和调整首选项。

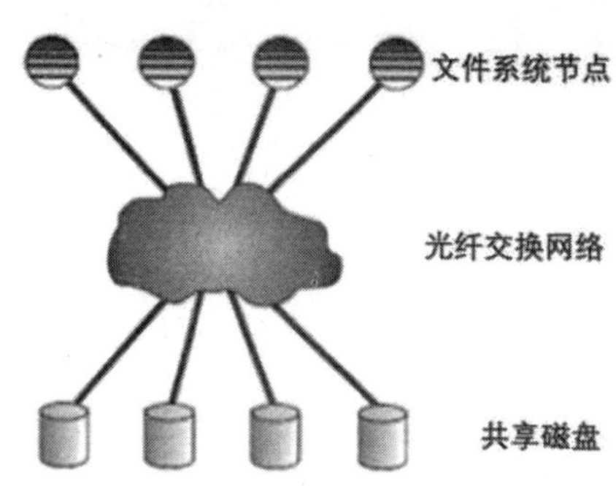

图 4-8　GPFS 文件系统

GPFS 这种基于 SAN 专有存储系统的大型分布式文件系统有两个明显的短板：SAN 存储系统硬件本身很昂贵，大部分人用不起；SAN 存储网络的扩展性并不好，当客户端数量庞大，比如面对由成千上万个 CPU 组成的高性能计算集群时，SAN 的集中式 I/O 就明显成为一个瓶颈。为了解决这个问题，卡内基梅隆大学于 1999 年启动了一个名为 Koda 的研究项目，该项目充分利用了传统的分区文件系统（如 AFS）和 SAN 系统（如 GPFS）。Koda 项目的研究成果是在无文件分布式文件系统中开发的。在 Sun 被 Oracle 收购后，Lustre 的开发者成立了新公司，该公司随后又在 2012 年被 Intel 收购。之后，Intel 成立了高性能数据部（HPDD）并保留了 100%的工程师，继续保持 Lustre 开源，以确保 Lustre 开源生态圈持续、稳定地发展。

英特尔认为存储系统是 HPC 软件开发的基础，Luther 文件系统的总 I/O 带宽高达 700GB，并支持多个用户。SoLost 是全球 HPC 行业中使用最广泛的文件系统之一，如今，100 个 HPC 项目中超过 70%使用基于 Linux 的分布式系统 Express，所以你可以运行 Linux 并获得一个组，运行 Lucer 并配置任何服务器（例如本地磁盘）。

Lustre 集群中的存储服务器节点被称为对象存储服务器（Object Storage Servers，OSS），一个 OSS 通常会根据服务器的硬件规格来决定其包括多少个对象存储目标（Object Storage Targets，OST），通常为 2～8 个。可以将 OST 理解为对象存储服务器的“逻辑磁盘”，最终文件就被存储在一个或多个 OST 上。如图 4-9 所示是一个 Lustre 集群的架构示意图，我们可以看到，在网络方面，Lustre 其实是要求高速上网的，比如 InfiniBand、万维网等，以支撑非常高速的 I/O 带宽需求。另外，在支持 RDMA 的环境中，Lustre 将利用它来降低网络延时、提高吞吐量并有效降低 CPU 的使用率。此外，Lustre 集群的规模可以很大，比如 1000 台存储服务器再加 10 台元数据服务器可以支撑高达 10 万个客户端的并发访问。

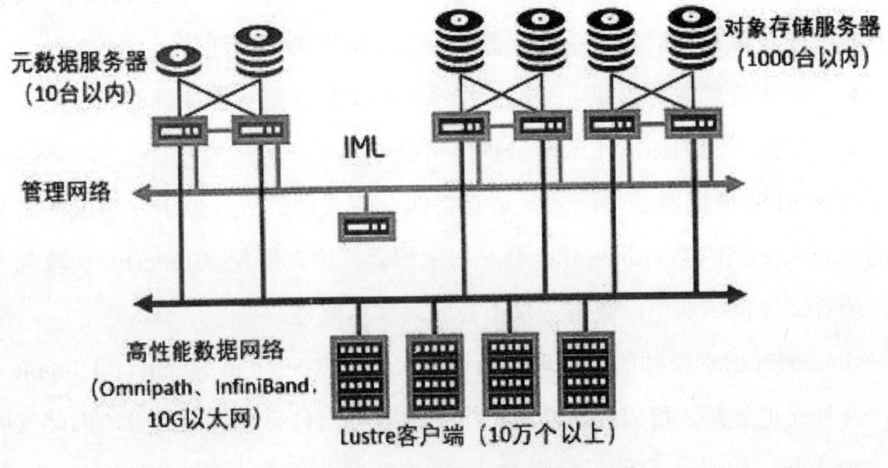

图 4-9　支付宝的 DTS 框架

由于 HPC 计算主要针对大文件，因此日志设计主要针对 I/O 优化大文件。好的大文件具有 G/C 性能，是计算大数据文件的理想选择。小文件 G/C 性能较弱，甚至低于本地文件系统。此外，Lustre Linux 是基于开源的大型开源文件系统，但对于系统来说仍然需要大量的硬件。这不是 HPC 中最常用的文件解决方案。

4.4 GlusterFS 分布式文件系统

2003 年，Cluster 公司参加了一个研制超级计算机的项目，该项目隶属于美国能源部所属的一个国家实验室，代号为 Thunder 的超级计算机于次年研制成功并投入生产，成为当年世界上排名第二的超级计算机。这段时间，强大的海量发行版在文件系统的研发上积累了丰富的经验，终于在 2007 年发布了开源的 GlusterFS 文件系统，该文件系统变成了比 Lustre 更好的选择。原因如下：

- GlusterFS 的主要设计目标是简单、灵活、高性能和高灵活性。
- 并非所有模块都以 Linux 用户身份运行且没有 Linux 内核代码，它们易设计、安装和使用（如闪存）。
- 删除了一个高弹性和高性能的中央元数据服务器（与 Ignition 相比）。
- 模块化设计简化了系统配置并减少了组件之间的通信。
- 无须重启方向盘即可使用操作系统的文件系统（例如机柜）。
- 数据存储为标准 Linux 文件，不提供新格式。

GlusterFS 最重要的功能之一是它将保存的文件扩展到位于专用服务器节点上的 GlusterFS 集群；Linux file 命令与之配套，因此即使 GlusterFS 失败且不存在，所有文件也在那里，数据共享不会成为严重问题。

GlusterFS 由于新颖的设计理念及遵循 KISS（Keep It as Stupid and Simple）原则，并且在扩展性、可靠性、性能、维护性等方面具有独特的优势，因此发展迅速。2011 年，Redhat 收购了聚合器公司，收购了云计算系统上的 Glusters，并开放了整个 Glusters。RedHat 据说是 GlusterFS 工作负载服务的最佳 NAS，一个支持大型、非结构化和半结构化数据并支持云、云或混合云部署的文件库。虽然 dolker 和 cubometers 支持 Linux 容器，但建议将 GlusterFS 作为分布式文件存储的首选解决方案。借助 Redhat，Gluster FS 在开源社区中越来越受欢迎，并且被国内外众多消费者研究、测试、发布和实施。

GlusterFS 的强大扩展能力在于其消除了集中式的元数据服务器，对文件的定位不再需要访问元数据服务器，因此GlusterFS集群具备很好的弹性扩展能力，在性能上实现了真正的线性扩展，而这又是如何做到的呢？秘诀在于其弹性哈希算法。弹性哈希算法是GlusterFS的灵魂设计之一，仅仅通过路径名及文件名（不需要与此文件相关的其他辅助信息）就可以计算出此文件在集群中的存储位置。在实际情况下存在集群服务器数量的增减、磁盘故障导致存储单元数量的变化、重新平衡文件分布时需要移动文件等问题，使得我们无法简单地将文件直接映射到某个存储节点，而GlusterFS为了实现这种映射，采用了以下独特设计。

- 设置了一个数量众多的虚拟卷组。
- 使用了一个独立的进程指定虚拟卷组到多个物理磁盘。
- 使用了哈希算法来指定文件对应的虚拟卷组。

我们理解下面的模型是因为虚拟语音集群非常多，并且不会随着存储服务器数量的变化而变化，存储服务器增加或减少，需要改变一些虚拟语音集群服务器及其映射链接存储服务器。你觉得Redis 3.0基于哈希槽（Hash Slot）的集群看起来眼熟吗？然后我们将看到FastDFS GlusterFS设计如何匹配这个想法。

灵活的散列算法有一个已知问题，即它在导航到目录时效率不高。由于文件可以分发到所有组存储节点，GlusterFS必须搜索所有存储节点的文件夹路径，因此我们的程序应该尽量阻止这种工作。经过改进的存储系统删除了此功能，因为在分布式配置中很难配置文件夹，并且大多数情况下可以通过客户端或客户端程序中的账户删除此过程。同一文件夹中的所有文件都保存在数据库中，带有灵活散列算法的GlusterFS大小设计也非常独特。例如，将拆分的音频文件和文件夹拆分为多个存储点——音量条将一个大文件分成多个部分，并将它们存储在不同的交叉点中。在100GB文件中，并行I/O容量可以显著增大。重复创建文件的多个副本，这些副本存储在不同部分，增强了存储的可靠性。GlusterFS集群如图4-10所示。

- 新尺寸频率+分布式卷是最常用的芯片可读性、数据稳定性和容错性的组合。
- Duplicate size + Assigned volume可以增强并行大文件输入/输出能力、数据稳定性和容错能力，特别适合统计大数据文件。

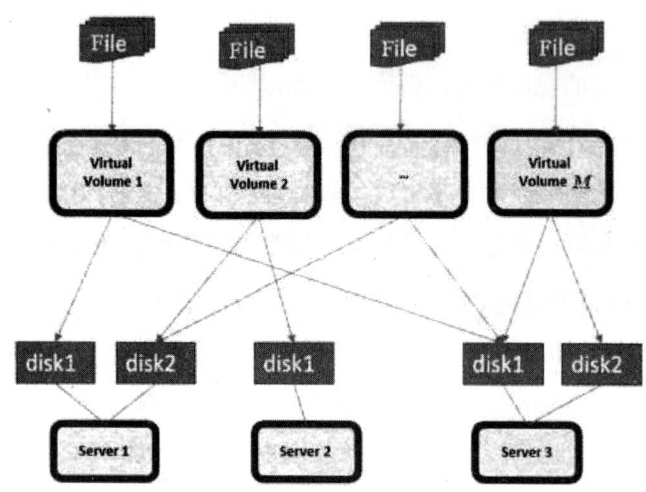

图 4-10 GlusterFS 集群

图 4-11 所示为 Replicated Volume +Striped Volume 集群。

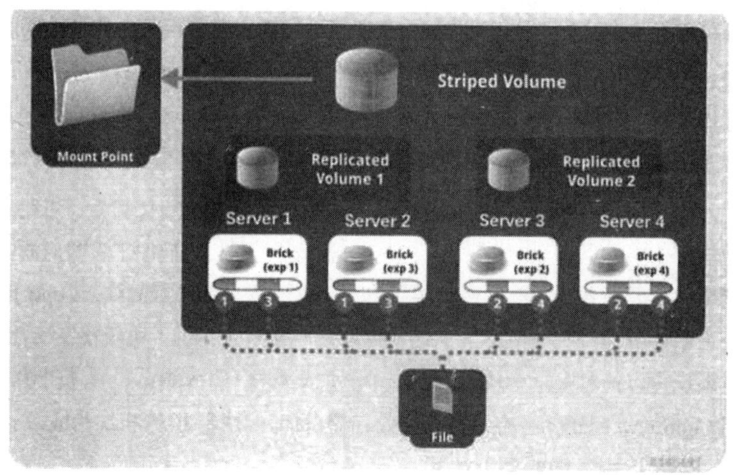

图 4-11 Replicated Volume +Striped Volume 集群

4.5 Ceph 分布式文件存储系统

除了 GlusterFS，Linux 最流行的免费源分布式存储系统是 CIF。我们知道 GlusterFS 最早是在 2003 年发布的（最初发布于 2007 年），当时免费源码软件的世界还不能容纳 BP 级别的数据，一个伟大的设备里有数千个存储单元。在这种情况下，学术研究的存储系统类型是纪录片作者 Sage Will 的热门话题。安全项目始于 2004 年 After Sage，他发表了 SAF 在 2006 OCD 学术会议上发表的文章，并在文章末尾提供了程序下载链接。随着 Ceph 的热度不断增加，从 2010 年开始，来自 Yahoo、Suse、Canonical、Intel 等公司的一批开发者进入 Ceph 社区协作开发。Sage 于 2011 年创立了 Inktank 公司，主导了 Ceph 的开发和社区维护。2012 年，Ceph 被正式纳入 OpenStack 体系，成为 Cinder 底层的存储实现，并随着 OpenStack 的兴起而被广泛接受。2014 年年中，Ceph 的实际控制者 Inktank 被 RedHat 收购，成为 RedHat 旗下第二个重要的分布式存储产品（继续开源）。如今 Ceph 已经发展成为最广泛的开源软件定义存储项目。

下面讲解 Ceph 的设计思想。在 Ceph 的设计中有如下两个亮点。

- 赋予游戏存储设备（x86 Linux）的全部计算能力，而不仅将其用作存储设备。这样 Ceph 就可以通过运行在每个存储节点上的相关辅助进程来提升系统的高可用、高性能与自动化水平。比如 Ceph 的自动化能力就包括数据的自动副本、自动迁移平衡、自动错误侦测及自动恢复等。对于一个大规模的分布式系统来说，自动化运维是至关重要的能力，因为自动化运维不但保证了系统的高可靠性与高可用性，而且保证了在系统规模扩大之后，其运维难度与运维工作量仍能保持在较低的水平。
- 与同时代的 GlusterFS 相同，Ceph 采用了完全去中心化的设计思路。之前的分布式存储系统因为普遍采用中心化（元数据服务器）设计产生了各种问题，例如增加了数据访问的延时、导致系统规模难以扩展及难以应对的单点故障。Ceph 因为采用了完全去中心化的设计而避免了上述问题，并真正实现了系统规模线性扩展的能力，使得系统可以很容易达到成百上千个节点的集群规模。Yahoo Flick 自 2013 年开始逐渐试用 Ceph 对象存储并替换原有的商业存储，目前大约由 10 个机房构成，每个机房为 1～2PB，存储了约 2500 亿个对象。

Ceph 整体提供了块存储 RBD、分布式文件存储 CephFS （类似于 GlusterFS）

及分布式对象存储 RADOSGW 三大存储功能，可以说是目前为数不多的集各种存储能力于一身的开源存储中间件。从图 4-12 所示的 Ceph 整体架构可以看出，实际上 RBD、CephFS 与 RADOSGW 是系统顶层的一个“接口”，而 Ceph 真正的核心在于底层的 RADOS（Reliable Autonomic Distributed Object Storage）存储子系统，让Ceph成名的对象存储RADOSGW不过是基于RADOS实现的一个兼容Swift（OpenStack）和 S3（亚马逊对象存储服务）的 REST 网关。

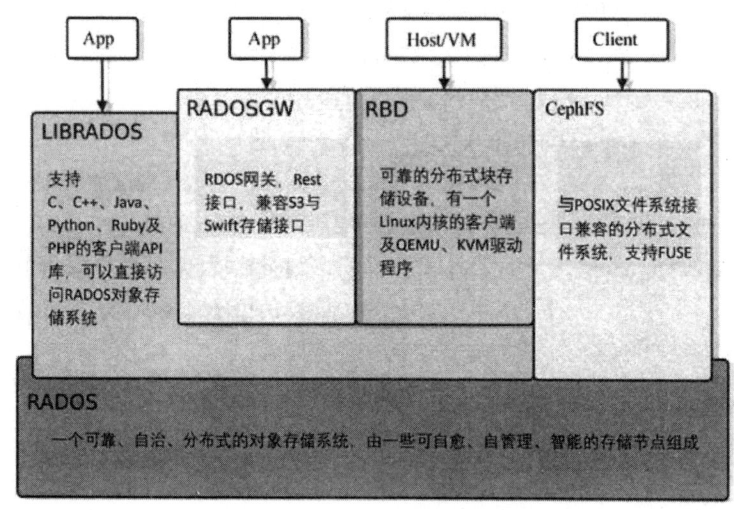

图 4-12　Ceph 整体架构

下面分析 RADOS 的架构设计特点。图 4-13 所示是 RADOS 的组件图。

RADOS 主要由一组 OSD（Object Storage Device）组成存储集群，从图 4-13 可以看出，一个 OSD 其实就是一个运行了 CephOSD 守护进程的 Linux x86 服务器（挂接很多硬盘），一组（几十到上千个）OSD 节点组成了 RADOS 的存储集群。考虑到分布式情况下集群中的某些 OSD 节点可能会宕机或者不可用，所以设计一个好的算法能够将海量存储数据映射到大量存储节点上，同时解决集群故障问题带来的影响，就成为 RADOS 需要解决的一个关键技术点。为此，Ceph 发明了特殊的 CRUSH（Controlled Replication Under Scalable Hash）算法，可以把海量数据（Object）随机分布到上千个存储设备上，并保证分布均匀、负载均衡及新旧数据混合在一起，在集群存储节点的扩缩容情况下仅发生少量的数据迁移。

可见，CRUSH 算法（图 4-14）是 Ceph 的核心内容之一。与其他算法相比，CRUSH 算法具有以下特性。

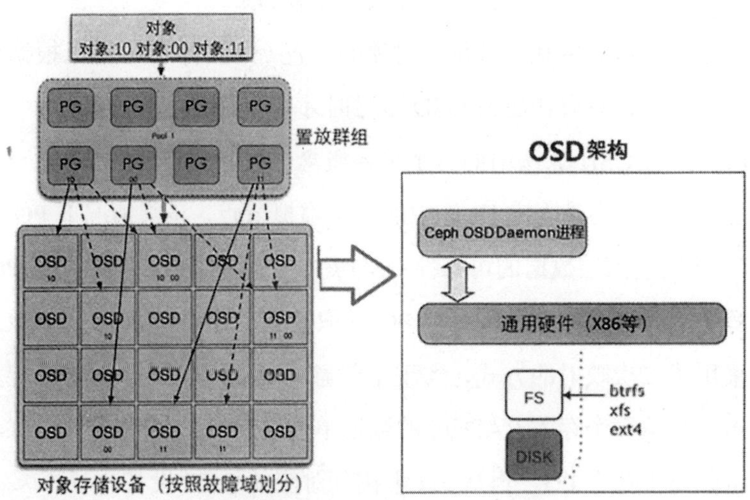

图 4-13 RADOS 的组件图

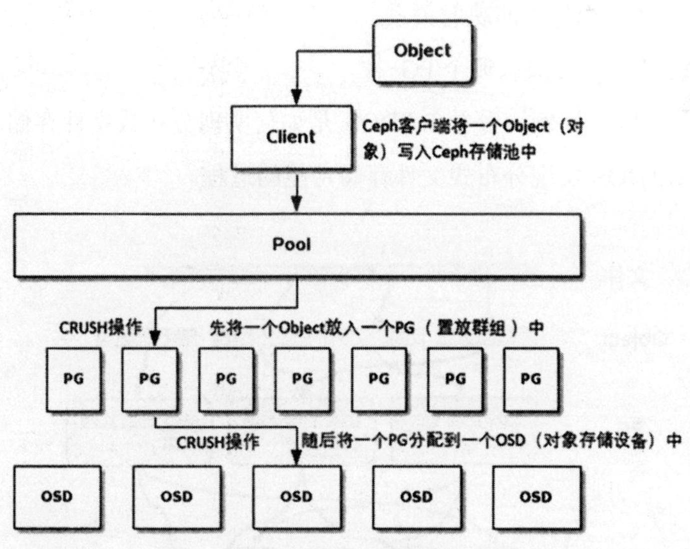

图 4-14 CRUSH 算法

- CRUSH 具有可配置的特性。一致性哈希算法并不具备该特性，管理员可以通过配置参数来决定 OSD 的映射策略。

- CRUSH 具有特殊的稳定性。当系统增加新的 OSD 以扩大系统规模时，大多数 PG 与 OSD 之间的地图连接不会发生变化，只有一小部分 PG 之间的地图连接发生变化并创建数据传输。
- 每家公司可以单独计算每个对象的位置（分散管理），可以根据少量信息进行计算，只有在更改 OSD 编号时才能更改。
- PG 是 CRUSH 算法中的一个重要概念。PG 是安全模式中的一个重要概念，可以认为是固定 Hash 中的一个虚拟节点，正常情况下 PG 等于 3 个 OSD 检查高层数据的可靠性 OSD 是一个基本的 PGOSD。主 PG 负责编写 PG 内容，可以通过重复 PG 获取读数。通过引入 PG，CRUSH 算法采用了二次映射的方式，实现了任意 Object 到 OSD 的定位能力。其基本思想是每个存入 RADOS 的数据单元（Object）都先通过 Hash 算法确定归属于哪个 PG，再从 PG 中找到对应的 OSD 设备。

CRUSH 算法在 Object 存储过程中的作用如下：

- 确定 PG 与 OSD 的映射关系。
- 确定将 Object 放入哪个 PG 中。

下面以 CephFS 为例，看看 RADOS 是如何实现分布式文件存储功能的。图 4-15 所示为 RADOS 实现分布式文件存储功能的过程。

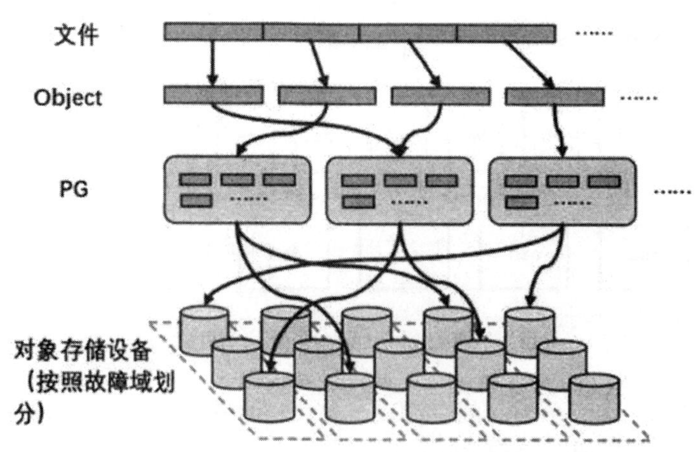

图 4-15　RADOS 实现分布式文件存储功能的过程

首先，每个文件（File）都按照一个特定的尺寸（默认是 4MB）切分成若干个对象（Object），每个 Object 都有一个 Object id（oid），这种切分相当于 RAID 中的条带化过程。这样做的好处如下：允许将不同大小的文件转换为可由 RADOS 有效管理的标准对象；可以实现大文件的并行 I/O 读写能力。

其次，通过第一层哈希算法，得到某个 Object 对应 PG 的 ID（pgid），有了 pgid 之后，Client 就得到 PG 对应的 OSD 列表（OSD1、OSD2、OSD3），列表中的第一个 OSD 是主 OSD，剩下的都是副本 OSD（比如在三副本模式下，两个副本分别为 Secondary OSD 和 Tertiary OSD），随后 Client 会向主 OSD 发起 I/O 请求。图 4-16 所示是将对象写入主 OSD 的流程。

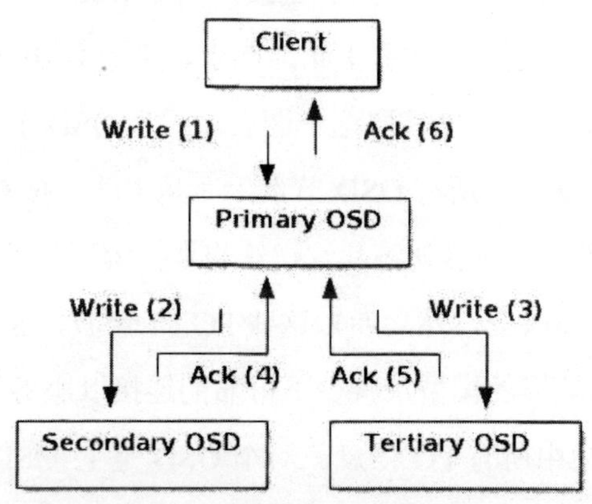

图 4-16　将对象写入主 OSD 的流程

主 OSD 收到写请求后，开始在第二个 OSD 上写［步骤（2）和（3）］。完成 OSD 和三级 OSD 写入操作后，向主 OSD 发送确认消息［步骤（4）和（5）］。在 OSD 完成其他两个 OSD 的写入后，它完成数据输入并向客户端检查文本［步骤（6）］。在整个过程中，Client 只向主 OSD 发起请求，而幕后的操作对于 Client 来说是透明的。RADOS 高可用、多副本特性的代价就是文件写入时性能降低，但可以通过大文件切分后的条带化并行写入能力及优化多副本的写入逻辑来补偿。

那么问题来了，RADOS 中的 OSD 节点信息、PG 信息、PG 与 OSD 映射的关系等信息被存储在哪里？如何被 Client 得到的呢？这就涉及 Ceph Monitor 组件。

Monitor的功能与ZooKeeper的类似，作为RADOS集群的“大脑（元数据中心）”，Monitor负责维持RADOS集群的元数据、集群拓扑信息（Ceph Cluster Map）及集群状态信息并提供接口供Client调用。可以说，没有Monitor，Ceph将无法执行一条简单的命令。有了Ceph Monitor，Ceph便能够容忍集群中某些OSD节点发生的网络中断、掉电、服务器宕机、硬盘故障等问题，并可以进行自动修复，以保证数据的可靠性和系统可用性。

图4-17所示是Ceph Monitor的架构。从图中可以看到，Ceph Monitor维护了6个Map，分别是Auth Map、Log Map、Monitor Map、OSD Map、PG Map、MDS Map。其中OSD Map和PG Map是最重要的两个Map。安全组包含所有OSD信息的OSD映射，并非OSD节点的所有更改，例如OSD节点发布、新的OSD节点或OSD节点的权重更改都显示在此地图上，并且仅由OSD节点OSDMap Control控制。客户端从控制器获取这个图表。因为OSD节点可能非常多，所以Ceph Monitor不会主动连接所有OSD节点，而是主动上报OSD信息。此外，一旦OSD映射发生更改，控制器就将其发送给想要了解更改的客户端，而不是所有客户端。OSD Set需要改变，然后通知这些PG的OSD。为消息隔离创建的安全方法类似于网络传输环境的模型，减少不可靠的连接以服务于大群体。PG Mapo Monitor存储了每个池中所有PG信息。一个OSD是主OSD，其他OSD是复制的。这个复杂的网络是一个PG图，是OSD和其他PG的副本。

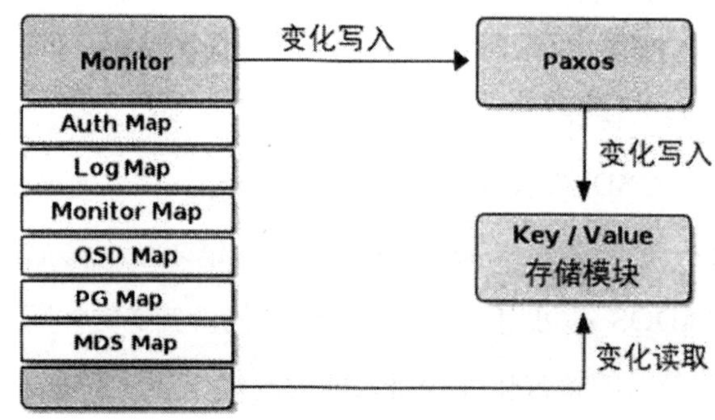

图4-17 Ceph Monitor的架构

Ceph Monitor实现的自动修复能力如下：当某个PG对应的主OSD被标记为

down 时，某个 Replica 就会成为新的 Primary，并处理所有读写 Object 的请求，此时该 PG 的当前有效副本数是 *N*-1，所以 PG 的状态变更为 Active+Degraded，过了 *M* 秒后，如果还是无法连接原来的主 OSD，则此 OSD 被标记为 Out，Ceph 会重新计算 PG 到 OSD Set 的映射，以保证此 PG 的有效副本数始终是 *N*。

Ceph Monitor 还用到了 Paxos 协议，原因在于 Ceph Monitor 本身也是 1 个（3 节点）集群。Paxos 协议在这里有如下两个作用。

- 确定集群的 Leader（Ceph Monitor）。
- 保证 Ceph Monitor 集群的数据一致性，只有 Ceph Monitor 集群节点投票通过时，Ceph Monitor 维护的集群状态数据才能被写入后端的 Key-Value 数据库里并生效。

4.6 CoDFS 分布式文件系统

针对上述问题，本书创建了基于 HTTP 协议的 CoDFS 分布式文件系统和可同时访问大文件的在线服务形式。它采用集中式和依赖式注入方式，提供灵活、敏捷、灵活的互联网文件访问系统，确保高效的系统访问和实时媒体发声。

CoDFS 分布式文件系统结构如图 4-18 所示。

CoDFS 分布式文件系统主要组成如下：

（1）存储服务器组。存储服务器组包括组存储节点（文件服务器）。存储节点直接利用 OS 的文件系统调用和管理文件，节点中存储设备支持 Raid 技术构建具有冗余能力的磁盘阵列，也支持采用 NAS（Network Attached Storage，网络附属存储）作为本节点的附属存储设备，每个节点对外提供 HTTP 静态文件访问，并支持 SSO（Single Sign On，单点登录）提供的认证，通过读取数据库中心数据存储的权限匹配用户请求进行鉴权。加入存储服务器集群的存储节点被分成若干个组，每组由尽可能相同共享容量的节点组成，该组被命名为一个卷（Volume），卷的容量大小取决于本卷中共享容量最小文件服务器的容量，卷内各个服务器互为备份和镜像。各个卷容量的总和即为本文件系统的容量。

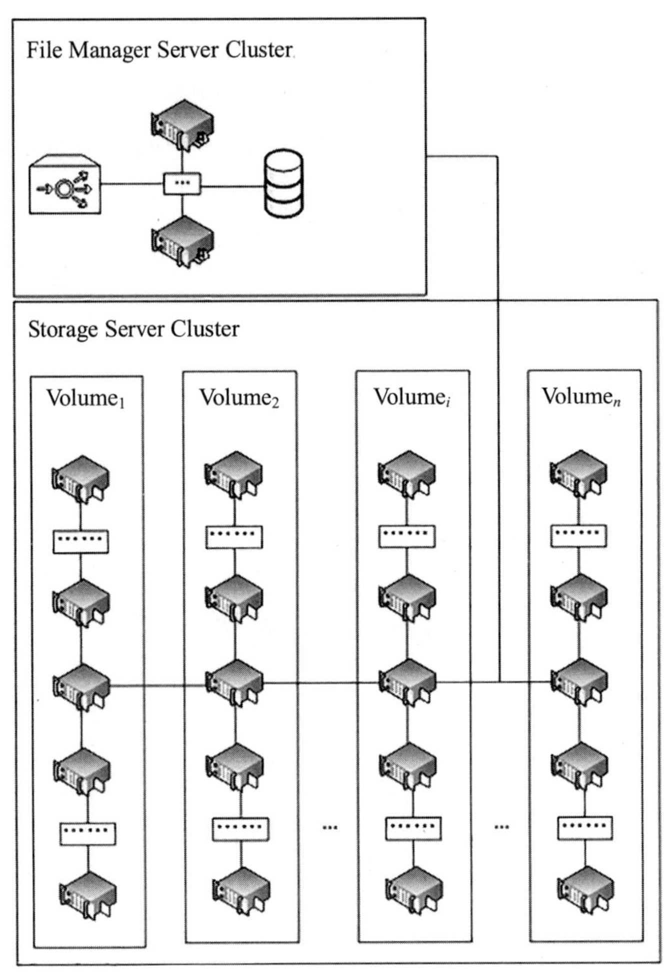

图 4-18 CoDFS 分布式文件系统结构

（2）平衡服务器下载。平衡服务器下载主要用于规划，具有负载均衡的作用。负载平衡请求分为两类：一类是文件上传请求，这种负载分布在文件管理器的服务器池中；另一类是文件上传请求，这种查询被分发到存储服务器组。此负载平衡可以与此文件系统集成的主系统上的负载平衡结合。

（3）文件管理组。文件管理服务器集群负责对本系统存储的文件进行管理，是客户端和数据服务器交互的枢纽。文件管理服务器集群主要职责包括：对请求进行鉴权；提供文件上传的接口和 UI（支持小文件上传和大文件分片上传）；对上传的文件片进行合并后并在存储卷内同步；对多媒体文件或超大文件进行分片分卷存储；提供文件的删除、更新和共享功能。

（4）数据库服务器组服务器阵列。此服务器组记录所有文件分配表和文件服务器系统许可证比较表条目、文件分类表、文件标识、文件哈希值、文件大小、文件存储空间（文件多于一个空间保存）、创建日期、更新日期、文件上传过程、音频文件同步过程等。许可证对照表包含文件名、所有者、文件 ID、文件权限等。

4.7 系统实现

4.7.1 负载均衡子系统

CoDFS 的负载均衡不仅允许采用集成系统的负载均衡，而且允许利用系统本身的负载均衡服务器。文件存储和文件管理两个子系统均存在负载均衡，其中，文件存储子系统的主要功能是控制用户文件访问，文件管理子系统的主要功能是控制用户文件上传。

负载均衡是一种基于网络设备或者服务器的数据库集群管理技术，把功能（包括网络服务、流量等）均匀、合理地分配到多个服务器和网络设施，提高了业务处理水平，确保了可用性。CoDFS 独立的负载均衡子系统主要应用于链路负载均衡，根据链路中的流量形成方向，可以将它们划分为两种模式：In-bound 负载均衡与 Out-bound 负载均衡。

1. Inbound 负载均衡

Inbound 负载均衡作为 DNS 在智能化数据分析系统中的一种，Local DNS 的地址分析从外网用用户自己的域名进入内部服务器时申请进入 LB 设备，LB 则根据对 Local DNS 的就近性检查和探测的结论找出一个最合理的 IP 地址。此时，外网用户按照这个最合理的 IP 地址浏览内部的服务器，其具体过程如图 4-19 所示。

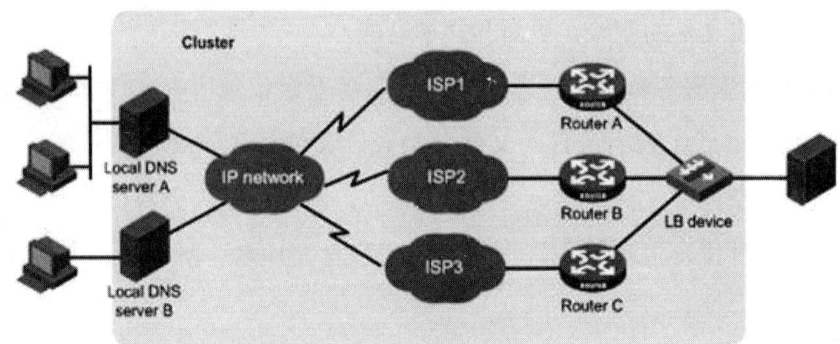

图 4-19 Inbound 负载均衡组网

Inbound 负载均衡报文交互流程如图 4-20 所示。

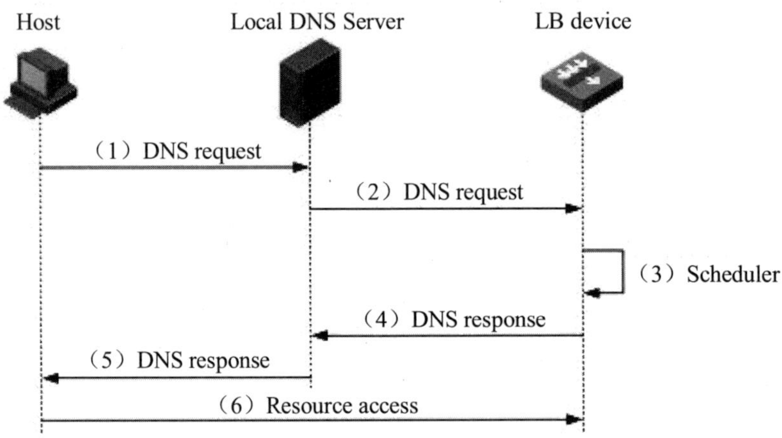

图 4-20 Inbound 负载均衡报文交流过程

对图 4-20 过程的阐述如下：

（1）对 DNS 展开分析之后，外部用户开始访问 DNS 的资源，并将这些 DNS 申请的数据发送给当地 DNS 服务器。

（2）DNS 申请的源 IP 地址被本地 DNS 服务器转换为自身 IP 地址，同时转至与域名对应的专业服务器（LB device）。

（3）按照配置 Inbound 负载均衡规则及 DNS 申请的域名，LB device 开始分析域名。

（4）LB device 依据域名分析的结果，把 DNS 的回答转发至本地 DNS 服务器。

（5）用户接收本地 DNS 服务器的分析结果。

（6）用户依据分析结果筛选的链路，开始对 LB device 展开资源访问。

2. Outbound 负载均衡

内网用户获取信息的目的网段为 VSIP，其位于 Outbound 负载均衡。当负载均衡设备收到由客户发送的 VSIP 的信息后，依照持续性功能、调度算法、策略以及邻近算法，分别挑选最佳链路，这些链路将分别获取由外部网络所接入至内部网络的流量任务，具体过程如图 4-21 所示。

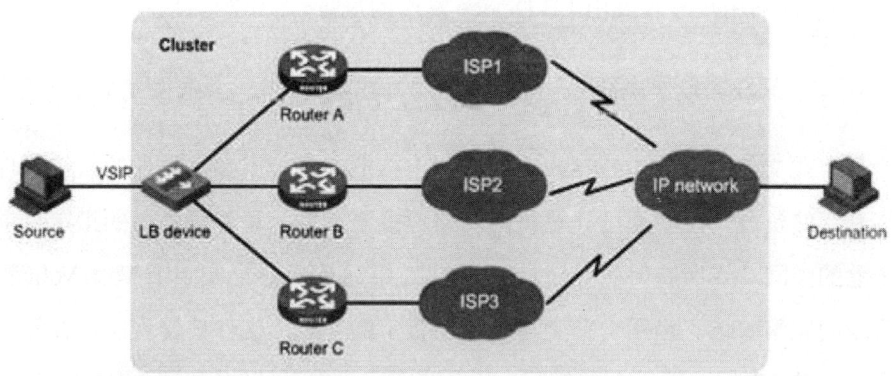

图 4-21 Outbound 负载均衡

Outbound 负载均衡报文交互流程如图 4-22 所示。

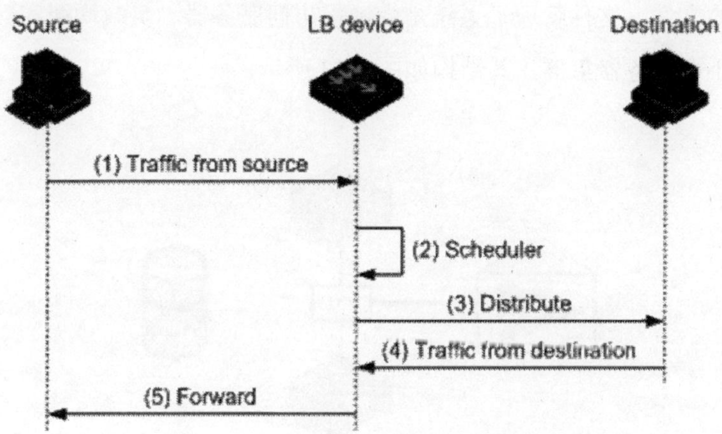

图 4-22 Outbound 负载均衡报文交互流程

Outbound 负载均衡报文交互过程如下：

（1）LB Device 接收内网用户流量。

（2）依据策略、调度算法、就近性算法及连续性功能，LB Device 在 Outbound 链路的负载均衡网络中抉择链路，通常情况下，LB Device 采取带宽调度算法或者就近性方法完成发送流量的任务。

（3）按照所选择的链路，抉择出的链路将收到由 LB device 发送的流量。

（4）LB Device 收到外网用户流量。

（5）内网用户将收到由 LB Device 发送的流量。

4.7.2 文件管理子系统

分布式文件系统（CoDFS）比较典型，本地节点上不存在文件的系统管理中的物理存储资源，主要通过计算机的网络连接至该点。管理服务器的指定目录为每个卷的中间节点所映射的存储目录，因此，管理服务器上安装了 Vol1-Voln 卷存储目录的完整映像。当用户把文件上传至指定的卷时，文件被管理服务存储于目录中，表明管理服务器无存储空间，其存储空间为卷存储空间映照至本地计算机。然而，位于文件管理子系统中的一个临时文件存储空间主要用于存储用户上传的大文件或者临时文件的文件切片，便于指定卷的映射目录存储由管理服务器在本地所合成的文件。文件管理子系统是由远程访问服务器、负载均衡和数据存储矩阵组成的小型服务器集群，其结构如图 4-23 所示。

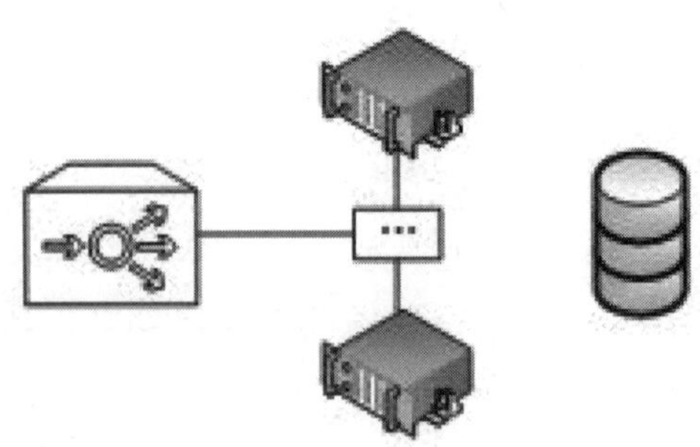

图 4-23 文件管理子系统结构

用户上传文档的过程如下：

（1）用户通过散列计算获得本地文档的散列值，管理服务器将接收到散列值及文档上传的基本信息请求。

（2）当管理服务器接收到请求后，在数据库 FileInfo 表中查找用户提供的散列值 HashCode 字段的真实性。

（3）如果记录存在，表明用户上传的文档已经存在于服务器中，不需要重新上传文档，FAC 表中将会增加一段文档记录，同时用户将收到系统发送的存储结果，以此来完成上传文件的秒级存储。

（4）若 Aristole Info 表中不存在请求上载的文件哈希，表明用户上传的文件为新文件，同时该文件不存在于存储服务器中。在 Aristole Info 表中添加一条记录，把文件上传至管理服务器的临时存储空间，并再次计算服务器上的文件哈希值，然后检查数据库 Aristole Info 表的 HashCode 字段中是否有用户上传的哈希值。如果有记录，则表示用户已欺诈性上传。在 FileInfo 表中删除记录，同时不要上传文件。文件记录将被系统直接添加至 FAC 表中，并把存储结果返回给用户。若不存在该文件，则将其转存至存储服务器，FileInfo 表中的 UploadProgress 字段中将显示文件的上传进度，同时启动存储服务器卷中的同步。FAC 表在同步完成后会增加一条文件记录，最后用户将收到存储结果。

卷中的文件同步使用指数分割法，以实现快速的文件同步，文件存储子系统 codfsstorage 展示了详细的算法。但是，文件同步进度由管理服务负责，其被记录在 FileInfo 表的 SynchronizationProgress 字段中。若文件同步进度没有完成，则文件不允许被访问。

基于服务器或客户机模式设计了分布式文件系统。多用户访问的服务器可能包含在一个具有鲜明特色的网络中。此外，平等的功能允许某些系统表演服务器与客户端。如“发表”目录可以被用户使用，同样能够被其他客户访问。一旦访问了该目录，它就像被客户端使用的本地的驱动器一样。

CoDFS 分布式文件系统具有以下优势：

（1）保存数据简单迅速的方式，比如存在 10000000 个数据文件，则能够保存所有数据文件至一个节点上，此外，把 10000000/N 个数据文件储存于其他 N 个节点中的每个节点以实现数据复制的目的；也可以将数据平均划分至 N 个节点上进行保存，10000000/N 个数据文件被存储于每个节点上。采用该保存方法可实现获取数据的便利性与存储的稳健性。

（2）用户确定数据文件所在节点的位置、不同节点之间的数据传输时间、读取数据文件的申请、一些处理器的处理速度、读取数据文件的申请和在硬盘中获取数据文件所花费的时间等均涵盖于共享网络宽带的高速数据读取效率，用户将获得良好的体验。本地文件系统中的数据读取率与 CoDFS 分布式文件系统中的读取率几乎相等。在 CoDFS 分布式文件系统的各种因素影响下，检索一个文件只要 2s。

（3）严规格和高要求的数据安全机制。因为各节点均分散数据，所以为了保证数据在节点故障时可以恢复，实现数据安全，必须使用镜像、冗余和备份等手段。多复制机制、无单点出现设计故障、分开设计消息流与数据流、集群的同步支持、优异的结构形式等从各方面确保了整个系统的实际性与可信赖性。

（4）具有很高的可拓展性。系统通过简单的配置能够完成文件的保存空间的可扩展性、服务器的安全性，性能突出和并发性能高均可以通过扩展名称服务器的集群实现。其通过添加服务器支持吞吐量、大储存与并发性高，同时单点发生故障可以有效避免。保存服务器的 I/O 吞吐量能够通过添加备份文件增大。由于文件存在多个附件，因此数据服务设备能够在不同城市存储多个附件，以实现时刻访问文件的目的。

4.7.3 数据库子系统

为了获得数据的文件共享、权限掌握与获取访问等特性，文件的控制信息与文件系统存在基本信息并不是链式文件形式，而是存储于数据库中。一旦存在很多共同访问，高并发境遇下的申请压力就无法被单个数据库系统承担，系统采用了一个小型的数据库集群系统以解决此问题，给予用户对文件系统的权限掌控与访问，如图 4-24 所示。

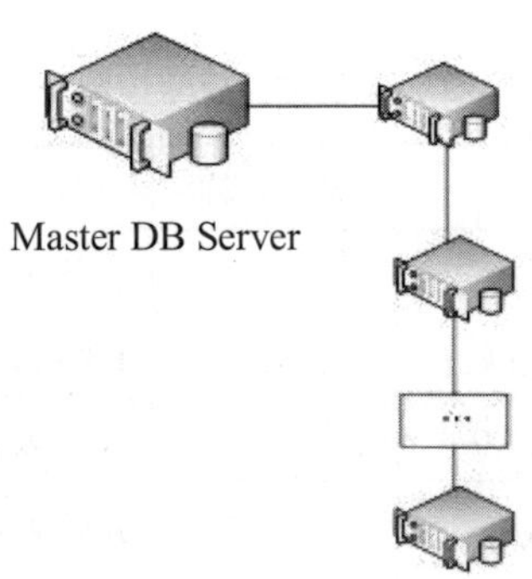

图 4-24 数据库子系统结构

数据库集群系统包括主数据服务和多个从数据库服务器。按照系统的访问规模，“一主三从”一般能够实现数百万次并发访问。同时，随着访问数量的增大，为了提高并发访问能力，可以持续添加从属服务器。当用户建议修改与创建文件时，可以在服务器上完成他们的访问，从服务器与主服务器数据的同步可以在数据库系统自动完成。在从属服务器中完成用户文件的访问与读取操作。由于文件访问操作在系统应用中远超过文件的修改与上传操作，因此大规模并发访问主要由系统采用多个从数据服务器来完成。

数据库系统主要存在两个表（表 4-1 和表 4-2），其主要功能是记录文件信息。

表 4-1 FileInfo 表

序号	字段名	类型	显示名称	说明
1	Id	int Key		自增长列，用于唯一标识文件 ID
2	Guid	nvarchar(128)	唯一标识码	由算法生成长度为 128 位的二进制数字标识码
3	HashCode	nvarchar(128)	文件散列码	标准的 md5 函数是生成 128 位的
4	FileSize	Int	文件大小	
5	FilePath	nvarchar(128)	存储路径	文件在服务器系统中存储的路径
6	CipherCode	nvarchar(128)	文件密钥	文件需要加密存储时的密钥
7	UploadProgress	nvarchar(128)	上传进度	文件上传进度，由 JSon 串描述
8	SynchronizationProgress	nvarchar(128)	同步进度	文件同步进度，由 JSon 串描述
9	CreateOn	Datetime	创建时间	由于多人共享文件，只支持创建

表 4-2　FAC 文件权限控制表

序号	字段名	类型	显示名称	说明
1	Id	int Key		自增长列，唯一标识用户文件 ID
2	FileId	int foreign key	文件 ID	FileInfo 外键约束
3	FileName	nvarchar(256)	文件名称	用户为自己文件命的名
4	FileCategory	nvarchar(8)	文件分类	用户为自己文件分的类
5	FilePath	nvarchar(128)	存储路径	用户为自己文件创建的存储路径
6	FACCode	nvarchar(128)	访问控制	文件访问控制权限码
7	FileOwner	nvarchar(128)	隶属用户	用户名，用于区分隶属文件
8	SharePath	nvarchar(128)	共享路径	共享文件后的路径
9	UpdateOn	datetime	修改时间	由于多人共享文件，因此只支持创建，更新文件是创建文件的副本

4.7.4　文件存储子系统 CoDFSStorage

CoDFSStorage 子系统包含许多存储节点，构成了存储集群，其结构如图 4-25 所示。

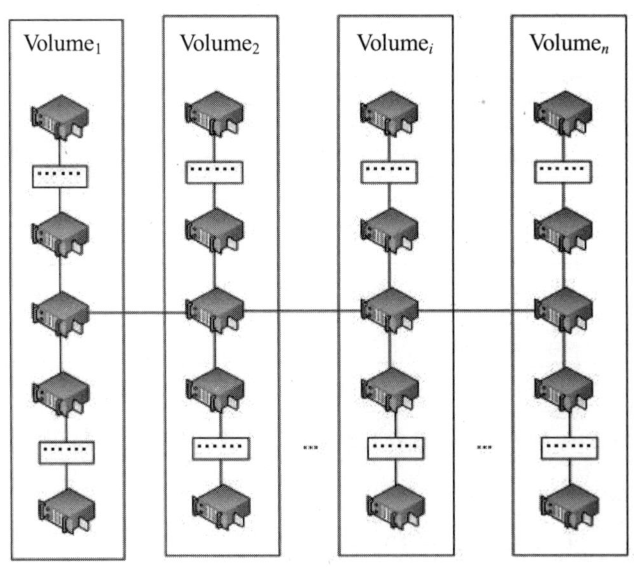

图 4-25　CoDFSStorage 子系统结构

（1）存储空间。系统的存储空间

$$C = \sum_{i=1}^{n} C_i \tag{4-1}$$

式中，C_i 为卷 Vol_i 的存储空间。Vol_i 的存储空间由本卷中的最小单个服务器空间决定。

$$C_i = \mathrm{Min}(\{C_j \mid C_j \in C_{\mathrm{vol}_i}\}) \tag{4-2}$$

式中，C_{vol_i} 是第 i 卷中各节点 Node_j 存储空间的集合。

节点 j 配备的存储设备的空间决定了 Node_j 节点的存储容量，磁盘阵列通过单个节点采用的磁盘形成，以提高节点的系统性和安全性。例如使用 Raid0 和 Raid1 技术，也可以使用 NAS 作为节点 j 的存储中介。

（2）卷内文件同步。指定卷的某个节点收到用户通过管理服务器上传的文件后，需对卷中节点开展同步。同步过程如图 4-26 所示。

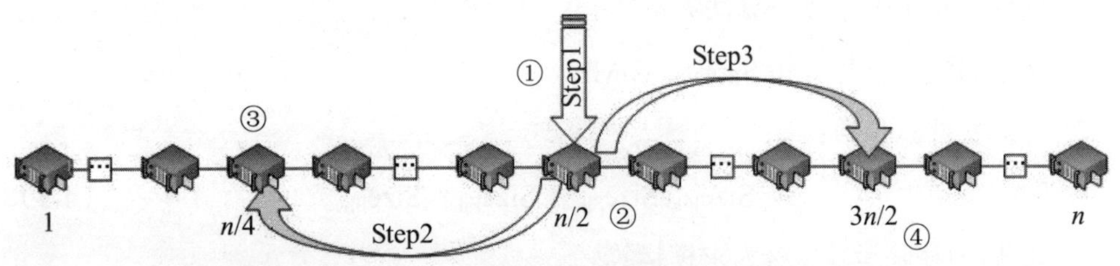

图 4-26　同步过程

第一次同步，需要计算求解 $n/2$ 节点，$n/2$ 节点是否存在，如果该节点存在，完成以下同步；如果不存在，则转③。文件上传到管理服务器时，文件首先被上传到指定 Vol_i 的 $n/2$ 节点上，$n/2$ 为整除运算，即图 4-26 中的 Step1。当文件传载结束时，需完成第二步同步，即图 4-26 中的 Step2，该过程把文件又一次同步至 1～$n/2$ 的中间节点（$n/4$）上。文件同步结束后，需做第三步同步，即图 4-26 中的 Step3，这一步将文件再次同步至 $n/2$～n 的中间节点 $3n/2$ 上。第三步同步结束后，第一次同步完成。更新数据库文件，第 i 步同步实现 100%，首次则 i=1。

判断 $n/4$ 和 $3n/2$ 节点的存在性，若存在，则依据第一次的同步算法，分别同步 $n/4$ 和 $3n/2$ 节点；若不存在，则转③。

有剩余节点吗？有则转①，否则转④。

当文件同步结束后，更新数据库文件记录是同步完毕 100%。

卷内集群同步服务器的规模在每同步一次后增大一倍，其同步速度也以倍数形式递增。服务器数目 a_n 在第 n 次同步后为

$$a_n = 2^{n-1} \tag{4-3}$$

已完成数据同步的服务器总数 S_n 在第 n 次同步后为

$$S_n = 2^{n-1} \tag{4-4}$$

（3）大文件跨卷存储。比如如果将一部时长为 120min 的视频文件存储于一个卷上，该卷卷内的节点数与在负载均衡时支持的服务器数相等，若该文件被大量访问，则剩余的卷内服务器节点与本文件的相比为空闲模式，为了得到硬件最优的服务效率和最好的用户体验，要对这个大文件进行分片，然后把各片分散存储到各卷上。

文件分片可采用以下算法：

给定固定最小片大小 $\text{Size}_{\text{Slice}}=m\text{MB}$。

计算文件总片数：

$$N=\text{Size}_{\text{File}}/\text{Size}_{\text{Slice}}+\text{Size}_{\text{File}}\%\text{Size}_{\text{Slice}} \tag{4-5}$$

这里/为整除运算，%为求模运算。

设定系统提供的卷数为 n，则各卷存储的文件片

$$S_i = \{S \mid S \in S_{i\%}\} \tag{4-6}$$

循环 1～N，各片将分别存储至相应的卷上。

该存储算法可以帮助整个存储服务器服务效率和吞吐率最高。

与视频文件相同，根据卷的整体数量，文件被系统把划分片数后分开储存于各卷，当 t=1 时刻的数据片被第一轮用户访问时，用户被负载均衡在 Vol1 卷内的节点，Vol1 卷上的数据块被该轮用户访问。当 t=2 时刻，该文件被第二轮用户再次访问，负载再次把本轮用户均衡在 Vol1 卷内的节点。而数据片 S1 已经被 t=1 时刻的用户群消费完毕，它们将请求数据片 S2，第一轮用户被负载均衡分配于 Vol2 卷内的节点。依此类推，依次启动存储节点内各卷，实现该数据文件的对外

服务，获得最大的吞吐率和最优的服务效率。

为了给高性能 Web 系统中的静态文件提供存储空间，本书设计了一套分布式文件存储系统，其特点如下：

（1）超大文件支持。通常情况下，EXT4 文件系统新增了 48 位的块地址，支持最大为 16TB 的一个单一文件，EXT3 的文件系统存在 16GB 的最大文件，NTFS 存在的最大文件为 64GB，FAT32 中的最大文件为 4GB。为了处理操作系统本身自有文件系统对文件大小的限制，本书设计了一种分卷存储算法，把文件通过分片存储，打破了文件系统对文件大小的局限。

（2）大规模并发访问下的混合型负载均衡策略。访问单个文件的负载均衡难点，可以采用较成熟的 NAT、HTTP 重定向、与 DNS 等负载均衡的完善进程。由于本书中的文件系统挑选了大型网络的多个服务器群内提供的服务、各自的规模以及硬件设施等的差异，因此搭建了一种混杂型负载均衡策略，能够使每个服务器群选择最合适的负载均衡方式，多个服务器群间聚集起来或者再一次均衡负载以一个整体将服务供给外界，最终得到最优功能。这里特别强调了流媒体文件负载均衡策略，解决了单一媒体因访问规模巨大和关注度过大形成的卡顿、失响等现象。

（3）以 HTTP 协议为基础的 Web 侦听服务替代了 FTP、TCP 侦听等方式。为了提高服务器的响应能力、减小硬件负荷，本书各卷中的服务器统一采用 HTTP 协议，以便适合负载均衡访问策略。但管理服务提供两种以上的访问协议，以便与其他系统集成。

（4）以散列技术为基础的文件共享存储和以中间件为基础的文件存储保护。文件保护与共享必须由文件系统提供。为确保不同用户共享相同文件，本书设计了一种文件共享机制。因为只储存了一份文件，所以服务器存储空间得以减小，并且文件的唯一性通过散列技术得到了保证，各用户获得了该文件的不同访问控制与命名权限。依据中间鉴权机制实现文件系统的访问控制。

因为系统的访问性能局限，十分依赖网络硬件环境，所以进一步优化网络结构和数据交换模式是接下来研究的重点。

第 5 章　内存知识进阶

5.1　内存基本知识

5.1.1　错综复杂的 CPU 与简单的内存

下面讲解部分专有名词。

- Socket 或者 Processor：物理 CPU 的芯片，有不同的形态，并且有非常多针脚，可以不需要任何外部操作放置在主板上。
- Core：是 Socket 里面的 CPU 核心，其中 Core 是独立的，平常理解的 4 核心的 CPU，顾名思义一个 Socket 里有 4 个 Core。
- HT 超线程：英特尔与 AMD 的 Processor 允许在一个 Core 中同时进行两个程序，操作系统通常会把它们作为两个中央处理器来识别。大多数情况下，提到中央处理器，往往就是指逻辑处理器。

那么中央处理器可以直接在内存上运行吗？大多数人普遍会认为："是的，否则程序如何运行呢？"但是如果我们深入地考虑这个问题，我们就会发现事情并没有它的表象这么简单，我们需要进一步探索：中央处理器和内存条是相互独立的，中央处理器没有可以插入和连接的地方让内存条挂断，说明中央处理器不能直接访问内存条，而需要通过一种媒介，通常情况下是其他的可插入或者连接，然后才能访问内存条。

问题 2：中央处理器和内存条的运行速度谁快？一般来说，中央处理器的计算速度和内存访问速度有 100 倍之差。由于中央处理器和内存条的速度差异十分巨大，不在一个层面上，因此中央处理器的好伙伴——计算机高速缓冲存储器诞生了。与DRAM家族的记忆不同，计算机高速缓冲存储器来自SRAM家族。DRAM与SRAM的不同之处是SRAM速度非常快，内存较小，结构复杂，成本也较高。

为什么二者之间的差异会这么大呢？根本原因是二者的原理和方式不同。

- DRAM存储数据所需的材料及流程不同，SRAM更简便且所需材料更少。因为DRAM的数据是被保存在电容里的，因此每次运行数据时会产生一个充电及放电的循环流程，这样就会形成额外的时间，造成十秒至几十秒不等的延时。
- 内存相当于一个二维数组，每个存储个体单位里面包含行和列两种地址。SRAM的优势在于它自身的容纳空间较小，这样它包含的个体单位当中的地址（包括行地址和列地址）就更短，能一次性完成传输。DRAM由于容纳空间较大，包含的地址也就更长，需要更多的传输时间。
- SRAM的频率基本与中央处理器的频率相等；但是DRAM不同，它只有在特定的条件下才可以达到中央处理器的频率。

逻辑处理器是中央处理器内部的一个单位，一级逻辑处理器一般情况下只有32～64KB的空间，远远不能满足中央处理器如此庞大的需求。而且，通常随着处理器性能的提升，它的价格也会随着升高，而为了在保证效率的前提下尽可能地控制成本，往往会通过一种多级逻辑处理器的体系来完善体系，其分布效果类似于金字塔，便诞生了二级逻辑处理器和三级逻辑处理器，每级逻辑处理器为了尽可能多地存储，会减少一些性能，目标就是缓存尽可能多的热点数据。例如Intel家族Intel Sandy Bridge结构的中央处理器，其一级逻辑处理器容量为64KB，访问速度为1ns左右；二级逻辑处理器容量为256KB，访问速度降低到3ns左右；三级逻辑处理器的容量扩大到32MB，访问速度降低到12ns左右，哪怕是这样，也比访问主存的105ns（40ns+65ns）速度快一个数量级。除此之外，三级逻辑处理器是被一个Socket上的所有中央处理器中的所有core共享的，这也为它的发展建立了非常大的优势。

Intel Sandy Bridge CPU的架构如图5-1所示。中央处理器只有通过L1、L2与L3三个部分，才能获取数据。在该过程中，中央处理器需要发挥自身的功能与特性，一级、二级、三级逻辑处理器一层一层地转发和运行命令，才得以实现。

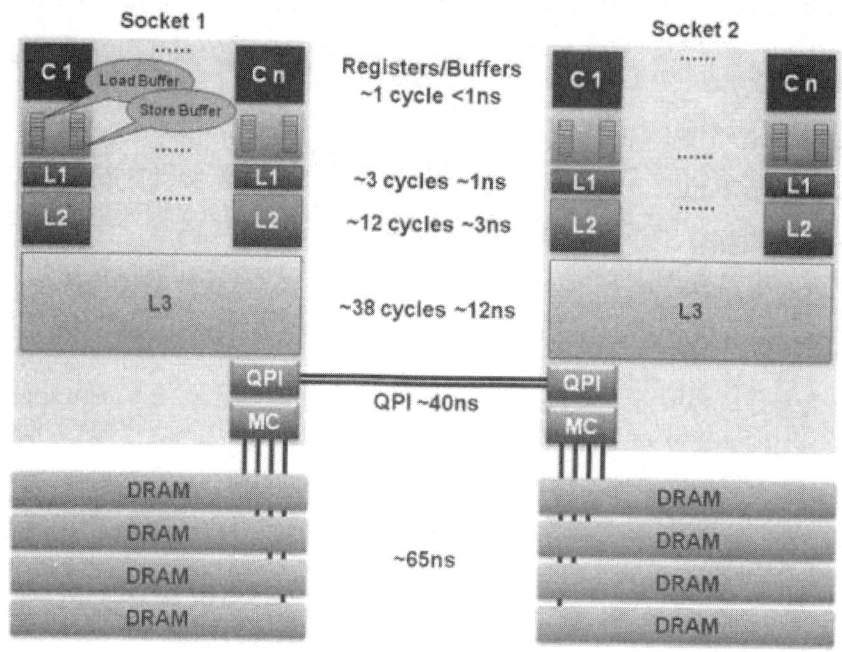

图 5-1 Intel Sandy Bridge CPU 的架构

5.1.2 多核 CPU 与内存共享问题

如今想再找到单核 CPU 应该比较困难了，问题也接踵而来：在不止一个核心的中央处理器的状况下，如何实现共享内存呢？普遍方法如下：

```
synchronized(memory)
{
    writeAddress (....)
}
```

但是标准答案肯定不是这样，否则中央处理器的核心制造商就不会这么少了。

多个核心中央处理器下如何实现内存共享，即计算机高速缓冲存储器统一性问题。简而言之，就是多个 CPU 核心所看到的 Cache 数据应该是一致的。中央处理器把自身数据导入自己的计算机高速缓冲存储器之后，其他中央处理器也可以得到相同数据。如果其他中央处理器本身就含有一些之前曾导入的旧数据，那么在这个环节中，应该提前移除这些旧数据。因为每个中央处理器都拥有自己的特有的计算机高速缓冲存储器，那么这个问题就与分布式计算机高速缓冲存储器的问题类似。Intel 的 MESI 协议目前被公认最有效的解决方法，大多数 SMP 建筑都采用这种解决方法。尽管这个协议是中央处理器内部的协议，但仍十分重要，非常具有参考意义，下面详细介绍 MESI 协议。

一开始，让我们先谈谈计算机高速缓存线路。我们会注意到，I/O 操作往往是以“块”为单位的而非字节，我们难免会想知道为什么？主要是两个方面，第一是由于 I/O 操作速度慢，消耗时间长；第二，访问数据往往不是单独的，而是连续的。例如，在访问数组时，通常会对其进行迭代，例如查找值或比较。如果将阵列中的多个连续字节读入内存，中央处理器的处理速度将提高数倍。对于中央处理器来说，由于记忆也是其中的一个部分，且速度缓慢，因此它与 I/O 操作很像也是正常的。事实上，中央处理器中的最小存储单位是计算机高速缓存线路。Intel 中央处理器的计算机高速缓存线路存储了 64 个字节。计算机高速缓冲存储器的每层都分成许多组。一般情况下，4 个计算机高速缓存线路是一组，构成一个整体，而当计算机高速缓冲存储器从记忆中加载数据时，一次加载一个计算机高速缓存线路数据。计算机高速缓冲存储器的结构如图 5-2 所示。

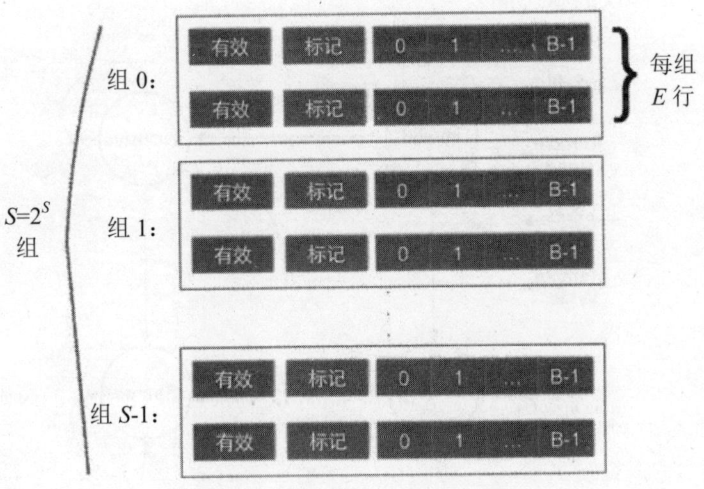

图 5-2　计算机高速缓冲存储器的结构

每个计算机高速缓存线路的上方有两个比特，用来展示状态（4 种）。

- M（Modified）：更改状态，在其他中央处理器上没有数据的复刻版本，而且在该中央处理器上修改过，必然会导入总部生成写这个指令，根据该指令，将计算机高速缓存线路中的数据输回记忆中。
- E（Exclusive）：独占状态，说明数据在计算机高速缓存线路中的数据与记忆中是相同的，除此之外，在其他中央处理器上也没有数据的复刻版本。
- S（Shared）：共享状态，说明计算机高速缓存线路中的数据与记忆中的数据相同，而且中央处理器在某个中央处理器中也存在数据的复刻版本。
- I（Invalid）：无效状态，就是在当前计算机高速缓存线路中没有有效数据或者曾经有有效数据但目前已经失去效果，在接下来的运行过程中无法使用。

正是因为有以上 4 个高速缓存线路，才有了 MESI 协议名字的由来。伴随着高速缓冲存储器不同操作，高速缓存线路会产生相应的变化。然而，MESI 的复杂性和独特性在于两种观点：一种是中央处理器看到的自身高速缓存线路状况以及其他中央处理器上相应的高速缓存线路状况；另一种是高速缓存线路在中央处理器上的状态变化导致高速缓存线路在其他中央处理器上的相应状态变化。图 5-3 所示是 MESI 协议的状态图。

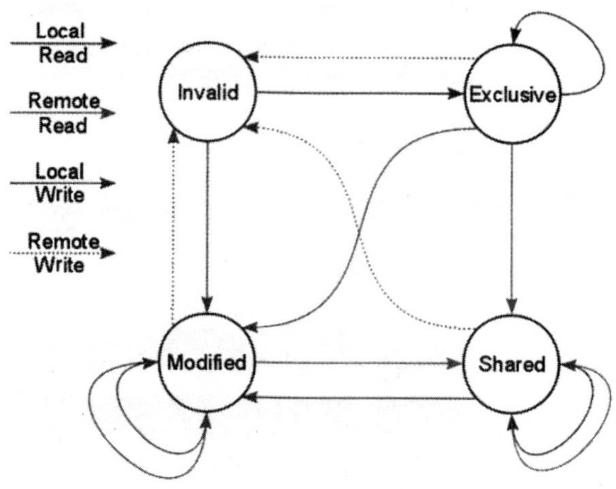

图 5-3　MESI 协议的状态图

从图 5-3 中我们可以看出：

（1）一个中央处理器（中央处理器 A）发出本地读申请命令，如果在发出该命令时，所有中央处理器的高速缓冲存储器都收到这个申请来运行内存地址，那么与该地址对应的高速缓存线路处于没有效果的状态（Invalid）。如果遇到这种情况，中央处理器 A 中的高速缓冲存储器会再发起一个到记忆的内存保存命令，然后这个高速缓存线路的状态会改变，转换为 Exclusive。紧接着，如果其他中央处理器（中央处理器 B）在总线上也提起对同一个内存地址的读申请命令，那么这个读命令会被中央处理器 A 发现，中央处理器 A 在内存总线上复刻另一个高速缓存线路作为响应，并且本身的高速缓存线路状态会发生变化，成为 Shared。除此之外，中央处理器 B 收到来自总线的响应后，会把它存储到自己的中央处理器 B，并且自己的高速缓存线路状态会随着改变，成为 Shared。

（2）有一个处理器（CPUA）指出当地写办理（LocalWrite），比如对某基址的变量取值，倘若此时全部处理器的 Cache 上都没运作该基址，那么与该基址相对的 CacheLine 为没有功效的状况（Invalid），在 CPUA 中的 CacheLine 储存了全新的运行内存变量后，它的状况转换成 Modified。接着，假如 CPUB 进行对相同变量的读操控（RemoteRead），那么 CPUA 在串口上检测到该读申请以后，会先把在 CacheLine 里展开变更过的信息回写（WriteBack）至记忆中，接着在运行内存串口上复制这份 CacheLine 当作回复，在最终阶段把自身的 CacheLine 状况转换成 Shared。CPUA 与 CPUB 里相应的 CacheLine 状况均为 Shared。

（3）根据（2）的信息，CPUA 进行当地写办理并造成本身的 CacheLine 状况转换成 Modified，倘若此时 CPUB 指出相同基址的写办理，那么大家会在时序图看到此时 CPUA 的 CacheLine 状况为 Invalid，下边诠释当中的因素。CPUB 此时发送一个特殊请求以读取和修改数据。CPUA 将先阻止请求，并在嗅探到来自总线的请求后控制 Bus，然后将 CacheLine 修改的数据写回记忆，接下来将 CacheLine 的状况更改成 Invalid（由于其他处理器想要改动信息，因此无须改成 Shablue）。与此同时，CPUB 发现之前的请求没有得到答复，因此重新发出了请求。此时，由于在所有 CPUCache 没有内存复制，CPUBCache 将记忆的最新数据加载到 CacheLine，然后修改数据，将 CacheLine 的状态更改为 Modified。

（4）如果内存中的某个变量被多个 CPU 加载到各自的 Cache 中，从而使变量对应的 CacheLine 状态为 Shared，若此时某个 CPU 打算对此变量进行写操作，则会导致所有拥有此变量缓存的 CPU 的 CacheLine 状态都变为 Invalid，这是引发性能下降的一种典型的 Cache Miss 问题。

在深入了解 MESI 协议以后，我们发现了一个非常重要的状况，即当多个处理器共同存在时，对互享变量的改动操控会涉及许多处理器间的协调疑问和 Cache 故障问题疑问，这就造成了知名的“Cache 伪互享”疑问。

下面谈谈缓存命名中的问题。倘若要浏览的信息没在处理器的估算模块中，那么必须从存储载入信息。假如存储中有此信息且信息合理，则它将打中一回（CacheHit）；否则，这种情况在 CacheMiss 中只会发生一次。此时，它需要再次尝试从较低的内存或主内存加载。根据前面的分析，如果发生这种情况，数据访问性能将立即大幅下降。当大家展开更多的载入操控时，程序设计、浏览形式及应用程序 SVM 算法会不会适合存储合理的设计方案就变成了“量变导致质变”的主要因素。

5.1.3 著名的 Cache 伪共享问题

Cache 伪互享现象是代码中出现的一种现象，考虑到以下 JavaClass 构架：

```
class MyObject
{
    private long a;
    private long b;
    private long c;
}
```

根据 Java 的标准，MyObject 的目标是在堆内存上分派区域运行内存，而且 a、b、c 三个特性在存储空间上是相邻的，如图 5-4 所示。

a（8 个字节）	b（8 个字节）	c（8 个字节）

图 5-4 MyObject 目标在堆内存上分派区域储存

我们知道，在x86的CPU中CacheLine的长度为64个字节，这意味着MyObject的3个属性（长度之和为24个字节）是完全可能加载在一个CacheLine里的。如此一来，如果我们有两个不同的线程（分别运行在两个CPU上）分别同时修改a与这两个属性，那么这两个CPU上的CacheLine可能出现如下情况，即a与这两个变量被放入同一个CacheLine中，并且被两个不同的CPU共享。

根据5.1.2中MESI的相关知识，我们知道，如果Thread0要对a变量进行修改，则CPU1上有对应的CacheLine，这会导致CPU1的CacheLine无效，从而使得Thread1被迫重新从Memory里获取b的内容（b并没有被其他CPU 改变，这样做是因为b与a在同一个CacheLine里）。同样，如果Thread1要对b变量进行修改，则同样导致Thread 0 的CacheLine失效，不得不重新从Memory里加载a。如此一来，本来是逻辑上无关的两个线程，完全可以在两个不同的CPU上同时执行，但阴差阳错地共享了同一 CacheLine 并相互抢占资源，导致并行成为串行，大大降低了系统的并发性，这就是Cache的伪共享问题，如图5-5所示。

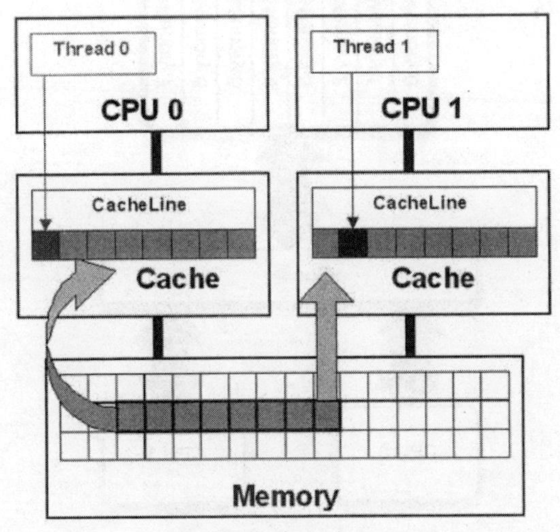

图5-5　两个变量被两个不同的处理器互享

解决 Cache 伪共享现象的方法十分简单。将两个变数 A 和 B 分为不同的CacheLine，一般用没用的数据类型填充A和B中间的空缺。因为伪共享现象对功能有较大干扰，因此 JDK8 号初次给予了一种真正的共通性方法——

@Contended 注释，用来保证 Object 或 Class 的某个特性与其他特性没有相同 CacheLineAristoleLine。Cache 的伪共享问题不会出现在以下易失性 Long 的例子中：

```
@Contended
class VolatileLong {
    public volatile long value = 0L;
}
```

5.1.4 深入理解不一致性内存

MESI 协议顺利解决了多核处理器的 Cache 统一性难点，因此已转换为 SMP 搭建的仅有决定。近些年，SMP 搭建在 Pc 方面（x86）发展趋势快速。SMP 架构是一种平行的架构，所有 CPU Core 都被连接到一个内存总线上，它们平等访问内存，同时整个内存是统一结构、统一寻址的。图 5-6 所示为 SMP 的架构。

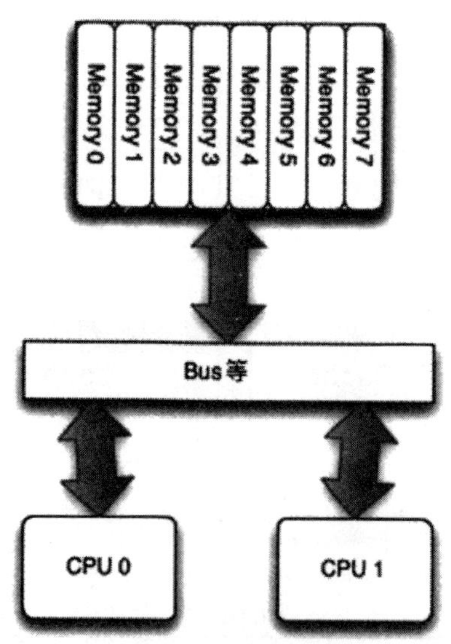

图 5-6 SMP 的架构

但是，伴随着处理器中心区逐渐增加，SMP 搭建显现出其本身的缺点。最繁杂的短板是共享内存系统总线的上行速率不能满足处理器数目的增加。同时有更多的“汽车”在传递“马路”，这将不可避免地落入“拥堵模式”的行列。在这种状况下，分布式系统解决方法随之而来。该操作系统的运行内存被切分并与处理器捆缚，以产生众多单独的分系统。这种分系统快速互联，这也是NUMA的架构，如图5-7所示。

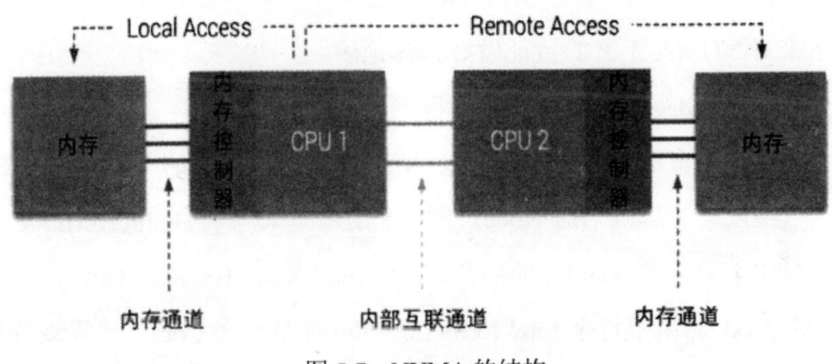

图5-7 NUMA的结构

我们可以将NUMA的结构视作第一次突破了“大锅饭”的创新。记忆此后不再是一个总体，被分为多个单独的部位，并由不同处理器（从Attach到不同的处理器）兼并。因此，当CPU进入自己的私人内存地址（Local Access）时，它会很快得到回应。假如要浏览处理器（Remote-Access）调节的其他运行内存数据信息，则要经过某类互联（Inter-connect）入口浏览，响应时间比之前长。NUMA的核心优势是具有可伸缩性。NUMA的架构设计在制定上超越了SMP，能够扩大到数以百计处理器，且不会明显减少功能。

NUMA工艺产生于1980年，主要运转在某些中大型UNIX操作系统中，Sequent公司被公认为世界NUMA技术的领导者。1986年Sequent公司最先应用微控制器塑造规模性操作系统，并制定了以UNIX的SMP机制为基本的构造，开辟了领域转为SMP的例子。20世纪末，IBM公司收购Sequent公司，将NUMA技术纳入IBMUNIX营地，并推出numa-q系统和解决方案，扶持和扩大Intel网址，给予更多元化的、为全世界大中型客户需求给予极度可扩大且便于管控的选择，以满足迅速发展的网络技术行业市场，成为NUMA工艺的技术领先开发商和开创者。接着，很多老UNIX主机生产商也使用了NUMA工艺，如神州数码、Sun、惠普、Unisys、SGI等。2000年，全世界经济泡沫幻灭后，64位x86+Linux

操作系统逐渐以低成本入侵 UNIX 的网址。英特尔最先在 x86 CPU，英特尔 Opteron 系列 CPU 完成 NUMA 架构。Intel 还在 NehalemIntel 跟进并实施了 NUMA 架构（Intel 服务器芯片智强基于 CPU 的这一架构，位于 E5500、i3、i5 和 i7 的桌面上）。到现在为止，NUMA 这一特别工艺逐渐广泛应用。

接下来对 NUMA 工艺的特征做好具体论述。

首先，在 NUMA 构造中添加了一种十分重要的新元素——Node，一种 Node 由一种或是两种以上的 SocketSocket 组成，也就是物理学上的一种或众多 CPU 处理芯片相互组成一种思维上的 Node。图 5-8 所示是来源于 DellPowerEdge 系列产品主机的操作手册中的 NUMA 的照片，4 个 Intel Xeon E5-4600 CPU 产生 4 个单独的 NUMANode，由于每个 Intel Xeon E5-4600 都是 8 个 Core，允许双线程，因此一种 Node 内部的 LogicCPU 均为 16 个，占每个 Node 分派操作系统总运行内存的 1/4，每个 Node 彼此都是根据 IntelQPI（Quick Path Interconnect）工艺完成连通的全互联网 CPU 操作系统的。

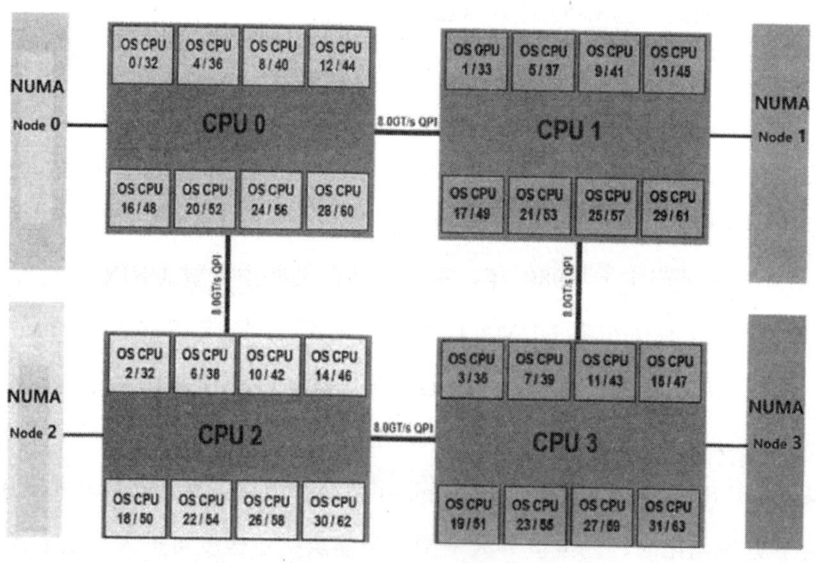

图 5-8　NUMA 的架构

其次，我们可以发现 NUMA 这种以点到点为基础的全互联处理器系统与一直以来的以共享总线为基础的处理器系统的 SMP 之间还是有非常大的区别的。

根据这些情况没有办法使用网络嗅探数据总线的方式来进行 Cache 统一性，所以为了完成 NUMA 结构下的 Cache 一致性，Intel 加入了 MESI 协议，其中一个外部协议——MESIF 结合了一种基于目录表的实现措施，该外界合同由 Boxboro-EX CPU 操作系统进行，殊不知独立探讨 MESIF 合同自身含义较小，因为现阶段 Intel 并没向外呈现 Boxboro-EX CPU 操作系统的总体规划文件。

最后，让我们讨论 NUMA 结构当前存在的问题以及对其今后的展望。

NUMA 系统架构摆脱了传统化的整体运行内存的核心理念，所以现阶段没有一类计算机语言从运行内存实体模型适用它，开发出适合 NUMA 的操作系统也并非易事。殊不知，在这些方面早已存有很多技术成果。在适用 NUMA 的操作系统中，可以运作根据 NUMA 的内存分配计划方案，从对应的 Node 中分派目前过程需要的运行内存，进而极大地加速目标建立流程。在统计分析行业，NUMA 管理体系发挥着越来越强的功效。HANASAP 的高档大信息系统已由 SGI 在其 UVNUMASystemsUVAristoleSystems 网站上开展了较好的拓展。在云技术和虚拟化技术层面，OpenStack 和 VMware 适用根据 NUMA 技术性的 VM 虚拟机分派作用，所以不同 VM 虚拟机在不同 Core 上运作，而且 VM 虚拟机的运行内存并不会横跨多个 NUMANode。

NUMA 技术性还将促进以多进程的性能卓越单机破解分布式架构为基本的推动，意味着在一台有 4 个 Socket 和 16 个 Core 的强大机器中，一旦启动 4 个进程，每个过程就可以根据 NUMA 技术性关联到一个 Socket，并确保每个过程只浏览不超过当地运行内存，使操作系统可以以最大特性高并发，过程之间的通信可以根据性能卓越过程之间的通信技术进行。

5.2 内存发展历史

无论是手机、笔记本计算机还是公司的服务器，我们都明显感受到内存越来越大，在很长一段时间内，我们仅仅把大内存当作缓存。除了关系型数据库，我们最熟悉的就是缓存中间件（如 Memcache、Redis 等），它们用来简单缓存

Key-Value 的数据，而大量的数据计算仍然离不开关系型数据库。

在我看来，原因如下：

（1）一直到最近几年，我们设计研究的许多软件都是为公司使用的 MIS 系统，绝大部分数据被储存在关系型数据库里，乃至图片等并不适合的二进制数据也被尽可能地储存在数据库里，然而多数软件工程师的主要任务就是以数据库的 CRUD 操作及页面呈现为核心而不间断地重复编程。

（2）因为以前的系统形成的数据量不大，数据处理的过程也相对简单一些，并且不要求实时性，所以一直以来的关系型数据库和数据仓库产品足够支持，并不需要更高端的技术。

（3）很长一段时间以来，内存一直是价格较高的硬件，容量越大的内存条往往价格越高，机械硬盘的性能和容量也随着时代的发展不断提升。这种状况确立了关系型数据库的地位，还促进了许多以硬盘（文件）为基础的数据分析与处理系统的进步。

光芒四射的网络时代代表着全新的操作系统时期的到来。第一，伴随着系统的用户量规模宏大，系统中的业务数据也快速增加，数据量也日益庞大，运算越来越复杂；第二，因为互联网用户的个人意识觉醒与发展，伴随着其个性化追求的增强，他们的忠诚度显著减弱，这就要求我们必须进一步提高系统的响应速度，进而满足用户要求、完善用户体验，并且让系统变得越发智能，进而增强用户的吸引力和黏性。

针对这些现状，问题随之而来，如果加快系统的响应速度，那么如何让系统变得越发智能呢？

这个难点很难回答，但核心因素只有两点：运行内存测算及更快的统计分析工作能力。如果更进一步剖析，运行内存高性能计算可以视作基石。毫无疑问，Spark 可以算是十分著名的开源系统统计分析系统，因此 EMC 集团旗下专业化承担开展统计分析的 Pivotal 也转为 Spark 技术性的开发中。所以，Spark 的核心和技术有什么呢？其实就是内存计算。图 5-9 展示了多种存储的速度对比，从中我们能够发现内存计算可以达到之前机械硬盘的 10 万倍，所以 Spark 尽可能地利用内存计算数据，尽可能得到实时结果，这种超乎常人思维的设计理念帮助 Spark 从一开始就超越了 Hadoop。

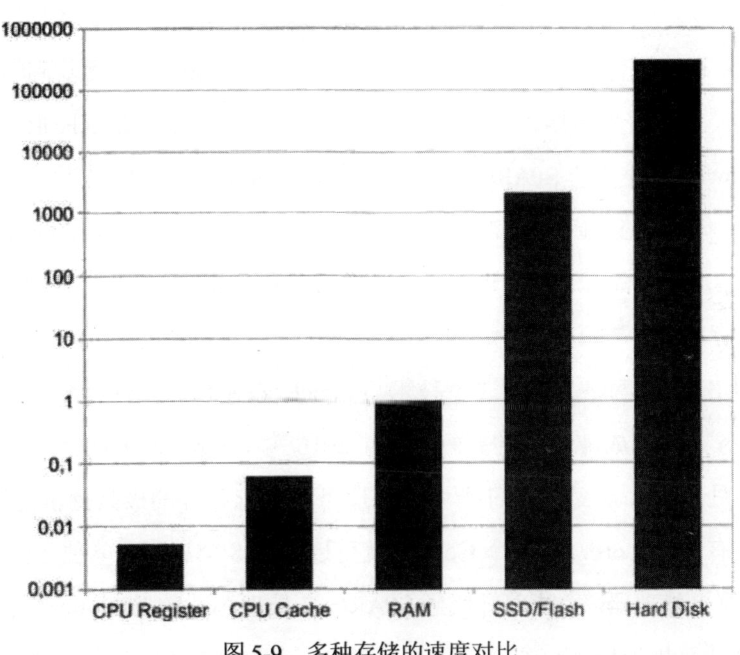

图 5-9 多种存储的速度对比

内存计算其实已经不算是一种新技术，在十多年前就有一波内存计算的浪潮，那时典型产品是内存数据库，比如 TimesTen、Altibase。内存数据库的最典型特征是摒弃磁盘存储数据的方式，将数据存储到内存里，这是由于与磁盘相比，内存的数据读写速度要明显更快，把数据存储到内存中可以非常明显地提高应用的性能；而且，时序数据库革除掉长期以来的硬盘数据库管理核心理念，以全部数据信息都会在内存中运行为本质，再度构思了思维构架，并且在数据缓存、快速算法、并行操作等角度进行了对应的完善，因此与之前相比，一直以来的数据库对数据的处理速度要明显加快不少，普遍在 10 倍以上，在一些性能要求非常严格的特殊领域占有非常关键的市场份额。

TimesTen 是内存数据领域的领先者，旗下拥有相当大规模的忠诚客户，享有盛名的 Salesforce.com 的关键部分也采用了 TimesTen，后来 TimesTen 被 Oracle 收购，其中的一个角度是作为 Oracle 数据库查询的 Cache 来健全长期以来的数据库管理的作用；另一个角度是融合 Oracle 专业化的全运行内存 BI 剖析机 Exalytics 中，加速统计分析和解决的速率。

其实，Oracle 在大数据角度的战略就是传递一直以来关系型数据库的理念，通过建设专有软硬件结合的、以内存数据库技术（TimesTen）为基础的完善一体机 Exalytics 来探索大数据领域。在与 Sun 公司一体化之后，Oracle 也具备了可以与 IBM Power 处理器的 SPARC 芯片竞争的最强的 Solaris UNIX 系统，并促进了 Exalytics 一体机完善的进程。2013 年发表的 ExalyticsT5-8 选用了 8 路 SPARCT5-8 主机处理芯片，具有 128 个处理器核心、1024 个硬件配置过程、4TB 主运行内存、3.2 TB 闪存芯片、7.2TB 硬盘，集成系统还支持 256GB/s 的输入、输出带宽，支持各种 10GB 高速网络、无限带宽技术与 Oracle ZFS 存储软件，所以能够在同一个分析服务器中完成非常多的并行操作。2016 年，Oracle 再次公布全新升级的 SPARCS7 处理芯片，变成 Intel 智强网络服务器处理芯片的极具竞争优势的对手。SPARCS7 有 8 个 Core，在一个 Core 上就可以运作 8 个进程，单独运作就适用 64 个思维计算机处理器，意味着升级到 SPARCS7 处理芯片的 Exalytics8 路机可能包含 512 个计算机处理器核心。但可惜的是 1 年后，Oracle 宣布不会再持续开展 SPARC 计算机处理器，而 Exalytics 机的全新的版本也逐渐停在了 2013 年发表的 ExalyticsT5-8 规格，可是直到如今，Oracle 依然在销售这款商品。从 Exalytics 的硬件型号我们能够发现，想要完成大数据和内存计算，最关键的核心和前提就是要拥有强大的服务器，尤其是非常大的内存；并且我们要认识到，这里提到的内存已经以 TB 为单位了。目前上市的 DDR5 内存条除了频率更高外，存储密度也有所提升，单条内存容量高达 128GB。伴随着 DDR5 内存条使用范围的进一步扩大，还有大数据分析业务、公有云市场的壮大，未来超大内存的服务器的普及速度一定会进一步加快。

在运行内存测算和互联网大数据这一层面，App 典型性展开竞争的 SAP 也走这条相当于 OracleExalytics 的路，但 SAP 的风格更如同“创新”。SAP 发布了 HANA 服务平台，这也是对长久以来的数据库查询市面的考验。HANA 的目标是通过一体的架构来支持 OLTP+OLAP，然而其核心本质依旧是先进的内存计算，并选择了许多新的软件设计思想和算法。除此之外，HANA 在分布范围层面走得更长远。目前单独 HANA 连接点的运行内存配备为 4TB。2011 年 10 月，农夫山泉成为我国第一代 HANA 使用者。随后，电信、联想公司、大众和李宁等关键顾客也从 Oracle 搬到 HANA。我国某些电子计算机学校也设立了 HANA 课程。因为 HANA 遵循双赢的合作路线，而 SAP 主要集中在软件平台上，HANA 没有专有的封闭硬件环境。所以，2015 年华为公司逐渐紧跟并与 SAP 联合开发 HANA 一体机。截至 2020 年 3 月，近 46%的 SAPHANA 许可证与汇和（HPE）服务器有联系。汇和在 SAPHANA 服务器部署量排名第一，超过后三家供应商总数。除此之外，在公共云上部署 SAPHANA，可以更加高效地利用云服务的优势，方便延伸，使用轻巧，在降低采购成本的同时，十分明显地提高部署效率。包括微软、阿里和华为在内的公众云给予企业也在积极接受 SAPHANA。

除内存数据库外，另一种称为内存数据网格/内存计算网格（IMDG/IMCG）的内存计算技术也在独立开发中。与时序数据库不同的是，它是一个彻底分布式系统的运行内存浏览体系，目的是将不同的 64 位网络服务器上的运行内存集成化到一个巨大运行内存中（实用 Alpine 网络服务器的运行内存比特有 UNIX 网络服务器的运行内存小得多），进而处理 PC 单机运行内存网络资源欠佳的难题。除此之外，IMDG/IMCG 和时序数据库有两个显然的差别：第一，IMDG/IMCG 在内存中存储序列化对象，它们之间没有依赖关系；第二，IMDG/IMCG 集群还需要考量由动态性加上服务器引发的复杂性难题。IMDG/IMCG 行业有很多知名商品。

- Terracotta 的 BigMemory：根据 Java 语言完成的开源系统盈利性实施方案。
- VMware Pivotal Gemfire：原铁道部采用的措施，实现了解决售票系统故障的历史难题的壮举。
- Apache Ignite（后简称 Ignite）：是 2007 年确立的 GridGain 企业的商品，处理方案和平台功能完善且相对复杂，2015 年加入 Apache 开源，与 Hazelcast 成为竞争者，两家公司都有开源版和商业版。
- Oracle Coherence：Oracle 的商业产品，通过 Java 实现。
- Gigaspaces XAP：商业性质的整体技术解决方案。

- JBoss Infinispan：开源方案，通过 Java 实现，目前可以对接 Hadoop 和 Spark。

我们可以发现，绝大部分 IMDG/IMCG 的产品都是通过 Java 完成的，目前在开源界相对具有话语权的企业有 Hazelcast 和 Terracotta 两家。尤其是在 Terracotta 合并了 Java 代码界享有盛誉的缓存文件分布式数据库 Encache，并将其与自己特色商品 BigMemory 融合以后，缓存文件分布式数据库与 IMDG/IMCG 商品中间再也不会确立的差别，比如 Terracotta 的 BigMemory 及产品系列能够完成将一个极大的数据库查询毋庸置疑地载入分布式系统运行内存集群中，而延迟仅有微秒级，这与 HANA 现阶段看上去是符合的。在 HANA 公布后的第二年，SoftwareAG 官方宣布回收 Terracotta，SoftwareAG 觉得 SAP 在运行内存云服务平台上的资金投入体现了这种处理对策有着十分巨大的进步前景和顾客需要量。大家坚信 Terracotta 在构建云服务平台层面有着极大发展前景。并且，大家看到了开源系统的将来所属：Terracotta 社区的用户数量正在增长，社区中的讨论也非常活跃，远远好于大多数软件公司。到 2020 年，Terracotta 的全球部门数量已达到 250 万，相关开发者数量超过 200 万，成为 Java 实时应用领域流行的中间件之一。

如果对 Hazelcast、Ignite 和 JBoss Infinispan 的新版本有详细的研究，我们会察觉它们有一个共同的特点：都逐渐开始应用 Spark，依据自定 RRD 的完成，将 SparkRRD 的数据信息缓存文件至分布式系统运行内存集群中。在这个流程中，大家又看到软件开发进步流程中的持续更新、持续融合的趋向。

伴随着数据库实时计算的需求不断增大，诞生了一种新的内存计算技术，我们称为“分布式内存数据库”。从某种程度上讲，这种产品并不隶属于一直以来人们所认为的数据库，只是具备良好的 SQL 查询能力，而对 Spark 这种允许 SQL 查询的大数据系统来说，它们更类似于关系型数据库，也能视为一种 NewSQL 产品。分布式系统数据库架构较大的特征是新添加了以规范 SQL 语言或 MapReduce 的为基本的 MPP（规模性并行计算）作用。加入 IMDG/IMCG 的关键因素是解决数据量不断增大情况下的存储难题，分布式内存数据库就可以处理计算复杂的困境，它供应了分布式 SQL、分布式共享索引、MapReduce 解决等编程工具。而现实情况中部分 IMDG/IMCG 产品拥有一定的 SQL 搜寻功能，只是这并不是它们的核心所在。分布式内存数据库范畴内的典型产品是 VoltDB。VoltDB 虽然主要在内存中执行 SQL，但也遵循 ACID 定律，并规律地把数据长期存入磁盘中，其也包含开源和商业两个版本。

运行内存高性能计算已逐步进步变成 Spark 大数据信息实时查询数据分析系统的核心技术。除此之外，新的数据库体系和并行处理数据库也明显依靠分布式系统运行内存高性能计算，如 Impala。它是由 Cloudera 公司带头研发的公司数据库体系。它给予 SQL 语言流程，能够查看储存在 Hadoop 和 HBaseHDFS 的 Pb 级互联网大数据。

Alluxio 是内存计算范畴内以 Java 为基础开发的另一个著名项目，于 2012 年发布于 UC Berkeley AMPLab（诞生了 Apache Spark 的著名研究室）。Alluxio 于 2013 年 4 月开源，它由起初的 Tachyon 改名而来，目前共有社区免费版与商业版两个版本。Alluxio 是全世界第一个以运行内存为关键的模拟的分布式系统体系，它融合了数据信息浏览流程，为顶层测算架构和下层分布式存储构建了纽带。在长期以来的测算模块中，数据信息存储在相同 JVM 中，而以 Alluxio 为基础的中间件将数据储藏到不同 JVM 中，对外界提供相同的访问接口，而且结合集群中每个节点的内存、SSD 等高性能存储器来完成融合的高效内存计算。依据以前的要闻，百度公司的一种数据统计分析生产线运用 Alluxio 集群替代 Spark 后货运量提升了 28 倍，携程网以 Alluxio 为基本进行即时数据统计分析，巴克莱银行应用 Alluxio 将工作剖析的时长耗费从 h 级降至秒级。Alluxio 同样能够布置到 Kubemetes 集群中，官方的社区版就支持该功能，为云端大规模布置提供便利。到现阶段，AlluxioB 早已在 100 多家公司的制造中完成了安装，并且应用于 1000 个连接点以上的集群上应用。

在大数据时代，无论是存储还是计算都已经离不开内存计算技术了，越来越多的新型软件都需要高级的内存编程技术。Java 在这方面不断前进，如果有志于这方面的研发，则建议你深入学习和掌握 Java Unsafe 所提供的底层内存控制 API 的用法。

5.3 内存缓存技术

5.3.1 缓存概述

缓存一直是计算机世界中一个非常值得关注的重要因素。大家经常在计算机软件中看到缓存文件，如网口上的硬件配置缓存文件、数据库管理中用以加快数据统计的缓存文件区、网页 Server 应用的网页缓存文件文件目录、计算机浏览器用以加快网页访问等。通常情况下，危害运作效率的思维能够根据缓存文件来改善或处理，无论是配置还是 App。

缓存也称 Cache（不同于 CPU 的 Cache）。从本质上讲，缓存文件是传输数据的缓冲区域，等同于一种台阶，用以极大地减小“数据匹配效率”中传输数据彼此间的很大差别。

在使用缓存时，我们要清楚地意识到缓存的数据可能随时丢失。即使一些缓存组件或缓存中间件支持一些数据持久化功能，比如 Redis 可以将缓存的数据写入磁盘，我们也应该理解，这个辅助功能不是缓存系统的核心，因为缓存的目的是提供高速数据访问性能，而一旦涉及磁盘 I/O 操作，其性能就必须大大降低，从而降低 Cache 的价值。

那么在有限的存储空间中，哪些数据更适合 Cache 呢？一般符合下述特征的数据会被优先考虑。

- 一旦生成就固定的数据。
- 频繁单击的数据（热点数据）。
- 计算代价较大的数据。

只要生成，不会改变的数据基本上满足缓存的要求。因为此类数据不牵扯复杂的数据同步问题，所以可将其加载到缓存中，并且编程非常简单。假如经常使用此类数据，就非常适合将其放入缓存，例如网站中用户的 Session 信息、浏览的产品、历史足迹等。

某些计算成本高的数据也适合在特定情况下缓存。例如，对于复杂的报告或查询，计算需要 1min 或更长时间。此时，如果在后台计算结果并提前缓存，用户在单击和访问报表时会感觉非常快，并有非常好的体验。例如，一个 SQL 式的查询会消耗大量的数据库，因此它会对数据库服务器造成很大的压力。如果多个用户同时单击“查询”按钮，数据就可能会被淹没并停止响应。在这种情况下，我们也可以使用缓存技术来解决问题，即将查询结果集缓存 5min，后续用户直接访问之前用户的查询缓存结果。尽管这种方法可能会导致一些用户看到过时的数据，但它比影响所有用户的系统崩溃好得多。此外，在很多情况下，用户只是浏览数据，并不关心数据的细节，例如电子商务网站上的商品清单信息。用户真正关心的是商品的图片和价格，而不关心目前的库存是 99 还是 999。

缓存数据同时拥有非常强的时效性，而存储空间是有限制的，这就导致缓存系统需要通过一些方式淘汰旧数据，进而保存新数据。最高效的淘汰策略就是删除缓存中用处不大的数据，然而我们不知道未来会发生什么，因此这种方式只是我们的一厢情愿。我们构思了许多方法，全部是朝着这个“终极目标”前进的，这些不尽相同的策略没有更好，只有更合适。在不同的情境下，如何区分和挑选最适合的淘汰策略需要将经验和技能结合起来。下面分析在缓存系统中所采用的缓存淘汰策略。

（1）Least Frequently Used（LFU）策略：系统会计算每个缓存数据被使用的频率概率，最不常用的缓存条目会被最先剔除。CPU 的 Cache 采用的淘汰策略是 LFU 策略。

（2）Least Recently Used（LRU）策略：系统会剔除近期使用最少的缓存数据。

（3）Adaptive Replacement Cache（ARC）策略：这个策略被认为是性能最好的缓存算法之一，位于 LRU 与 LFU 之间，它拥有记忆效果，可以进行自我调整。这个策略是两个 LRU 构成的，其中第一个 LRU 包含的条目是近期仅被使用过一次的条目，里面存储的是新的对象；第二个 LRU 包含的是近期被使用过两次的条目，里面存储的是使用活跃的对象。

（4）还有一些以缓存时间为基础的淘汰策略，例如淘汰存活时间（或者最近一次访问的时间）超过 5min 的缓存条目。

5.3.2 缓存实现的方式

软件系统中实现缓存机制的方法如下：

- 进程内缓存。
- 单机版的缓存中间件。
- 分布式缓存中间件。

进程内缓存是最常用、使用最频繁的缓存实现机制。缓存的数据挤占内存空间。在这种条件下，缓存数据的访问速度最快，编程最简单。而在极端情况下，只需一个用户即可实现此目的。进程内缓存的不足之处是它占用主进程的内存，并且可以缓存的数据较少。此外，对于 Java 来说，较大的堆内存很容易导致 GC 反应缓慢，造成意想不到的影响。为了解决该矛盾，通常有以下两种方法。

- 内存结合文件的二级缓存方式，限制缓存使用的内存。
- Java 堆外缓存，绕过 GC 的影响。

堆外缓存的效果相对较好，但很难完成。所以，Java 基本上找不到开源系统和不要钱的商品，我们熟悉的著名 Java 缓存组件——Ehcache 的开源版本不提供这一特性。它的堆外存储被称为 BigMemory（Java 分布式内存领域一家非常有盛名的企业的产品），仅在企业版本的 Ehcache 上可用，它是通过在 Java 使用 Direct 的 Byte · Buffer 实现的。它比存储在磁盘上快，并且完全不受 GC 的影响，可以确保响应时间的稳定性。

单机版的缓存中间件逐渐成为一些大型分布式系统中非常重要的基础设施之一，尤其是电子商务和互联网应用软件，原因如下：

- 开发一个高质量的缓存组件是一件非常困难的事情。
- 越来越多的系统都需要多语言协同开发，缓存组件需要从具体的业务进程中剥离出来，成为不同业务进程之间进行数据交换的一个枢纽。

从程序的角度来看，缓存中间件的出现更像是数据被从数据库到缓存中间件复制。这样，即使仍然需要通过网络获取数据，数据的访问速度也提高了很多倍。目前，著名的单机缓存中间件已经有悠久的历史，如 Memcache 和后起之秀 Redis。它们是开源产品，支持多语言客户端访问。经过多年的发展和广泛使用，在缓存领域有着不可动摇的地位。

单机版的缓存中间件也存在一个难点——跨网络访问缓存数据的响应速度变慢。这个问题并不显著，主要是由于客户端往往会使用 TCP 长连接和缓存中间件进行数据通信，并使用类似于 JDBC 的连接池模式。如果特别关注这个延迟的问题，还可以采用进程内缓存+缓存中间件的设计理念，如图 5-10 所示。程序先从进程内缓存模块寻找数据，如果没有能够顺利找到，那么查询中间件。针对频率较高的网络热点信息，该方式有不错的作用。

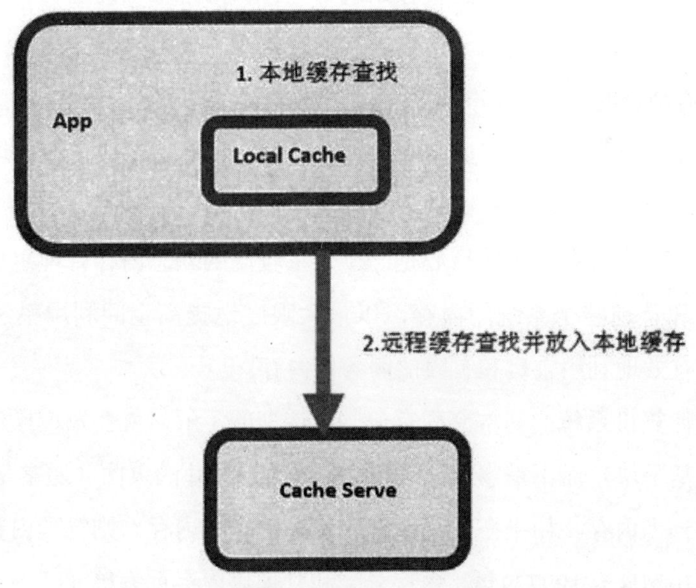

图 5-10 进程内缓存+缓存中间件的设计思路图

单机版的缓存中间件基本可以处理绝大多数数据缓存问题，因为在大部分情况下，需要缓存的数据仅是整个数据中的热点数据，占比较小。但也存在一些特殊状况，例如要保存非常多的数据到缓存中间件中，此时单机版的中间件无法加载如此多数据，因此产生了分布式缓存中间件。

分布式缓存中间件通过集成多台服务器的方式，完成了一个容量非常大的缓存系统。在大多数情况下，分布式缓存中间件利用哈希算法进行数据分段，并将规模宏大缓存项的数量平均分布到集群中的每个节点。例如，Redis3.0 实现的分布式集群功能使用哈希算法将缓存项平均分布到 16384 个 Slot 中。Codis 是一个以 Redis2.X 为基础的开源分布式缓存解决策略，可以视为国内开源的典例。它来源于豆瓣网，在生产系统中有非常多案例。Memcache 本身不具备集群功能，但 Driver 的许多客户已经完成了哈希算法的分区逻辑，因此也可以将其视为分布式缓存的解决措施。

5.3.3 Memcache 的内存管理技术

设计和开发一个性能良好的缓存系统时，什么问题最难处理？答案是在有限的存储里保存尽可能多的数据。这个难点不好处理的原因如下。

- 缓存数据的长度无法准确估计，可能从几十字节到几十 KB，甚至到几 MB。
- 需要清除缓存项来释放空间，这个过程中可能会形成内存垃圾。
- 动态内存管理的编程比较困难。

从根本上看，缓存系统的核心是一个效率较高的动态内存管理组件。该组件准确地控制和管理整个系统的内存，以最大限度地提高空间利用率和内存利用率，从而更有效地利用宝贵和有限的服务器内存。

如果对计算机系统的基本原理有一些较透彻的了解，就会知道操作系统中的内存管理是基于块，而不是字节。Linux 根据固定尺寸的页面（通常是 4KB）将物理内存划分为内存。如果在系统中有 76GB 的物理内存，则物理内存页面数为 76×1024×1024/4 = 19922944，内存分配和管理以内存页为单元。固定内存页大小的方法实现起来相对简单。操作系统可以根据应用程序的要求轻松地为应用程序分配所需容量的连续内存空间。在 Memcache 申请了大内存空间（如 1GB）之后，我们如何有效地利用该内存空间缓存数据呢？

与大多数使用固定大小的内存单元格来存储缓存项的传统设计思想不同，Memcache 巧妙地创新了一种循序渐进的内存单元格设计思想，很好地解决了不同缓存对象大小和高效内存使用之间的矛盾。具体途径如下。

首先，Memcache 以 1MB 为单位将内存分为许多页面，每个页面再继续被切分为更小的单元格——chunk，每个 chunk 都保存一个缓存项。与众不同的是，不同页面划分的 chunk 大小不同。

在默认情况下，最小的 chunk 的容量是 80 个字节，第 2 级 chunk 的容量为 80×1.25 字节，第 3 级 chunk 的容量为 80×1.25×2 字节，依此类推。

然后，相同容量规格的 chunk 的一组页面形成一个 slab，同规格的一组 slab 就成为一种 slab_class 以区分于其他规格的 slab。考虑到效率的原因，采用数组保留上述数据结构，整个结构如图 5-11 所示。

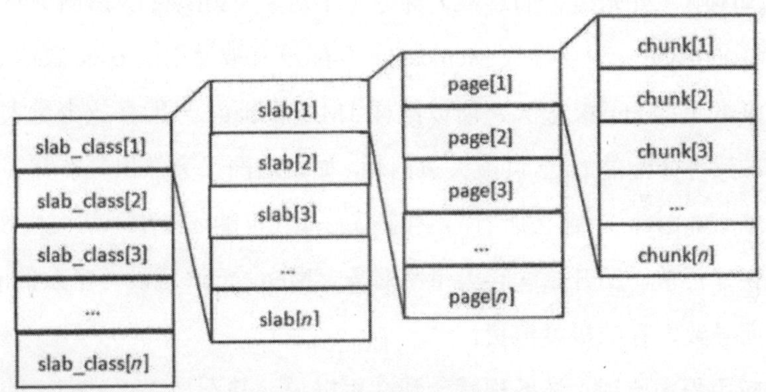

图 5-11 slab_class 结构

因此，我们得到下面结果。

- slab_class[l]里对应的 chunk 可以存储最大长度为 80 个字节的缓存对象。
- slab_class[2]里对应的 chunk 可以存储最大长度为 100 个字节的缓存对象。
- slab_class[2]里对应的 chunk 可以存储最大长度为 125 个字节的缓存对象。

我们可以看到，在不同的 slab 中，class 笔下 chunk 的规模并没有显著变化，而是缓慢增长。这样，中大程序中一些类似的缓存对象基本上成为邻居，因为它们将存储在多个类似的 slabclass 中。通过合理设置初始 chunk 容量，这些 slabchunk 容量可以非常适合实际缓存对象。

如果你仔细考虑，可能会认为有问题。例如，如果页面已经预先按照预先确定的 chunk 容量分配，那么最小值是 88 字节，如果所有缓存对象都是 60 字节，那么在更大的 slab 上，这不是浪费巨大的内存空间吗？面对这个问题，Memcache 采用了我们共同的延迟创建策略：page 的页面只在需要时分配给指定的 slab，chunk 的划分是根据 slab 的规格进行的。这样，如果我们缓存的对象是相同类型的对象，并且它们的容量相似，那么内存中几乎所有的 slab 都是相同的或一个以上相邻的 slabclass 上。

Memcache 的内存管理简洁、清晰、适应能力强，但也存在着一个较大的问题：page 页假如被划分给 slab，在 Memcache 生命期内便没法更改，在存储空间量明确的情形下，其他 slab 将会出现无法运作及其存储空间规模性消耗的状况。例如在某程序中一开始缓存的对象大部分是小对象（80Byte），后面突然进入了一些大对象（1000Byte），则会导致 Memcache 分配没有被使用的 page 页给新的 slab，这些新的 slab 里的 chunk 很大，所以同样 1MB 的 page 只能存放少量大对象，这个过程也导致可分配的 page 页被大量消耗，如果后面又突然出现非常多的另一个规格的对象（500Byte），那么所有的空闲 page 页（可能还不够）就很快被消耗完，最后程序恢复正常，又开始缓存大量小对象，Memcache 就没有多余的 page 页分配了，从而导致内存的极度浪费。

如果应用程序出现上述的现状，那么可以说，并不是 Memcache 的问题，而是应用程序开发者或者架构师自身的问题。Memcache 后来增加了 slab automove 的特性，用来自动将某个 slab 内的 page 页转移到其他 slab 下，进而解决了这个问题，但官方表示，这个过程很缓慢且比较保守。

探讨完 Memcache 的内存设计理念，我们必须要清楚地意识到，Memcache 的内存管理模块是一个非常适用于缓存这种特定需求情景的、高相关的、设计灵活的同时展现了简单就是美的大师作品。

5.3.4 Redis 解析

只要对缓存中间件有一些基础认识，我们就知道 Memcache 和 Redis 在这个领域处于绝对的领先地位，但为什么早在 2003 年就诞生的 Memcache 被比其晚出现 6 年的 Redis 压制呢？其中的核心原因有以下两点。

- Memcache 始终秉承“简单就是美”的观念，使用简洁、功能稳定，不添加新的功能。
- Redis 是基于前者发展而来的，吸取了 Memcache 的非常多的经验和教训，加以改进，增加了很多新的特性。

这两种截然不同的设计理念导致 Memcache 与 Redis 之间存在着非常大的区别。虽然 Memcache 仍然在缓存领域占据着绝对统治的地位，但截至目前在知名度和用户方面被 Redis 反超了非常多。

Redis 的优异特点如下：

- 更加多样化的缓存失效策略及更加完善的内存管理体系带来的高级特性。
- 对缓存项的 key 与 value 的长度限制降低。与 Memcache 最长 250 个字节的 key 及默认最大 1MB 的 value 相比，Redis 的 key 与 value 可以超过 512MB。
- 与 Memcache 的缓存功能只能面向字符串类型的数据相比，Redis 支持 6 种数据类型，这极大程度上为程序员提供了便利。
- Redis 一直在 NoSQL 和分布式等热点领域积极寻找突破，这也帮助其使用情境越来越宽广，支持数据持久化及主从复制的特性使得它在某些特定场合代替了数据库，而 Redis 3.0 在分布式方面的创新也使它能够胜任更大规模的数据集。

Redis 的设计在很多方面看起来都是不合常理的。第一，它采用了单线程模型，这个做法有些出乎意料，但是细想也的确有合理的地方：缓存系统在大部分情况下的使用场景只是内存数据的简单读取操作，单线程避免了复杂的线程同步、上下文切换、锁等复杂逻辑，也使得原子性计算这种功能的完成比较容易实现。第二，在这种网络 I/O 的情境下，CPU 不容易成为瓶颈，因此，Redis 用单线程模型是一个经过深思熟虑的决定。

所以依旧存在一个难点，单线程只能用一个 Core（或者一个超线程），在多核 CPU 的情况下如何高效发挥 CPU 的功能呢？答案就是分片（Sharding）。开启多个 Redis 进程实例（如果每个进程都通过 NUMA 技术绑定到一个 Core，则理论上性能更高），每个实例都承担一部分缓存，多个 Redis 实例组成一个集群。

那么 Redis 作者为何不采用大家都认可的高档的一致性哈希算法作为集群分片逻辑，而是采用了固定 Slot 分片方式呢？主要原因是一致性哈希算法非常复杂，举个例子，90%的人认为一致性哈希算法在某个节点宕机的情况下无须迁移数据，而实际上，一致性哈希算法仅减小了节点数据的迁移量，要计算出哪些虚拟节点上的哪些数据被迁移到哪些虚拟节点上，这个逻辑并不好懂，而且很复杂。另外，如果集群要扩容和增加节点，涉及复杂的计算和数据迁移问题。因此从整体来看，一致性哈希算法的实用性并不是很强。

5.4 内存计算产品

本书在此部分对几个非常具有代表性的内存计算产品展开研究，以此来理解和熟悉在内存计算领域的设计思路、标准、技术等有关概念和技能。

5.4.1 SAP HANA

SAP HANA（下文简称 HANA）的首要特性便是将所有数据存储于内存中，但是因为内存存储的数据存在容易丢失的特性，系统在供电不足或者重新启动后里面的数据便会丢失，因此为了解决这个问题，HANA 会在系统中保留一个异步进程 savepoint（Data persistence），按时将内存中的数据存储到磁盘中。

HANA 的另一个特性是完全并行编程，通过 NUMA 结构以及并行编程的技术，可以将大量的数据和计算分别扩散到其他处理器。

HANA 还有一个特性是将数据传输过程最小化，该特性对大数据的实时计算十分的重要，其中详细的操作方法如下。

首选，要选择适宜的数据压缩方法，最大化降低数据的存储，当数据从内存中转移到 CPU Cache 时，便可以运行更多的数据，而如果同时通过 I/O 来传输，那么传输量会降低非常多。HANA 也利用数据字典这一途径压缩数据，通过整数来表达相应的信息，其原理如图 5-12 所示，把 Custome 和 Material 两个部分抽离处理，具体在数据库中则通过两个数值来体现，通过这种方式就可以减小很多存储空间，用尽量少的内存加载尽可能多的数据，因此数据压缩是大数据系统中非常关键的技术之一。

Row ID	Date/ Time	Material	Customer Name	Quantity
1	14:05	Radio	Dubois	1
2	14:11	Laptop	Di Dio	2
3	14:32	Stove	Miller	1
4	14:38	MP3 Player	Newman	2
5	14:48	Radio	Dubois	3
6	14:55	Refrigerator	Miller	1
7	15:01	Stove	Chevrier	1

#	Customers
1	Chevrier
2	Di Dio
3	Dubois
4	Miller
5	Newman

#	Material
1	MP3 Player
2	Radio
3	Refrigerator
4	Stove
5	Laptop

Row ID	Date/ Time	Material	Customer Name	Quantity
1	845	2	3	1
2	851	5	2	2
3	872	4	4	1
4	878	1	5	2
5	888	2	3	3
6	895	3	4	1
7	901	4	1	1

图 5-12　HANA 压缩数据

其次，将计算逻辑运行到数据的存储层，也称数据库端，就是将逻辑和计算从应用层传输到数据库中，这个过程并不像我们在平常生活使用的存储过程一样。我们在运行数据的过程中，一般情况下是先把数据从数据库中提取出来，再进行处理，最后输入数据库。因为要利用非常多的数据包在数据库与程序之间运输，所以网络的运行速度、延迟、质量等都会影响数据计算的性能。因此，移动计算也是分布式计算中一种非常核心的思想。

HANA 的架构如图 5-13 所示。

通过这个结构图我们可以观察到以下有意思的点。

首先，HANA 将传统化的网上交易数据库查询（OLTP）和数据库管理数据分析系统（OLAP）结合成一种总体，而其中的 MDX 及 Calculation Engine 两大模块用于实现数据库的分析功能，这是一种全新的设计思路。

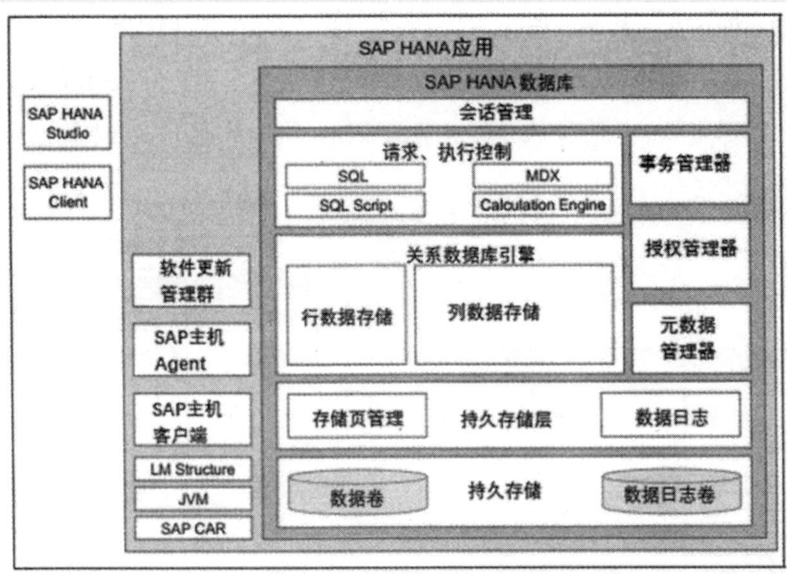

图 5-13　HANA 的架构

其次，HANA 下属的数据库引擎层（Relational Engines）同时具备传统的以行为基础的数据存储模块（RowStore）和创新的以列为基础的数据存储模块（Column Store），这也正是考虑到两种模式都具有各自的优势和劣势：以行为基础的数据存储模块在以往更多地应用于关系型的数据库；以列为基础的数据存储模块则在分析角度更具优势，将这两种存储方式结合起来运用，尤其是存储在内存中的，有利于帮助 HANA 获得更强的综合能力，方便在更多地情景中使用。

最后，HANA 利用分布式集群的方式，可以进一步拓宽规模，为 Oracle 这种类型的传统数据库形成了巨大的挑战。

在硬件方面，不同于 Oracle 的一体机封闭思路，HANA 通过与众多硬件生产企业合作生产出专属的高性能设备。其中，神州数码发布了根据 Power 芯片架构的 HANA；惠普发布了单连接点达 12 TB 存储空间的 HANA 体系；VMware 公布与 SAP 合作，HANA 能够在 VMware 的 vSphere5.5 服务平台上虚拟化技术应用。而且 SAP 各自验证了神州数码、惠普、戴尔、思科、东芝、神钢、LK 和华为手机等 8 家公司的多款 HANA 主机，现阶段世界上已经有 100 多家公司应用 HANA 体系。

5.4.2 Hazelcast

本书前面曾提到，Hazelcast 是 IMDG/IMCG 领域的领军者，与同类软件相比具有以下优势。

- 应用和融合流程简洁，仅有一个 Jar 文件。
- 功能齐全，但主要集中在专注的领域。

开发者友善，给予了十分多方便的分散式信息，适用 MapReduce 实际操作及简洁的 SQL 语言查看 API 接口，而且给予了普遍架构的融合，比如 Tomcat、Spring 等。

总体来说，我们在需要 种分散式的巨大 Map（或 Set、Queue 等）时可以用 Hazelcast。

不仅如此，在 Tomcat 产生集群时，Hazelcast 能够用于达到分散式的 Session 监管。

并且，Hazelcast 的分布式计算框架功能非常强大，它也具备分布式并发的一些日常使用的编程工具（锁、信号量、队列等）。Hazelcast 功能架构如图 5-14 所示。

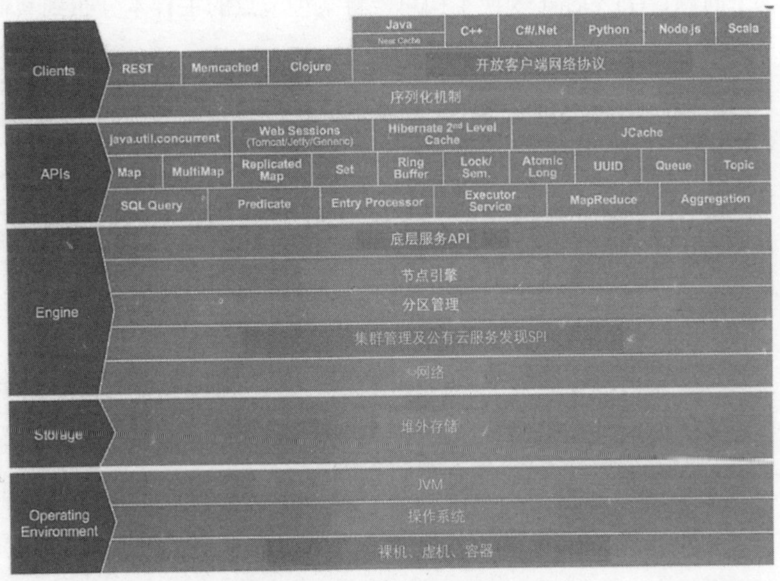

图 5-14 Hazelcast 功能架构

Hazelcast 集群体现的是一种去中心化的设计理念，其中最先启动的节点是 Master 节点，其他进入的节点是 Worker 节点。Hazelcast 在设计层面具有以下优点。

- Partition：存储空间信息系统分区储存，Hazelcast 默认设置一共有 271 个 partition，均匀分布在集群里的连接点之中，集群里的数据同样被分散在每个节点中，get/set 操作时先计算得到 key 所在的 partition，再和与之相关的节点对接，从而实现数据的操作过程。Near cache：是一个本地的二级缓存程序，在 get 时先到本地的 nearcache 中进行寻找，如果没有得到结果，则到与之对应的节点中读取数据，再存储到 nearcache 里。
- Distributed Backups：分散式备份数据连接点主数据，在可拓展的动态分区分布式存储中，无论是 NoSQL 数据库查询、系统文件还是存储空间信息网格化，在集群变动或再次均衡时都会危害互联网中的大传输数据流程。举例来说，假如一种连接点无法常规运作，那么这个节点的数据就需要被重新分配给其他在线的节点，而在这个过程中大规模的网络传输和 CPU 消耗都非常有可能导致严重的操作延时。想要解决这个问题，Hazelcast 变换了构思，将某种节点的主样本分布到其他每个节点中，每个节点都负责保留其他节点的主数据，这种运行机制在一个节点出现问题后，并不需要立刻重新分配，假如增加了一个节点，在集群中也不会马上重新进行分配，因为在这个机制下存在的节点已经处于最优模式，在接下来的操作流程中，Hazelcast 会自动、平滑地转移部分数据到各节点，最终保持数据可以有效且均匀地实现存储。
- Elastic Memory：即弹性存储，简而言之，就是 JVM 在超大内存堆的情景下，出于 GC 的缘故，可能会产生 JVM 中途暂停工作几秒甚至十几秒的情况，进而阻碍程序的响应。弹性存储正是 Hazelcast 通过利用堆外存储（off-heap）进行数据存储以避免 GC 时所产生的程序中断的状况，在堆外存储的状况下，每个节点的主数据及其备份数据统计数据也有可存储的 Nearcache 目标总会在堆外开展储存，即便高频率地更新

TB 级别的内存数据，在 GC 时也不容易产生暂停工作的现象，进而帮助程序拥有可以控制的运行速度和吞吐量。但美中不足的是弹性存储的特性仅局限于企业版，因为在堆外存储时编程的难度较大，技术条件还有待突破。

Hazelcast 堆外存储的工作原理如下：倘若设置每个 JVM 都有 40GB 的堆外存储量，那么 Hazelcast 会创建 40 个 DirectBuffer，而每个 DirectBuffer 都有 1GB 的容积，每个 DirectBuffer 里都被分为默认设置尺寸为 1KB 的 Chunck，比如 3KB 将被储存为 3 个 Chunck，在存储的对象被移除后，这些 Chunck 被归还以便下次使用。但是实际运用中实现的过程比较苛刻，在堆外存储里还包括所必需的索引数据。Hazelcast 的堆外存储系统还应用了 JDK 的 UnsafeAPI，我们可以将 Hazelcast 看作 Java 代码界分布式系统运行内存程序编写领域的某种典型。

Hazelcast 与 Redis 属于不同的开发语言，在本质上是没有利益冲突的，但是两个产品在使用场景上有相似性，因此也存在着一定的竞争关系。

5.4.3 VoltDB

VoltDB 是某种开放源码的特性的运行内存关联型数据源，它有着社群和公司两个型号，它是在 Ingres 和 Postgres 创始人 MikeStonebraker 领导下研发的某种 NewSQL 商品。VoltDB 采用 Shard-nothing 结构，因此既拥有 NoSQL 高效的可扩展性及高吞吐量数据处理能力，又没有摒弃传统关系型数据库中的事务支持特性（ACID）。

VoltDB 采用分区表融合团本表与 Mycat 的全局表概念很相似的方式来应对数据库的水平扩展问题，其中每张表都指定一个字段作为分区字段，然后对分区字段做哈希算法，进而确定某条记录应该被存储在哪个对应的节点上；团本表则是在每个节点上存储相同的所有表统计，一般用于解决多表 JOIN 难题或提高单表查看的特性。VoltDB 的 3 节点集群及系统分区表实例如图 5-15 所示。

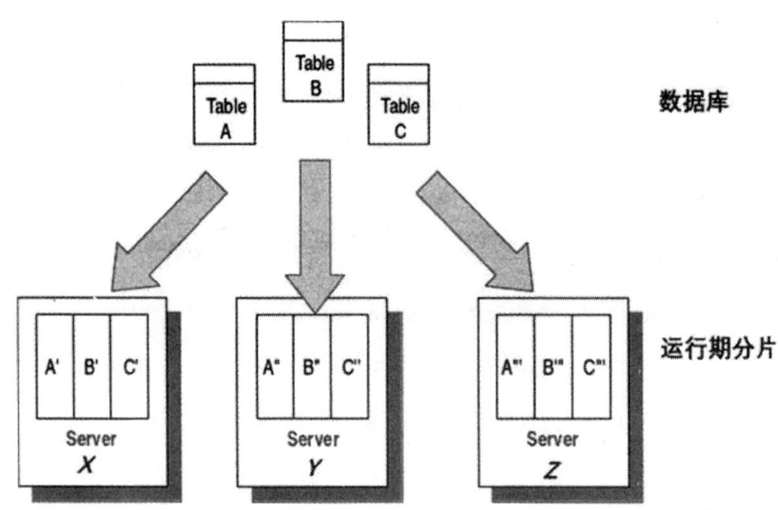

图 5-15 VoltDB 的 3 节点集群及分区表实例

VoltDB 的核心内容是“一切事情都由以 Java 代码进行的预编译 SQL 语句进行，而且全部 SQL 语句在一切网站上全是实例化开展的”，根据这种方法帮着 VoltDB 做到了最大的阻隔级别，而且在这个环节中除掉了锁的应用，能够合理地提高计算速度。在官网的检测结论中，VoltDB 能够被轻松地拓宽到 39 台网络服务器（300 核）、120 个系统分区，每秒处理 160 万复杂事务，VoltDB 的这一概念再度验证了接近统计数据开展计算是十分重要的。

VoltDB 与 MySQL 的检测比较见表 5-1。

表 5-1 VoltDB 与 MySQL 的检测对比

数据库	机器数	数据量/条	复杂 SQL 查询耗时	数据持久化
MySQL	13	13×8000 万=10 亿	30min	有
VoltDB	5	10 亿	10～30s	无（社区版）

从测试最后中能够知道，彼此之间的差别也是非常令人信服的，这也从侧面证实了优秀的运行内存计算数学对数据融合而言非常关键。因此大家想了解，VoltDB 是怎样实现内存数据库的呢？它并不能像 Hazelcast 那般由自身制定完成繁杂的扩展槽，反而挑选应用更灵巧的做法，它的数据库引擎“传承”了 HSQL

这一在 Java 代码界久负盛名的数据库查询，HSQL 与 H2Database 相同，许多情况下作为 mpp 数据库或嵌入的数据库查询。

换一个视角，我们可以将 VoltDB 算作一个以 HSQL 为基本的分块运行内存数据库集群，HSQL 在内存中存储数据时，并没有用到 Java 堆外内存，因此在数据量较大时可能会引发 GC，从而出现运行故障。为了更好地解决这个问题，H2Database 团队开发了一个 Java 代码堆外存储芯片 OffHeapStore，可以将其运用在下一代数据库存储模块 MVStore 中，如果 VoltDB 采用 H2 Database 且启用堆外存储模式，那么在处理更大规模的内存数据时，整体性能可能会表现得更加稳定。

为了更好、更充足合理地发挥多核设备的特性，而又不引进线程同步实行业务的多元性导致运作常见故障，VoltDB 的数据信息分块范围是依照集群核数来区分的。在每台机械设备上将会同时运作多个 VoltDB 网络服务器程序，不同程序对应着一个核，网络服务器程序中间都利用网上实现通信。在单个进程内只使用单线程，所有事务都按顺序执行，假如这种做法可以解决好进程间通信的性能问题，那么确实是很高效的一种并发编程模式。

VoltDB 适用于 OLTP 系统，即单个事务较小但事务总量非常大的应用，例如金融、零售、互联网等应用，而不适合进行范围查询和高频率多表 JOIN 等程序场景。无论怎样，大家都需要认可，VoltDB 确实是传统式关联型数据库查询在面临诸多 NoSQL 商品供给局势时的一个强有力回复，VoltDB 的作者精通关系型数据库，同时十分清楚 NoSQL 的优势所在，因此它灵活地将两者的优点结合起来，并且引入内存计算，打开了 NewSQL 的新的大门。

第 6 章　数据全文检索

如今，人们运用电子信息技术的方法简单有效地获取知识，并且不再为各种科学技术问题发愁，人们可以通过网络获取所需的知识内容。但是如何搜索到人们需要的大量内容以及有效展现出人们需要的核心字节的全部网址，确实是一个有难度的问题。人们在学习生活中运用网络查询所需的内容，多数使用核心字节查询功能。我们要明白核心字节查询的关键，这就需要人们首先明白搜索存在不足之处的关键出现在哪里？人们应该了解在 SQL 搜索的过程（例如 like "%keyword%"运用过程）中，查询过程是没有任何意义的。

可见，网络查询信息的过程是通过 I/O 实现的，几乎等同于线下的书面检索，有很大的弊端；而且在对许多个关键性词汇配比时，例如 like"%keywordl%" and like "%keyword2%"，所有搜寻结构都不是很理想。

输入一个字或者一个词，检索程序会找出含有这个字或者这个词的一段话或者文件。查找关键性词汇实际上是把一些文件里的关键性词汇作为一个单位来生成相应的查询关键字。这实际上也是一种有关关键性词汇和文本的一一对应，在这种一一对应中记载了重要词语的文件编码、次数、频率等重要内容，还包含了重要词语在文本里的地址，这样人们就可以通过这种重要词语得到所需的查找界面。

有效的分词是关键词汇查询文档（Document）的重要一步，对英语来说，想要得到文件中的每个 word 是一件很简单的事，英语句子里的 word 都会用空格自然断开，但是在中文的句子里汉字与词汇是两个不同的定义，这样在中文的词汇分词中就面临一个挑战。例如故宫博物院如何分解呢？是“故宫、博物院”还是“故、宫、博物、院”？我们可以通过把中文里所有词汇与中文的分解方法结合起来解决该问题，这里最有效果的方法就是配合开源 Lucene 和庖丁（PaodingAnalyzer）等，它们都是简单、快捷的办法。

6.1 Lucene 全文检索

Apache Lucene（也称 Lucene）在 Java 开发环境搭建、安装、配置等方面非常厉害。2001 年 Apache 可以支持他人使用、下载、修改，且必须修改并提交之后，继续让他人免费试用。Doug Cutting 作为第一个 Lucene 的功臣，把这项研发应用于信息，按一定的方式组织起来，并根据信息用户的需求查找出有关信息。他也是 V-Twinsearch engine（信息检索系统）的研制人员，他研发这项技术的目的是根据信息用户的需求查找出有关的信息、不仅为大规模的操作任务而服务。

- Lucene Core：第三方开发人员将命名空间用于服务器上运行的解决方案（不同于客户端上运行的解决方案）通过 Java 实现完成，对查找程序的应用程序接口和软件开发工具包有很重要的意义。
- Solr：通过 Lucene Core 研制出了非常快捷有效的、功能全面的查询引擎库，给表述性状态转移提供了将数据和方法放在一起的解决方法及万维网的各种图标显示。

为了对一个文档进行索引，Lucene 提供了 5 个基础类，分别是 Document、Field、Index Writer、Analyzer 和 Directory。首先，Document 用来描述任何待搜索的文档，例如 HTML 页面、电子邮件或文本文件。我们知道，一个文档可能有多个属性，比如一封电子邮件有接收日期、发件人、收件人、邮件主题、邮件内容等属性，每个属性都可以用一个 Field 对象来描述。此外，我们可以把一个 Document 对象想象成数据库中的一条记录，而每个 Field 对象就是这条记录的一个字段。其次，在一个 Document 能被查询之前，我们需要对文档的内容进行分词以找出文档包含的关键字，这部分工作由 Analyzer 对象实现。Analyzer 把分词后的内容交给 IndexWriter 建立索引。IndexWriter 是 Lucene 用来创建索引的核心类之一，用于把每个 Document 对象都加到索引中来，并且把索引对象持久化保存到 Directory 中。Directory 代表了 Lucene 索引的存储位置，目前有两个实现：第 1 个是 FSDirectory，表示在文件系统中存储；第 2 个是 RAMDirectory，表示在内存中存储。

在明白了建立 Lucene 索引所需要的这些类后，我们就可以对任意文档创建索引了。下面给出了对指定文件目录下的所有文本文件建立索引的源码：

```
//索引文件目录
Directory indexDir = FSDirectory.open(Paths.get(nindex-dir"));
Analyzer analyzer = new StandardAnalyzer();
IndexWriterConfig config = new IndexWriterConfig(analyzer);
IndexWriter indexWriter = new IndexWriter(indexDir,config);
//需要被索引的文件目录
String dataDir=".";
File[] dataFiles = new File(dataDir) .listFiles();
long startTime = new Date().getTime();
for(int i = 0; i < dataFiles.length; i++)(
    if (dataFiles[i].isFile() && dataFiles[i].getName() .endsWith(".txt"))(
    System.out.printIn ("Indexing file" +dataFiles[i].getCanonicalPath());
    Reader txtReader = new FileReader(dataFiles[i]);
    Document doc = new Document();
    //我们可以通过我们建立的文档名称直接快速地找到所需要的内容
    doc.add(new StringField("filename", dataFiles[i].getName(),Field.Store.YES));
    doc.add(new TextField("body", txtReader));
    indexWriter.addDocument(doc);
}
)
indexWriter.close();
long endTime = new Date().getTime();
System.out.printIn("It takes "+ (endTime - startTime)
+ "milliseconds to create index for the files in directory "+ dataDir);
```

我们通过将有外语文字的内容（english songs）置于相应的地址，按照一定的要求操作设置完成 Index，一旦操作顺利运行，就能看到下面内容：

```
Indexing file D:\project\leader-study-search\lemon-tree.txt
It takes 337 milliseconds to create index for the files in directory .
```

然后查找重要信息内容，如果想得到所需结构，就要通过 open index，接着找到相应的关键字节，才能得到所要的内容。

下面是对应的源码：

```
//所需的 index file 被打开
```

```
Directory indexDir = FSDirectory.open(Paths.get("index-dir"));
IndexReader reader = DirectoryReader.open(indexDir);
IndexSearcher searcher = new IndexSearcher(reader);
//查询
String querystr = "good";
Analyzer analyzer = new StandardAnalyzer();
QueryParser parser = new QueryParser("body",analyzer);
Query q = parser.parse(querystr);
int hitsPerPage = 10;
TopDocs docs=searcher.search(q, hitsPerPage);
ScoreDoc[] hits = docs.scoreDocs;
//输出查询结果
System.out.printin ("Found " + hits.length + "hits .");
for (int i = 0; i < hits.length; ++i) {
      int docId = hits[i].doc;
      Document d = searcher.doc(docId);
      System.out.println((i + 1) + ". " + d.get("filename"));
}
```

假设需要查询的核心字节正好在该文档里，那么使用这个 code，操控台会出现以下代码：

```
Found 1 hits.
1. lemon-tree.txt
```

人们可以通过以上内容了解 Lucene 的最基础的使用方法，图 6-1 所示为 Lucene 编程流程。

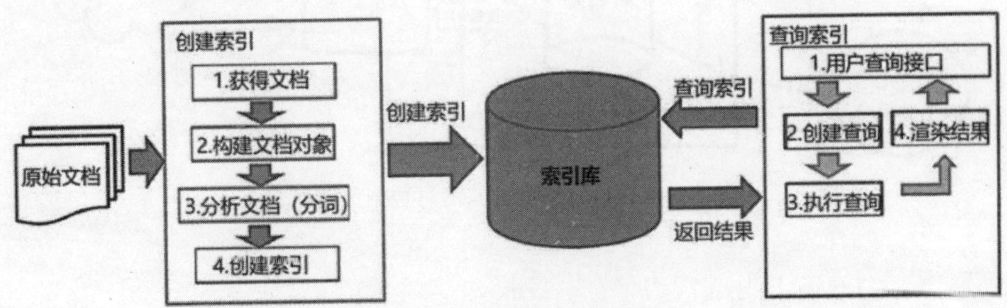

图 6-1　Lucene 编程流程

下面是三个阶段可以完成的 Lucene 进程。

- 建模：根据被索引文档（原始文档）的结构与信息，建模对应的 Document 对象与相关的 Lucene 的索引字段（可以有多个索引），这一步类似于数据库建模。关键点之一是确定原始文档中有哪些信息需要作为 Field 存储到 Document 对象中。通常文档的 ID 或全路径文件名是要保留的（Field.Store.YES），以便检索出结果后让用户查看或下载原始文档。
- 收录：输入特定的编码并检测所有需要查询的内容，为它们找到合适的匹配值，接下来编辑 index，然后将其放置在目标地址里。以上操作过程被看作整体性的书写 date。
- 查询：可以通过 Structured Query Language 输入相关内容文件到目标地址中，在相应的信息中找到有关信息就可以得到文件，以上操作过程与 Structured Query Language 大致相同。

Lucene 还普遍与网络爬虫技术结合，提供基于互联网资源的全文检索功能，比如很多提供商品比价和最优购物的信息类网站，能够网络自动索引，可以得到所有网络售卖中的东西的内容，然后把它们编写到 index 的数据中。图 6-2 所示为计算机网络信息的信息数据量实例表。

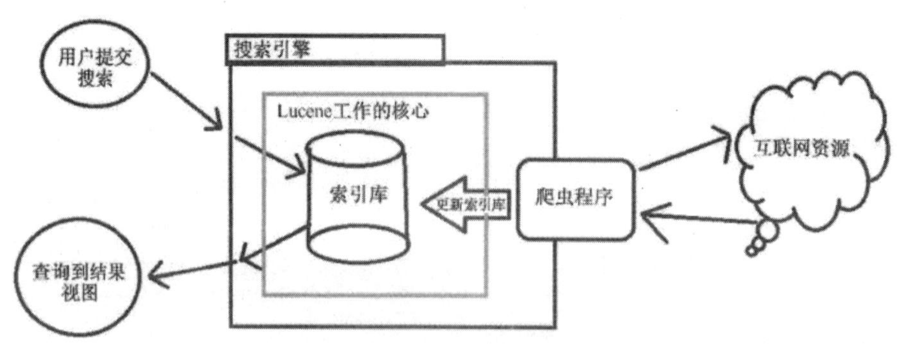

图 6-2 计算机网络信息的信息数据量实例表

6.2 Solr 全文检索

我们通过两个查询工具的操作及意义能发现，全文检索和搜寻的开源程序库类似于数据库管理系统，也是一个关系数据库，可以通过它们找到需要的查询结果。Application Program Interface 并非自主产品，它的性能还不完善，用起来也很烦琐。而且全文检索和搜寻的开源程序库的部署是全面的，所以查询内容时非常烦琐，内容多极易导致计算机的运行问题。使用前面介绍的工具可以解决此类问题。

图 6-3 所示为 Solr 的架构，可以了解到在这个过程中大量公司机构研制出这种操作程序，它具有数量巨大的数据库供使用者进行操作运行，这样可以大大提高运行速度及查询速度；在网络检索的计算机程序上同样增加了相关重要操作程序，这样可以运用以上操作过程提高使用的舒适度。

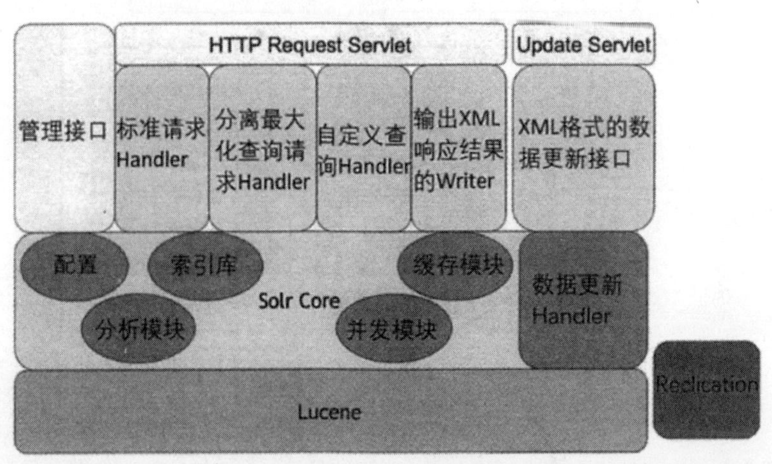

图 6-3　Solr 的架构

Solr 的分布式集群模式也被称为 SolrCloud，这是一种很灵活的分布式索引和检索系统。

SolrCloud 也是一种具有去中心化思想的分布式集群，在集群中并没有特殊的 Master 节点，而是依靠 ZooKeeper 来协调集群。SolrCloud 中一个索引数据（Collection）可以被划分为多个分片（Shard）并存储在不同的节点上（Solr Core 或者 Core），在索引数据分片的同时，SolrCloud 也可以实现分片的复制（Replication）功能以提升集群的可用性。SolrCloud 集群的所有状态信息都被放在 ZooKeeper 中统一维护，客户端在访问 SolrCloud 集群时，首先要向 ZooKeeper

查询索引数据（Collection）所在的 Core 节点的地址列表，然后就可以连接到任意 Core 节点上来完成索引的所有操作（CRUD）了。

图 6-4 说明了在这个操作过程中 index 不再是一个整体，每个变成了三个，并且都需要有三个信息，它们一一命名为不同的名称，具有不同的特性。全部 index 被使用在三台自主的计算机上，如果哪台出现问题，则其他台都正常运行。假设哪台在操作中出现问题，就会使 Solr 和 ZooKeeper 的分布式搜索方案引起再次查找的功能。

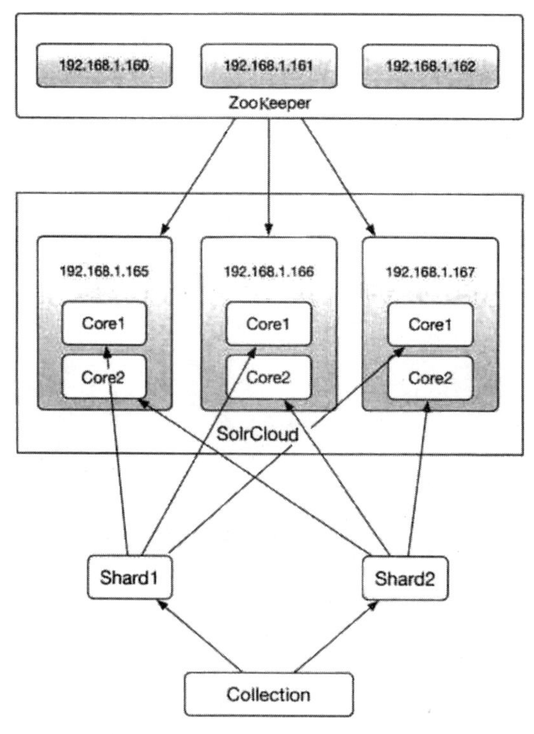

图 6-4　SolrCloud 参考部署方案

图 6-5 给出了答案。Solr 和 ZooKeeper 的分布式搜索方案里，所有事都是通过图中的信息结合的，使用端口能够与每个 index 正常运行，如何能知道 index 的信息是通过什么方式做到同时运行的呢？

- 假设没有对主要的部件建立联系，而是使用计算机存储器，那么这种操作可把 request 传递到索引存储的主要部件的部署位置上。

- 主要部件能够使 date 指定到索引存储的地址路径。
- 假设数据的零散部署是由计算机得出的索引存储为其他索引存储，那么主要部件是能够使 date 传递到它的另一个与之一致的地址路径操作运行的。

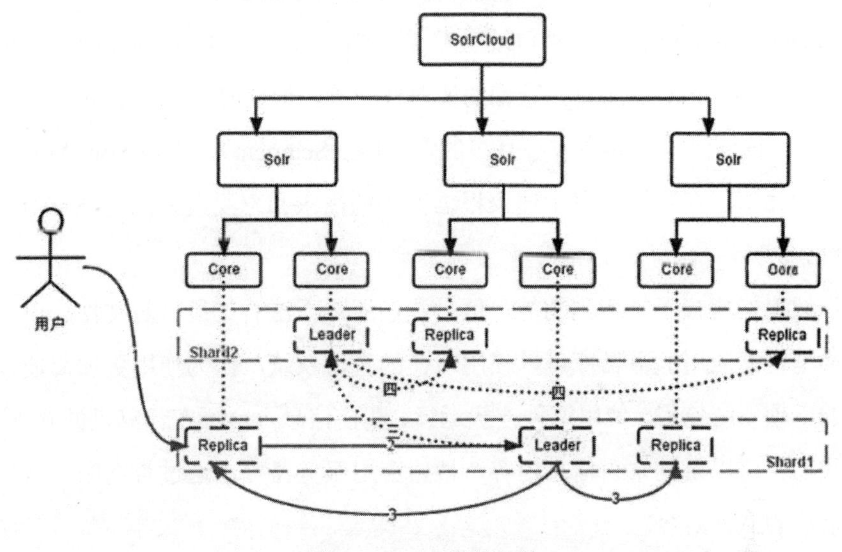

图 6-5　Shard 分片结构

现在，我们面临一个很关键的问题，即 SolrCloud 使用了哪种计算方法运行的 Shard（数据索引）？SolrCloud 想要得到适合的数据，需要以下两方面需求。

（1）把问题分成若干子问题，先求得子问题的解，再把这些解合并，得出母问题的方法是非常有效的一种算法，因为这种计算方法可以经常用于创建 index 的操作中。

（2）基于以上两点，SolrCloud 选择了一致性哈希算法来实现索引分片。

本节最后说说 SolrCloud 所支持的“近实时搜索”这个高级特性。近实时搜索就是在较短的时间内使得新添加的 Document 可见可查，这主要基于 Solr 的 Soft Commit 机制。

前面讲到，Lucene 在创建索引时数据是在提交时被写入磁盘的，这就是 Hard Commit，它确保了即便停电也不会丢失数据，但会增加延时。同时，对于之前已经打开的 Searcher 来说，新加入的 Document 也是不可见的。Solr 为了提供更实时的检索能力，提供了 Soft Commit 的新模式，在这种模式下仅把数据提交到内存，此时并没有将其写入磁盘索引文件中，但索引 Index 可见，Solr 会打开新的 Searcher 从而使新的 Document 可见。同时，Solr 会进行预热缓存及查询以使得缓存的数据也是可见的。为了保证数据最终会被持久化保存到磁盘上，可以每 1～10 分钟自动触发 Hard Commit 而每秒钟自动触发 Soft Commit。Soft Commit 也是一把双刃剑，一方面 Commit 越频繁，查询的实时性越高，但同时增加了 Solr 的负荷，因为 Commit 越频繁，越会生成小且多的索引段（Segment），于是 Solr Merge 的操作会更加频繁。在实际项目中建议根据业务的需求和忍受度来确定 Soft Commit 的频率。

虽然我们运行了搜索到功能，但是我们还是无法看见最后的文件。单一企业公司类型检索应用服务器库可以使用现在的查询系统，作为使用更加简便、运行无误的一项系统使用。使用这种方式运行，即使信息内容不在计算机的软盘 index 下，我们也可以得到索引信息内容，搜索应用服务器可以通过查询服务器让我们看到最后的文件内容。

查询运行的软件同样能够在系统下运行，能够先将具有联系的缓存内容输入它的路径中，这样可以让使用者早期检索内容时规避错误，可以不通过其他操作得到之前的 date。

如果想让信息内容一直存储在计算机中不丢失，需要 1～10min 让软盘和硬盘自主运行。但是这样做有利有弊，其一就是操作的次数太多，搜索结果不及时；其二增大了搜索应用服务器的工作量。如果操作次数增加，就会出现 index 的各种分段，这样其他运行也会增加。

软硬件的使用次数是通过真正的操作过程和计算机运行情况来判断的。

6.3 ElasticSearch 全文检索

第 6 章提到的检索不是 ASF 公司研发的，这项技术和单一企业级搜索应用服务器是用于全文检索和搜寻的开源程序库基础上的部署 index server。

ElasticSearch（ES）全文检索是在单一企业级搜索应用服务器之后研发的，然而就现在的情况来说，该软件的使用程度和应用范围早已首屈一指。我们了解到 note 的数据检索中，ElasticSearch 是准则。实际上，ELK Stack 不是操作系统，而是一种解决对策。

前面提到的三种全部为最初的操作数据，被用来运行，现在由一家软件开发公司使用，所以叫作 ELK Stack。

谷歌也有关于该软件的相关内容，被使用者大量下载，现在是全球使用率第一的软件操作系统。ElasticSearch 全文检索能够被大众接受并喜爱，ELK Stack 起到很大的作用。

我们知道，每天需要记录的内容在全部分散部署里应该被查询。解决问题方法论是对多过五个点的称谓。这样我们应该了解与记录每天的信息相比，能够使用信息查询是多么重要。

人们没有使用 ElasticSearch 时，每次操作都需要打开所有计算机，检查每天记录的数据信息，还要汇总全部的重要信息，找出问题所在，即出现问题的可能性。重复这种操作虽然简单，但需要很多时间和人工，在操作中要对所有信息内容检验查处，所以这项看似简单的工作实在伤神。

图 6-6 是 ELK Stack 的一个架构组成图。Logstash 是一个有实时管道能力的数据收集引擎，用来收集日志数据并且作为索引数据写入 ES 集群中，我们也可以开发自定义的日志采集探头并按照 ELK 的日志索引格式写入 ES 集群中；Kibana 则为 ES 提供了数据分析及数据可视化的 Web 平台，它可以在 ES 的索引中查找数据并生成各种维度的表图。

图 6-6　ELK Stack 的架构

ELK Stack 使用不复杂的一种 ELK Stack 软件架构风格用作避开 Lucene 的操作，这样就可以使网络文本信息的查询快速容易，同时可以在同一时间段查询、检测数据。以下是人们对它的总结。

- 分布式的实时分析搜索引擎，包括所有需要查询的文本内容。
- 性能达到了数以百计的服务器计算机，用来解决计算机遇到的信息问题。

在 ES 中增加了 Type 这个概念，如果我们把 Index 类比为 Database，Type 就相当于 Table，但这个比喻不是很恰当，因为我们知道不同 Table 的结构完全不同，而一个 Index 中所有 Document 的结构是高度一致的。ES 中的 Type 其实是 Document 中的一个特殊字段，用来在查询时过滤不同的 Document，比如我们在做一个 B2C 的电商平台时，需要对每个店铺的商品进行索引，则可以用 Type 区分不同的商铺。实际上，Type 的使用场景非常少，这是我们需要注意的。

与 SolrCloud 一样，ES 也是分布式系统，但 ES 并没有采用 ZooKeeper 作为集群的协调者，而是自己实现了一套被称为 Zen Discovery 的模块，该模块主要负责集群中节点的自动发现和 Master 节点的选举。Master 节点维护集群的全局状态，比如节点加入和离开时进行 Shard 的重新分配，集群的节点之间则使用 P2P 的方式进行直接通信，不存在单点故障的问题。ES 不使用 ZooKeeper 的一个好处是系统部署和运维更加简单了，坏处是可能出现所谓的脑裂问题。要预防脑裂问题，我们需要重视的一个参数是 discovery.zen.minimum_master_nodes，它决定了在选举 Master 节点的过程中需要有多少个节点通信，一个基本原则是这里需要设置成 $N/2+1$，N 是集群中节点的数量。例如在一个三节点的集群中，minimum_master_nodes 应该被设为 3/2 + 1 = 2（四舍五入），当两个节点的通信失败时，节点 1 会失去它的主状态，同时节点 2 不会被选举为 Master 节点，没有一个节点会接收索引或搜索的请求，没有一个分片会处于不一致状态。ES 在 Zen Discovery 算法上做了不少改进以解决脑裂问题，GitHub 上关于脑裂的 Issue 后来在 2014 年被关闭了。相关说明如下：

2. Zen Discovery

Pinging after master loss (no local elects)

Fixes the split brain issue: #2488

Batching join requests

More resilient joining process (wait on a publish from master)

ElasticSearch 不同于分布式搜索的是其具有很多种类型。

- Master 节点。Master 节点具备调节全部操作的能力。其可以作为重要的点是因为可以操纵全部运行。
- Data 节点。Data 节点能够记录所有 index 内容以运行，类似于查询信息、检验数据等。
- Load balance 节点。Load balance 节点仅可以解决网络、检索等运行上的问题。可以看出这与 Load balancer 如出一辙。它在操作运行的过程中也总是用到，可以通过反馈的信息做出相应的操作。
- Tribe 节点。Tribe 节点可以看作特殊的负载平衡点，用来接触许多移动通信系统，全部的移动通信系统需要操作该查询功能。
- Ingest 节点。Ingest 节点是 ES5.0 设置的近期类型，它在程度上与 ElasticSearch 相比降低了需要记录文本内容的困难。

图 6-7 所示是 ELK 部署方案，人们了解到 OPPLE 好像使用了该项操作，避免了很大麻烦。

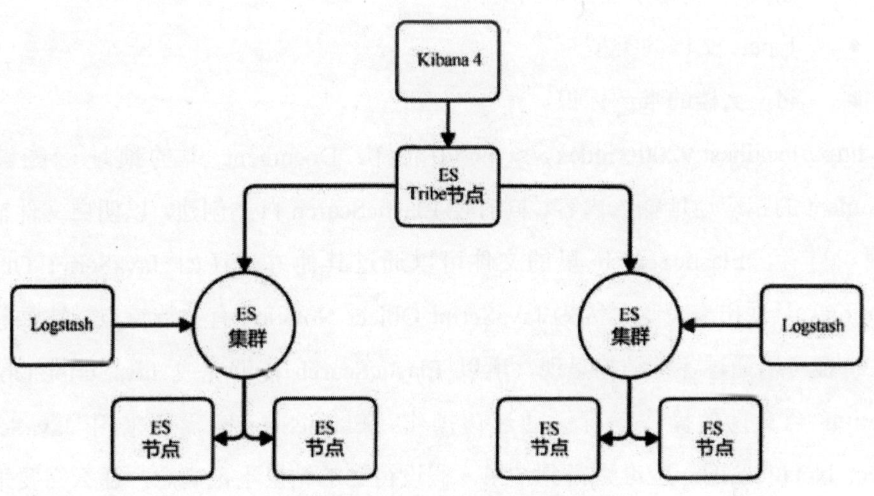

图 6-7　ELK 部署方案

综上所述，可以通过动手实践和记录更加充分地弄清楚 Application Program Interface 的操作流程及意义。在浏览器中能够下载一些关于 ElasticSearch 的使用内容，在网页上输入 http://localhost:9200，可以得到以下内容，从中可以看出环境是安全的，可以操作。


```
{
    "name":"Y8 klCx",
    "cluster_name":"elasticsearch",
    "cluster_uuid":"X3tm04iXSKa81_ADWfNh_q",
    "version": {
        "number":"5.3.0 ",
        "build_hash":"3adbl3b",
        "build_date":"2017-03-23T03:31:50.652Z",
        "build_snapshot": false ,
        "lucene_version":"6.4.1"
    },
    "tagline":"we get thepoint , for index"
}
```


通过 ElasticSearch 能够简单地把文件输入 index 里进行操作检索运行，想要掌握 Application Program Interface 技术，就要先弄明白 ElasticSearch 里的文件有哪几个组成部分。

- _index：文档所在的索引。
- _type：文档的类型。
- _id：文档的唯一标识。

http://localhost:9200/<index>/<type>/[<id>]。Document 中的地址，能够在 Document 的相应地址输入内容，同时使 ElasticSearch 自主创建，以明白文件输入规则。再者，ElasticSearch 里的文件可以通过其他方式（如 JavaScript Object Notation）呈现出来，这是因为 JavaScript Object Notation 有独特特点，比如它的一些特征可以通过各种结构呈现，所以 ElasticSearch 能够完成 JavaScript Object Notation 至文件的操作运行，通过该操作，ElasticSearch 需要采用 JavaScript Object Notation 的一些准则得到结果，假设得到的结果不甚满意，那么需要采用其他方法。

自 5.0 版本以后，ElasticSearch 公司创建了 Application Program Interface，此任务的优势在于不存在 ES 和文本查找时出现的问题，在使用起来感觉不是很烦琐，并且加入了新的理念（如 HyperText Transfer Protocol），也就是超文本传输协议和嗅探器可以找到系统中的关键信息，查询数字用户线也包含其中，在上面提到的内容里能够运行时间文件。

```
<dependency>
    <groupId>org.elasticsearch.client</groupId>
    <artifactId>sniffer</artifactId>
    <version>5.3.0</version>
</dependency>
```

以下信息说明了得到的结果是正常运行的，就好像是在浏览器中输入查找内容 http://localhost: 9200/_cluster/health：

```
RestClient client = RestClient.builder(new HttpHost("localhost", 9200)).build();
Response response = client.performRequest(
    "GET", "/_cluster/health",Collections.singletonMap("pretty","true"));
    HttpEntity entity = response.getEntity();
    System.out.println(EntityUtils.toString(entity));
```

从操作的结果可以得出以下信息，关键性数据是 status，也就是说信息绿色，说明这个程度的操作环境是正常的：

```
{
    "cluster_name" : "elasticsearch",
    "status" : "green",
    "timed_out" : false,
    "number_of_nodes" : 1,
    "number_of_data_nodes" : 1,
    "active_primary_shards":0,
    "active_shards":0,
    "relocating_shards":0,
    "initializing_shards": 0,
    "unassigned_shards" : 0,
    "delayed_unassigned_shards" : 0,
    "number_of_pending_tasks": 0,
    "number_of_in_flight_fetch": 0,
    "task_max_waiting_in_queue_millis" : 0,
```

```
    "active_shards_percent_as_number" : 100.0
}
```

下面可以在博客的索引里插入一个文件，文件中的术语为博客，地址是 1。下面是 Document 的 JSON 内容：

```
{
    "user" : "Leader us",
    "post_date" : "2017-12-12",
    "message" : "Mycat 2.0 is coming!"
}
```

对应的代码如下：

```
//index a document
String docJson= "{\n" +
    "\"user\" : \"Leader us\",\n" +
    "\"post_date\" : \"2017-12-12\", \n" +
    "\"message\" : \"Mycat 2.0 is coming! \"\n" +
    "}";
System.out.printIn(docJson);
entity = new NStringEntity(docJson, ContentType.APPLICATION_JSON);
Response indexResponse = client.performRequest("PUT","/blogs/blog/1",
Collections.singletonMap("pretty", "true"), entity);
System.out.printin(EntityUtils.toString(indexResponse.getEntity()));
```

使用以上代码，人们可以通过 ES 插入一个 Index document，操控台即可显示以下内容：

```
{
    "_index": "blogs",
    "_type":"blog",
    "_id": "1",
    "_version" : 1,
    "result":"created",
    "_shards":{
        "total":2,
        "successful":1,
        "failed":0
    },
    "created":true
}
```

假设再次操作数据信息，那么得到的结果是逐渐递增的，这就是文件数据更新的结果，这样版本也增加了。可以通过以下数据信息增加 100 个文件的检验，现在打开网络，输入搜索内容：

http://localhost:9200/blogs/blog/_search?pretty=true

会出现下面查询信息：

```
{
    "took" : 14,
    "timed_out" : false,
    "_shards" : {
        "total" : 5,
        "successful" : 5,
        "failed" : 0
    },
    "hits" : {
        "total" : 100,
        "max_score" : 1.0,
        "hits":[
    {
        "_index": "blogs",
        "_type" : "blog",
        "_id" : "19",
        "_score" : 1.0,
        "_source" : {
            "user" : "Leader us",
            "post_date" : "2036-12-12",
            "message" : "MyAllice19 is coming!"
        }
    },
    {
    "_index": "blogs",
    "_type": "blog",
    "_id" : "22",
    "_score" : 1.0,
    "_source" : {
        "user" : "Leader us",
        "post_date" : "2039-12-12",
        "message" : "Mybear22 is coming!"
    }
}
```

根据上述信息，我们得知 blogs 这个 Index 的分片数量为 5 个，hits 部分为匹配查询条件的 Document 列表，总共有 100 个符合条件的文档，_source 部分为我们录入的原始 Document 的信息。如果查询某个特定 Document 的内容，则只要在 URL 中指定文档的 ID 即可，比如 http://localhost:9200/blogs/blog/10。

假设要在计算机中搜索一些有关内容，如何操作？

```
{
    "query": {
        "query_string": {
        "query": "mycat"
        }
    }
}
```

现在需要把数字用户线路看成存储和交换文本信息的语法，传递给 index 的连接就可以了，以下是操作流程：

```
//search document
String dsl= "{ \"query\" : {"+
            "\"query_string\": {"+
            "\"query\": \"mycat\""+
        "}}}";
System.out.println(dsl);
HttpEntity entity = new NStringEntity(dsl,ContentType.APPLICATION_JSON);
Response response =client.performRequest("POST", "/blogs/blog/_search",
Collections.singletonMap ("pretty", "true"), entity);
System.out.println(EntityUtils.toString(response.getEntity()));
```

现在针对 Query DSL 涉及的关于语法方面的内容做进一步探讨，例如搜索结果中一个字或多个字突出显示，以便向用户展示匹配关键字等。

第 7 章　消息队列中间件

7.1　消息队列

消息队列（Message Queue）其实是一个古老的计算机术语，UNIX 进程间的通信就用到了消息队列技术：一个进程把数据写入某个特定的队列中，其他进程可以读取队列中的数据，从而实现异步通信能力。我们在后面提到的“消息队列”通常指独立的消息队列中间件。不管是最早的进程间通信的消息队列还是独立的消息队列中间件，它们相对于 RPC 通信来说都有以下明显优势。

- 计算机进度、部分信息的契合度大大降低。
- 信息、问题、意图的规范性和信息是否能够重现之前状态的特征。
- 异步通信能力。
- 缓冲能力。

上面说到的优点在这里不过多重复说明，但是需要对接下来的几点加以说明。第一点不同时的信息沟通性质，可以看出 Remote Procedure Call Protocol 实际为步调一致的操作运行。说明以上操作过程都需要在 Remote Procedure Call Protocol 模式结束后运行下面的操作，这对操作任务的不利因素和网络上的信息来说的确是不可预计的难题。数据的这种先天优势在 Remote Procedure Call Protocol 身上得到了充分的补充，但是非同时的信息交流同样会出现操作系统等问题，就要求研发人员将目前的部署型与 Remote Procedure Call Protocol 有效结合，规避了出现的不利因素，大家熟知的事件是云端运算软件。图 7-1 所示的 NOVA 模块设计流程就是通过上面的操作完成的，这种操作同样适用于剩下数据的分类。

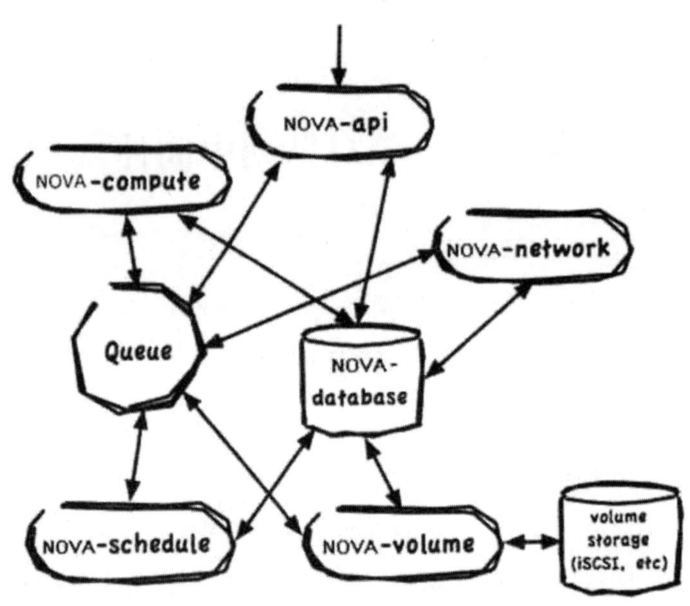

图 7-1 NOVA 模块设计流程

缓冲能力是消息队列的另一种重要且独特的能力。由于消息队列的容量可以设置得很大，如果用磁盘存储消息，则几乎等于“无限”容量，这样高峰期的消息就被积压，在随后的时间内平滑处理完成，而不至于让系统无法承载并导致崩溃。在电商网站的秒杀抢购这种突发性流量很强的业务场景中，消息队列的强大缓冲能力可以很好地起到“抵抗洪峰”的作用。

图 7-2 显现的就是抢购物品操作流程示例，这种操作的重要之处就是软件数据里面具备了 MQ 程序，它就像超级的缓存区域，先缓存大量并发请求，并且基本保持了请求的先后顺序，后端服务（可以为多台机器）再慢慢处理队列中的秒杀消息，并把抢购成功的请求保存在数据库中备查。天猫旗舰店里的许多商品同样适用 MQ 程序的理念。

由于数据在分散部署的情况下和特性等因素起到了举足轻重的作用，因此基本上人们熟知的电子购物 App（唯品会、亚马逊、拼多多等）用到了具有以上部件的构成。因为上述提到的问题早已成为电子商城的重要操作，使用日益广泛，所以促成了更多的数据研发使用，但是最近研发的一项查询使用率快速升高，使得很多大型电子购物网站的纷纷采用。

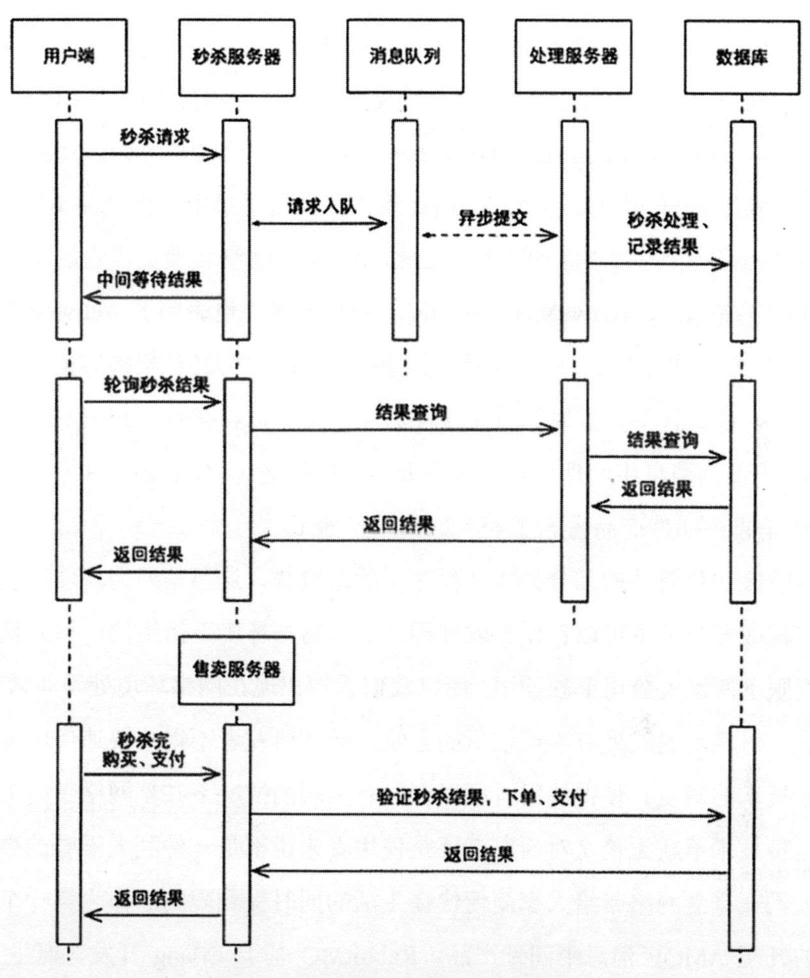

图 7-2 抢购物品操作流程示例

现在网络平台的关于数据的部分区域根据使用时间和使用的感受反馈两个角度衡量，最后得出结论（新旧交替的结果）。

最初的信息数据部分区域为技术架构的结果，注重机构的实施意义，如数据信息的长期记载和对技术的采用需采用一定的准则。以上内容都是信息区域的一起操作的结果。

随着 J2EE 时代的远去，大部分商业版的消息中间件都已经“宣告死亡”，开源领域“存活”下来的只有少量几个，其中最著名的有 Apache 的 ActiveMQ 与竞争对手 JBoss 的 HometQ。后来 JBoss 放弃了继续独立开发 HometQ 的念头，于

2015年前后将HometQ的源码贡献给了ActiveMQ 项目组，Apache与JBoss这两个冤家对头终于第一次握手言和，携手研发下一代Java消息中间件项目ActiveMQ Artemis。在2016年正式发布的JBoss EAP7企业版里已经用ActiveMQArtemis代替了EAP6里的HometQ，同时RedHat旗下的最新消息中间件产品JBoss A-MQ也是以ActiveMQ为核心而构建的。至此，ActiveMQ终于奠定了它的第一代消息中间件的王者地位，ActiveMQ Artemis子项目的成立也表明了ActiveMQ会继续在Java/J2EE领域发挥不可代替的作用。虽然当前基于J2EE架构的企业软件越来越少了，但依然有不少重要的商业软件仍然采用了企业级的J2EE架构。在J2EE架构中，传统的消息中间件仍然是很重要的中间件之一，Gartner的报告指出，2016年IBM消息中间件产品占据了66%的市场份额。

该阶段的数据结构部分为软件程序下的附属物，这也是因为软件阶段，数据的一些构成部分基本可以看作在软件程序的编写与环境下衍生的，另外这种平台早已仅限于两家大公司单独使用，所以我们看得出现在网络环境处于非常“变态”的状况，对将来的发展有不可估量的影响，促使研发者不得不快速作出反应，以促使新技术的研发。使得使用者可以在没有限制的情况下共享网络带给大家的利益，这种技术革新无论是对研发者还是使用者来说都是一件利大于弊的事情，不再让人们在享受网络带给大家简便快捷生活的同时受到限制。作为第一个也是最知名的开源AMQP消息中间件产品，RabbitMQ基于Erlang开发，诞生于2007年，十年之后，已经发展成为最流行的开源消息中间件产品，全球各地的生产部署案例已经超过35000个！Advanced Message Queuing Protocol的案例同样对软件产生了深远的意义，如Advanced Message Queuing Protocol特别研发了关于Advanced Message Queuing Protocol的任务，具备了涵盖软件的服务器，2013年Advanced Message Queuing Protocol也研发了最适用于当前的产物。

第三代消息中间件是互联网时代的产物，它们在设计思路上大胆采用了新一代的分布式系统设计理念，比如一开始就面向分布式，并且采用ZooKeeper实现去中心化的集群管理。

第三代消息中间件以Linkedln开源的Kafka为代表，Kafka使用Scala编写，也属于 Java 领域的开源软件。Kafka 由于其良好的水平扩展能力及高性能（高吞吐率）被广泛应用，常常被作为多种类型的数据管道和消息系统。当前越来越多的重量级开源分布式处理系统如 Cloudera、Storm、Spark 都支持与 Kafka 集成。由于 Kafka 优势突出，国内多家公司都先后用 Java 语言“高仿”Kafka，其中搜狐的开源项目叫作 Jaflca；阿里巴巴则放弃了之前基于 MySQL 存储的消息中间件 Notify，开发了被称为阿里巴巴的第三代分布式消息中间件的 RocketMQ，RocketMQ 在阿里巴巴集团内被广泛应用在订单、交易、充值、流计算、消息推送、日志流式处理、binglog 分发等场景中。RocketMQ 于 2012 年开源，于 2016 年被捐献给了 Apache，阿里巴巴内部则继续发展 RocketMQ 的闭源版本，实现了在阿里云平台上收费的消息中间件产品，在收费的产品中增加了诸如发送者事务、消息轨迹等高级功能。

以 Kafka 为代表的第三代消息中间件的诞生和迅猛发展，不仅意味着消息中间件并没有停止发展，还意味着新一代消息中间件在新兴物联网和大数据领域会发挥越来越大的作用。接下来一一介绍三代消息中间件中的典型产品。

7.2 需要消息队列的原因

随着网络基础设施的逐步成熟，从 RPC 进化到 Web Service，并在业界开始普遍推行 SOA，再到后来的 RESTful 平台以及云计算中的 PaaS 与 SaaS 概念的推广，分布式架构在企业应用中开始呈现出井喷的趋势。开发的分布式系统具有高复杂性和不可控性，在分布式架构中要尽可能地重用分布式服务组件，以解除客户端与服务端的耦合，驻留在不同进程空间的分布式组件会引入额外的复杂度，并可能对系统的效率、可靠性、可预测性等诸多方面带来负面的影响。因此一方面设计者需要审慎地对待分布式调用，另一方面设计者也要正确审视分布式系统自身存在的缺陷。也许分布式调用的第一原则就是不要分布式，然而不可否认的是，在企业应用系统中很难寻找到完全不需要分布式调用的场景，我们总是会面对不同系统之间的通信、集成与整合，尤其当面临异构系统时，这种分布式的调用与通信变得更加重要。这就是问题之一，如果在项目中已经引入分布式或者系统本身已经是一个分布式架构，那需要接入消息队列系统来减轻系统服务器的压力。在分布式系统的高并发环境下，部分请求由于来不及同步处理，请求往往会发生堵塞，比如大量的 insert、update 之类的请求同时到达数据库系统，直接导致无数的行锁和表锁，甚至最后请求会堆积过多，从而触发 too many connections 错误。通过使用消息队列，我们不但可以解耦应用，同时可以异步处理请求，进行流量削峰，从而缓解系统的压力。

这就是问题之一，如果在项目中已经引入分布式或者系统本身已经是一个分布式架构，那么需要接入消息队列系统来减轻系统服务器的压力。这样看来，如果部署的程序以分散式的情况运行，有的操作需要并没有在规定时间里得到解决，那么会引发系统崩溃，此时许多查询及更新在一致的点一起聚集在网络中，会使网络瘫痪，无法正常运行，以致出现太多连接问题。但是采取 MQ 查询后，一是能够顺畅运行，二是能够同时处理不同情况的问题，从而解决了同一时间问题的堆积，以解决计算机负重运行问题。

7.2.1 异步处理

在系统中经常需要发送邮件和短信，与用户进行交互，以保证系统的关键操作安全。比如用户注册后，需要发送注册邮件和注册短信，发送的方式有串行、并行和引入消息队列。

（1）串行方式（图 7-3）。把数据记载到指定地址传递 E-mail，这三项内容都操作结束时可以反馈到使用者。但是出现一个事情就是 E-mail、信息都不是一定的，这些仅仅为 note，所以此类操作需要使用者的时间消耗是完全无用的。

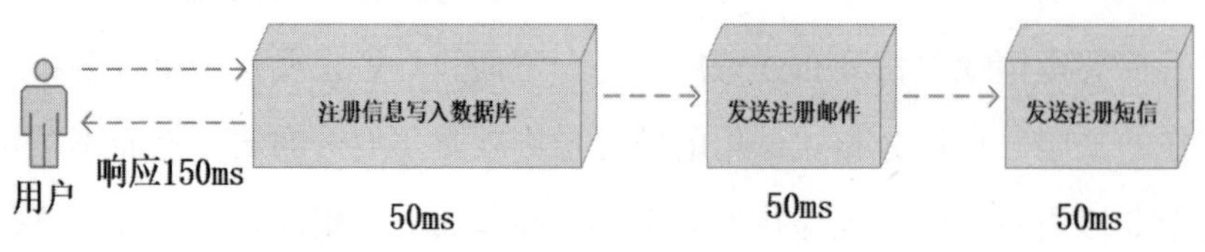

图 7-3 串行方式

（2）并行方式（图 7-4）。把数据记载到指定地址，传递 E-mail，这三项内容都操作结束时可以反馈到使用者，同时可以加快运行速度。

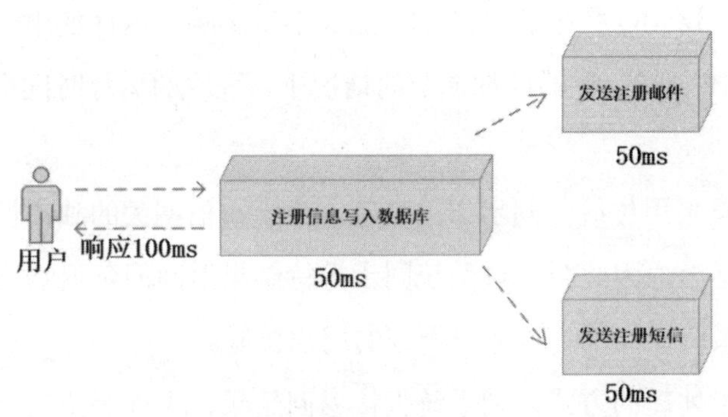

图 7-4　并行方式

假设三个业务节点，每个使用 50ms，不考虑网络等其他开销，则串行方式的时间是 150ms，并行的时间可能是 100ms。因为 CPU 在单位时间内处理的请求数是一定的，假设 CPU 1s 内吞吐量是 100 次，则串行方式 1s 内 CPU 可处理的请求量是 7 次（1000/150），并行方式处理的请求量是 10 次（1000/100）。虽然并行已经缩短处理时间，但是邮件和短信对用户正常地使用网站没有任何影响，客户端没有必要等着其发送完成再显示注册成功，应该写入数据库后就返回。如以上案例描述，传统的方式系统的性能（并发量、吞吐量、响应时间）会有瓶颈。如何解决这个问题呢？

（3）引入消息队列（图 7-5）。引入消息队列，将不是必须的业务逻辑异步处理。

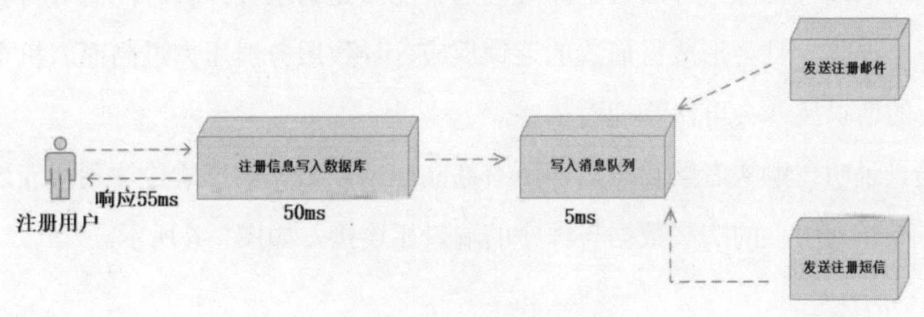

图 7-5　引入消息队列

通过图 7-5 所示的标准，使用者的反馈可以看出是数据记载到相应地址的点，为 50ms。申请 E-mail、发送 E-mail 等能够记载到 MQ 终点，然后以相同方式重复一遍，所以记载 MQ 数据的时间短，能够不受影响，这样使用者的反馈点基本为 50ms。但是在一些运行的部件调节的情况下，程序的运行时间会增加，比之前全部多出三倍。

图 7-5 如果采用传统的同步方式处理，由于短信网关的独占性和邮箱发送服务具有高网络延迟，因此会导致系统同步等待结果返回而延迟响应，用户会超长等待，表现为系统性能不足，造成极差的用户体验。

若采用异步处理的方式，则系统直接返回结果，无须等待短信和邮件抵达，其响应时间只是本服务处理的时间，系统表现出优异的性能。但是开发人员需要处理线程间的通信问题，这造成了额外开发的负担。使用 MQ 发送 E-mail、message 等操作很久不作为研制参与者的首要工作任务了，随之使用者的回馈相当于编辑信息、编辑 MQ 所需的时间（这些是不需要记载），使用 MQ 的操作运行手段，可以看到反馈时间都是不同的。

7.2.2 应用解耦

在高并发的场景（如平台举办某种促销活动）下，会导致在极短的时间内产生海量订单，订单交易是一个原子事务，要求用户下单、付款、库存出库、系统结算等业务形成一个事务执行，在数据库中表现为一系列 SQL 指令，运行的操作过程为用户购买商品时运行程序的一种联系手段，这种做法在高并发的情况下势必造成请求线程暴涨，导致数据库线程池不能满足请求数，长时间的等待会因超时而下单失败，且会形成雪崩式的连锁反应，导致服务器压力过高而宕机重启，重启后的请求风暴会再次蜂拥而至。

场景说明：购买者购物之后，所有商品应该以数据的形式传达到相应地址。一般的操作为用户的购买数据与程序的端口相连接，如图 7-6 所示。

图 7-6　用户购买操作流程

如何解决以上问题呢？引入消息队列后的流程如图 7-7 所示。

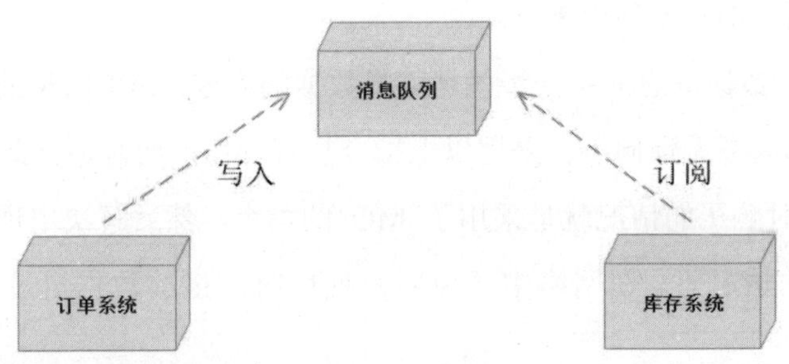

图 7-7　引入消息队列后的流程

使用者购买商品，购买信息的数据就同时操作运行了，过程把数据编辑到 MQ 中，然后就可以收到购买者的购买信息了。数据程序能够依照用户购买的数据判断运行操作的操控。一旦购买者在购买过程中遇到问题而不能正常操作，就按照上面的要求，不会损毁购买者的利益。这种系列操作就是完整的购买下单流程。

7.2.3　流量削峰

流量削峰一般广泛应用在平台秒杀活动（图 7-8）中。秒杀活动一般会因为流量过大，导致应用服务器宕机。为了解决这个问题，一般在应用前端加入消息队列。消息队列以极快的方式顺序串行化存储抵达的订单消息，并对所有订单进行持久化化处理，以保证“先来先服务”。我们可以通过调节 MQ 协调网络用户的操作，多出规定范围的数据全部废除。

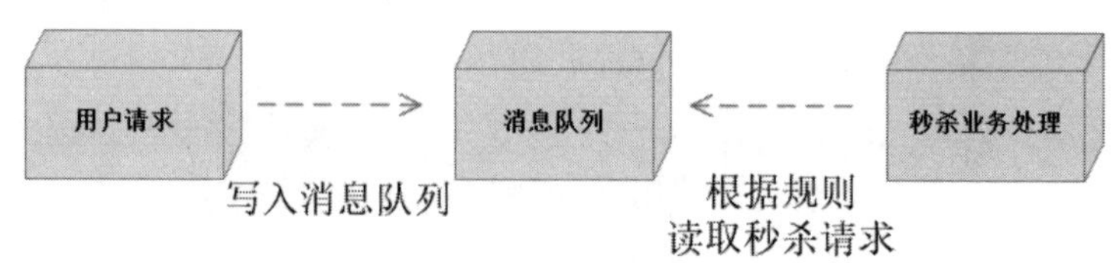

图 7-8 秒杀活动示意

运行 MQ 程序时能够使同一时间内的检索任务得到缓冲，不会产生宕机的状况，以下面两种形式展现出来：

（1）收到数据信息的第一步就是编辑数据的内容，如果信息的内容远超过规定的数值，那么毫无疑问不再采用以上指令执行操作，而是避开此操作范围。

（2）限时购买的情况就是采用了 MQ 的指令，然后解决出现的问题。通常在限时购买的情况下，在网络中避免同时使用时产生的数据量过大而造成网络崩溃。

7.2.4 日志处理

数据信息的运行操作为把数据输入信息数据中使用，使用 MQ 程序可以处理许多数据信息操作运行的事件。日志处理的架构如图 7-9 所示。

图 7-9 日志处理的架构

- 信息记载于使用地址，目的是输入记载信息，按照一定规则编辑 MQ。
- 一些 MQ 数据的排列的作用是采用、记载和传达信息。
- 日志处理应用：预约和购买文本里的相关信息内容。

图 7-10 所示为相关数据信息的实施操作方案示例。

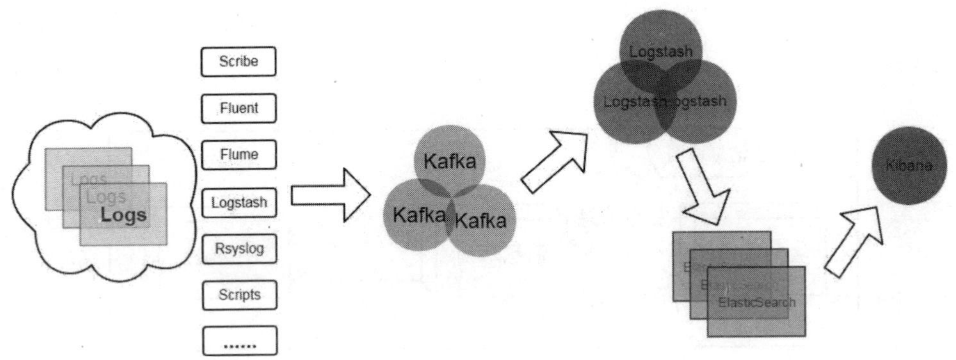

图 7-10　相关数据信息的实施操作方案示例

（1）Kafka：接收用户日志的消息队列。

（2）Logstash：研究文本信息，作为整体 JavaScript Object Notation 传递到 ES。

（3）ElasticSearch：实时日志分析服务的核心技术，一个 schemaless，实时的数据存储服务，通过 index 组织数据，兼具强大的搜索和统计功能。

（4）Kibana：通过 ES 的信息能够接受影像功能，可见接受影像功能的特殊性质对大部分的机构来说都采用了 ElasticSearch、Logstash 的关键因素。

7.2.5　消息通信对

数据传递为，数据通常在其里面建立了有实用性的信息交流方式，所以能够通过这种操作达到实时的有效性信息交流沟通，还有就是 MSN 等点对点通信（图 7-11）。

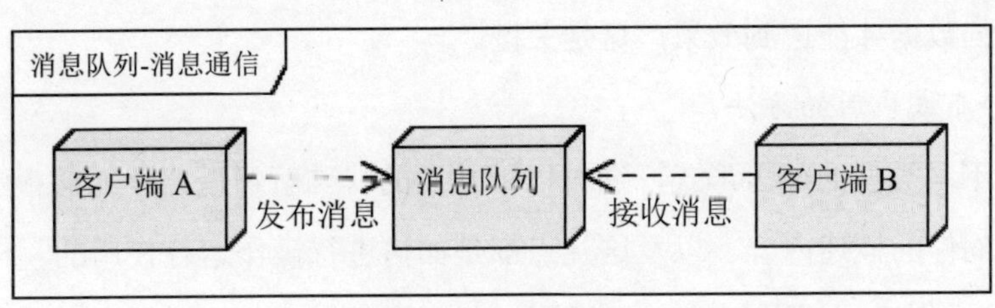

图 7-11　点对点通信

客户端 A 与客户端 B 在相同的地址开启数据的交流传达。聊天室通信如图 7-12 所示。

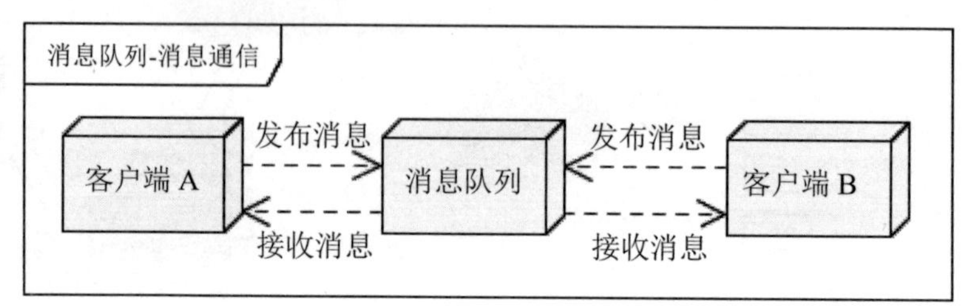

图 7-12 聊天室通信

客户端 A 与客户端 B、客户端 *N* 购买一致的内容，开启数据的操作。达到 MSN 等交流方式。前面提到的内容为数据的运行工程，也就是一一对应的方式。

7.3 消息队列技术的介绍和原理

MQ 数据信息可以看作部分区域程序的交流数据的方法。MQ 数据能够存储到计算机的各对应地址中，数据会在运行操作的过程里识别。使用了数据，计算机就能够自主运行，并且没有必要了解其他地址，同时没有必要通过运行数据得到想要的结果。

7.3.1 消息中间件概述

在部分语言的数据运行操作过程里，如果能实现不统一的操作，则研制人员只能在不同情况下采用实用的交流方法。如果想要梳理所得的所有数据，则采用有效实用的数据才能达到效果，这是关键。

1. 分布式应用的方法

建立不同类型的部署形式，通过以下几点的特殊解释说明就能够很清楚地了解消息中间件的概述内容。以及这几点都是如何进行操作运行使用的。

（1）远程过程调用（RPC）。远程过程调用可以看作通过了世界公认的一种程序并已展开使用的准则。远程过程调用能够像以多个软件具备的特性作为操作运行，这也被看作可以通过操控调节的方法使用，此技术开启后会在另一个位置操作。

我们完全可以通过在不同区域的方式进行远程过程调用的操作。在完成了远程过程调用的信息任务后，得到的数据需要储存在相应的区域地址。远程过程调用同样以最快的速度恢复原状。所以远程过程调用同时采用了两种运行方式解决信息的传递任务。

（2）对象事务监控（OTM）。对象事务监控是在代理体系机构的基础上的特殊性质的运行形式，通过在代理体系的具体操作体现了它的意义：运行此类手段的形式；公共的 Client/Server 程序设计接口；几种网络通过传达和辨析信息的方法的对策；研制新的部署区域；等等。同时提供了操作运行的常见方案。

（3）消息队列（MQ）。MQ 的操作运行原理是在相同时间及不同时间的情况下，通过信息交流程序的调试使用在操作程序里，由于数据传达的结果能够将数据记载在计算机的指定区域加以保存，同时识别有效数据进行更改，因此 MQ 能够供使用者在任何情况下操作运行，如更新数据以及解决非同一时间段的问题。

2. 中间件与消息队列

分散部署的构成为单一的操作运行方式，这种查询能够通过采用程序的各种操作方式进行数据的交换更新，对电子平台及数据库信息进行处理。此类型程序实际为重要的构成环节，不仅可以完成程序的联系和合作运行服务，而且可以确定操作的顺利完成，具有一定的稳定性、及时性等特性。此类型的构成对使用者来说同样是容易使用的，为计算机的操作配备了沟通方式，采用了自主运行的方式，同时对研制人员配备了良好的操作空间，可以有助于任何情况下的稳定性操控。

假设不是通过这项重要的构成部分取得的数据更新，研制人员仅希望通过信息的传达就掌握操作电子平台的方法及计算机应用的性质，研发有关操作系统以传达与取得有效数据，这种数据是不需要特定的要求的，所有程序应该用作重要的操作以便能够与大部分网络系统在任何情况下在网络上交流更新数据。如目的是完成所有平台的各种计算机 CPU 的数据交换，需在了解一定准则的情况下进行；如果想达到在一致的计算机 CPU 交流数据，那么首要要做的是了解所有有关的体系概论。

现在看来，这种重要的构成部分门类繁多，如交互性质的、针对各种操作系统的等。数据传达的重要部分组成同样在其中。这种操作程序有效地避免了烦琐的信息的运行难题，可以及时避免运行时出现的有关计算机的数据相关问题；能够在分散部署的区域进行安全可靠及稳定性的操作，同时在不同的网络地址间更新，目的就是使 MQ 的一系列特性（如数据的记载和传达性能）有效发挥，这样完全可以在数据的传达方面及不同区域的问题解决上得到发挥。

IBM 消息中间件 MQ 以其独特的安全机制、简便快速的编程风格、卓越不凡的稳定性、可扩展性和跨平台性，以及强大的事务处理能力和消息通信能力，成为业界市场占有率最高的消息中间件产品。

MQ 具有强大的跨平台性，它支持的平台数多达 35 种。它支持各种主流 UNIX 操作系统平台，如 HP-UX、AIX、SUN Solaris、Digital UNIX、Open VMX、SUNOS、NCR UNIX；支持各种主机平台，如 OS/390、MVS/ESA、VSE/ESA；同样支持 Windows NT 服务器。它在 PC 平台上支持 Windows 9X/Windows NT/Windows 2000 和 UNIX（UnixWare、Solaris）以及主要的 Linux 版本（Redhat、TurboLinux 等）。此外，MQ 还支持其他各种操作系统平台，如 OS/2、AS/400、Sequent DYNIX、SCO OpenServer、SCO UnixWare、Tandem 等。

3. MQ 的基本概念

（1）队列管理器。消息队列可以看作其中处理运行的基本定义，同样通过定义了解到使用者可以通过它完成操作。

（2）消息。使用者可以通过消息列表完成信息内容的操作，同时能够阐述其含义，如使用者的所有信息都是程序对其他程序传达的数据的任务。

消息由以下两部分组成：

- 定义数据类型的阐述，如数据的特殊性、活跃时间点、数据地址。
- 数据本身，也就是使用者信息的内容。

消息列表的定义里具有以下内容。第一是临时性数据和长期性数据。临时性数据为记载在计算机磁盘的类型，此类型的产生目的是能够提高研发效率，但是不能在程序断网和信息的操作系统中正常运行，是完全失灵的、不可逆转的。在使用者不在乎数据的稳定安全性，但是对程序操控性有要求的情况下，就需要其出现了。例如在证券数据的使用情况下，因为证券数据是一直变化的数据，短时间内有不同的变化，数据交替时间短、次数频繁。长时间的数据能够记载到计算机中，同时保证信息的稳定性不丢失是十分关键的。第二是思维方式的数据和自然理性的数据，十分重要。通过使用思维方式和理性数据，使用者能够分析运行一定数量的数据，同样能够把独立的一个个数据整合为一个数据解决。

（3）队列。数据被长时间永久性地记载在相应区域等待分析运行。消息队列以下述方式工作：

1）系统 A 具有对 MQ 程序的实际操作功能，这种功能可以使 MQ 程序清楚，提前向系统 B 运行程序。

2）MQ 程序传达该数据目的为系统 B 所在的地址，然后把其应用在系统 B 的装置里。

3）一定的等待时间后，系统 B 就可以通过其辨别数据及时运行数据内容。

由于采用了先进的程序设计思想以及内部工作机制，MQ 能够在各种网络条件下保证消息的可靠传递，可以克服网络线路质量差或不稳定的现状。在传输过程中，如果通信线路出现故障或远端的主机发生故障，本地的应用程序都不会受到影响，可以继续发送数据，而无需等待网络故障恢复或远端主机正常后再重新运行。

信息数据的运行方式如下。通过对下面几种特征类别的阐述，了解它们各自具备的特性及运行方式有助于我们更高效地操作使用。

一般性质和特使性质的方式是最常使用的两种方式，一般来说，即时系统采用了 Application Programming Interface 完成数据的基本操作。转达实际就是对数据的记载－传达一系列操作，像使用者可以把信息输入信息列表中，再传达给远距离的 CPU，但是会产生计算机的运行错误，消息队列此时只能对数据做短时间的指定地址的记载，在计算机正常运行后，就可以传达数据信息了。

本地队列又分为普通本地队列和传输队列，普通本地队列是应用程序通过

API 对其进行读写操作的队列；传输队列可以理解为存储-转发队列，比如：我们将某个消息交给 MQ 系统发送到远程主机，而此时网络发生故障，MQ 将把消息放在传输队列中暂存，当网络恢复时，再发往远端目的地。

远程队列是目的队列在本地的定义，它类似一个地址指针，指向远程主机上的某个目的队列，它仅仅是个定义，不真正占用磁盘存储空间。

模板队列和动态队列是 MQ 的一个特色，它的一个典型用途是用作系统的可扩展性考虑。可以创建一个模板队列，当今后需要新增队列时，每打开一个模板队列，MQ 便会自动生成一个动态队列，还可以指定该动态队列为临时队列或者永久队列，若为临时队列可以在关闭它的同时将它删除；若为永久队列，可以将它永久保留。

（4）通道。通道是 MQ 系统中队列管理器之间传递消息的管道，它是建立在物理的网络连接之上的一个逻辑概念，也是 MQ 产品的精华。

在 MQ 中，主要有三大类通道类型：消息通道、MQI 通道和 Cluster 通道。消息通道是用于在 MQ 的服务器和服务器之间传输消息的，需要强调的是，该通道是单向的，它有发送（sender）、接收（receive）、请求者（requestor）、服务者（server）等不同类型，供用户在不同情况下使用。

MQI 通道是 MQ Client 和 MQ Server 之间通信和传输消息用的，与消息通道不同，它的传输是双向的。集群（Cluster）通道是位于同一个 MQ 集群内部的队列管理器之间通信用的。

7.3.2 MQ 的工作原理和基本配置举例

1. MQ 的工作原理

第一点来看本地通信的情况，应用程序 A 和应用程序 B 运行于同一系统 A，它们之间可以借助消息队列技术进行彼此的通信：应用程序 A 向队列 1 发送一条信息，而当应用程序 B 需要时就可以得到该信息。

第二点是长距离的交流模式，假设数据传达的地址由 B 变成了 C，此类操作过程是没有干扰到 A 的运行的，A 假设传达数据就会看出它的指定地址的目的区域是 B，因为操作的本质是把数据记载在其中的区域。可见研制有效的管线传输路线是必要的。数据管线可以识别数据再传达此数据到 B。当得到了确切的顺利操作运行时，可撤掉数据信息。假设数据交流管道不顺畅，那么数据只能保存在相应区域，等真正地接收到后再转达到指定区域。以上就是信息数列常见的关键特性——唯一的数据交流无误性。

消息队列具备了程序整合的联系软件，由于数据具有同时使用特性，因此我们没有必要了解其他区域，也没有必要了解如何创建数据信息的交流方式。

2. MQ 的基本配置举例

图 7-13 说明，要完成计算机之间的交流沟通，就需要选择一一对应的联系对策解决。

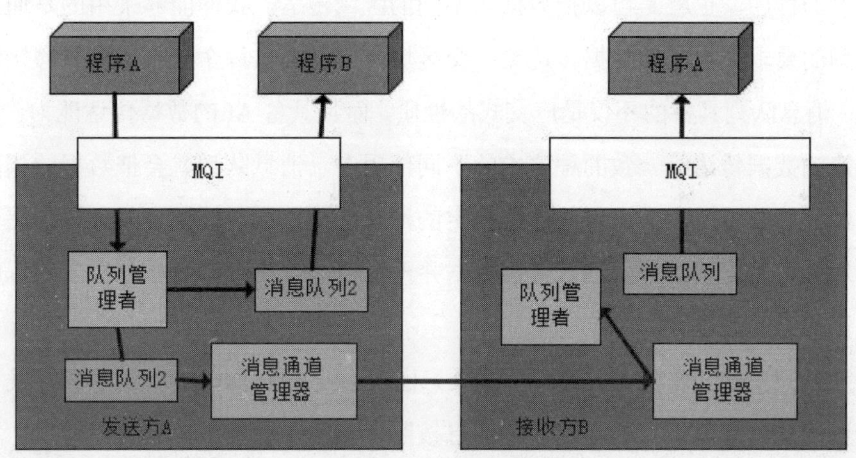

图 7-13　MQ 的工作原理

在发送方 A。

（1）建立队列管理器 QMA：crtmqm -q QMA。

（2）定义本地传输队列：define qlocal (QMB) usage (xmitq) defpsist(yes)。

（3）创建远程队列：define qremote (QR.TOB) rname (LQB) rqmname (QMB) xmitq (QMB)。

（4）定义发送通道：define channel (A.TO.B) chltype (sdr) conname ('IP of B') xmitq (QMB) + trptype (tcp)。

在接收方 B。

（1）建立队列管理器 QMB：crtmqm -q QMB。

（2）定义本地队列 QLB：define qlocal (LQB)。

（3）创建接收通道：define channel (A.TO.B) chltype (rcvr) trptype (tcp)。

文章所讲的内容发现在计算机通过 A 向 B 的一方联系可以完成操作，运行全部的流通联系，就能够以数据队列为基准则运行。

3. MQ 的通信模式

（1）点对点通信：我们熟知的沟通交流为一一对应的联系，是适用于各种组合的部署形态，如类似蜘蛛形态的模式。

（2）多点广播：MQ 适用于不同类型的应用。在这里最关键的是现行的“广交式”的程序，也就是可以把数据向不同的区域传达。我们能够采用的是通过信息数列的要求把指定的数据传达给广交区域，但是要求每个接收点都能够接收到数据。消息队列具备的不仅是广交式的性质，而且具备 AI 的数据传达能力，如果把指定的数据传达给一致的程序中的不同使用者，消息队列就会把数据的相同性质和此程序取得用户的结果传达给指定的消息队列。指定的消息队列程序在计算机的地址可以以相同方式输入一遍数据并再次传达给 MQ，这样就在一定程度上减缓了数据的传送。

（3）发布/订阅（Publish/Subscribe）模式：发布/订阅功能使消息的分发可以突破目的队列地理指向的限制，使消息按照特定的主题甚至内容进行分发，用户或应用程序可以根据主题或内容接收到所需要的消息。发布/订阅功能使得发送者和接收者之间的耦合关系变得更为松散，发送者不必关心接收者的目的地址，而接收者也不必关心消息的发送地址，而只是根据消息的主题进行消息的收发。在 MQ 家族产品中，MQ Event Broker 是专门用于使用发布/订阅技术进行数据通信的产品，它支持基于队列和直接基于 TCP/IP 两种方式的发布和订阅。

（4）集群（Cluster）：以一一对应的沟通为目的的程序。消息队列具备了特殊的方法处理出现的问题。在一个有效范围内，Cluster 中的信息数据交流使用时是没有必要双方搭起数据的桥梁的，但是需要选取额外的交流方式，这样就能够在一定程度上使操作运行简单可行。再者，如果其中一项发生了问题，就需要另外的立即接替其任务，以增强系统的稳定性。

7.3.3 常用消息队列

一般商用的容器（比如 WebLogic、JBoss）都支持 JMS 标准，开发上很方便。但免费的比如 Tomcat、Jetty 等则需要使用第三方的消息中间件。本部分内容介绍常用的消息中间件（Active MQ、Rabbit MQ、Zero MQ、Kafka）及其特点。

1. ActiveMQ

ActiveMQ 由 Apache 出品，是流行的、能力强劲的开源消息总线。ActiveMQ 是一个完全支持 JMS1.1 和 J2EE 1.4 规范的 JMS Provider 实现，尽管 JMS 规范出台已经是很久以前的事情了，但是 JMS 在当今的 J2EE 应用中仍然占据着特殊的地位。

ActiveMQ 特性如下：

（1）支持大部分外国文字与标准记录使用者的地址。使用 Java、C、C++、C#、Ruby、Perl、Python、PHP 等语言，以及 OpenWire、Stomp REST、WS Notification、XMPP、AMQP 等应用协议。

（2）完全支持 JMS1.1 和 J2EE 1.4 准则（连续性、数据、内容）。

（3）关于源代码的技术帮助，开源消息总线能够快速简单地渗入采取源代码的技术程序，同样适用于源代码的第二代特性。

（4）通过了常见 J2EE 服务器（如 Geronimo、JBoss 4、GlassFish、WebLogic）的测试，其中通过 JCA 1.5 resource adaptors 的配置，可以让 ActiveMQ 自动地部署到任何兼容 J2EE 1.4 的商业服务器上。

（5）支持多种传送协议，如 in-VM、TCP、SSL、NIO、UDP、JGroups、JXTA。

（6）使用 Java DataBase Connectivity 与分类型软件能够输送快捷、简单、有效的数据长期性质。

（7）通过研发能够使使用者与服务器之间变得更加有效，一一对应。

（8）支持 AJax。

（9）支持与 Axis 的整合。

（10）能够轻而易举地采取渗入式程序，开启检验。

2. RabbitMQ

Message Queue 为目前较受欢迎的一种操作运行程序，通过一种程序进行研究运行。Message Queue 作为最有效的信息程序的准则达到目的，支持多种客户端，如 Python、Ruby 等，可以应用于散式的查询来记录数据，其特性是操作简单，具有延展特性。RabbitMQ 开源消息队列如图 7-14 所示。

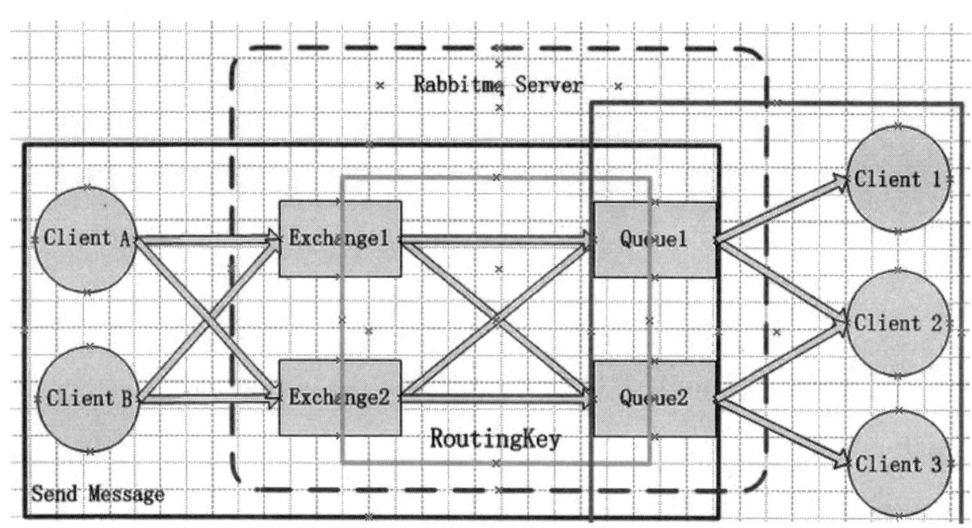

图 7-14 RabbitMQ 开源消息队列

ZeroMQ 高性能设计要点如下：

（1）无锁的队列模型。通过不同构建部署的管线联系，使用了不需要封闭式的数据运行模式；管线的输入可能出现不同时间操作的问题，编辑数据时就出现独立的记载数据的问题。

（2）批量处理的算法。在以往数据的解决问题上，所有数据传达及取得是由程序的运行完成的，这种操作会对程序运行产生巨大的影响，如果在处理大数据的情况下，可以通过调节系统的性能达到高效的目的，这样就不会在传达较大数据时出现问题了。

（3）多核下的线程绑定，无须 CPU 切换。区别于传统的多线程并发模式、信号量或者临界区，zeroMQ 充分利用多核的优势，每个核绑定运行一个工作者线程，避免多线程之间的 CPU 切换开销。

（4）Kafka。Kafka 是一种高吞吐量的分布式发布订阅消息系统，它可以处理消费者规模的网站中的所有动作流数据。这种动作（网页浏览、搜索和其他用户的行动）是在现代网络上的许多社会功能的一个关键因素。这些数据通常是由于吞吐量的要求而通过处理日志和日志聚合来解决。对于像 Hadoop 一样的日志数据和离线分析系统，要求实时处理，这是一个可行的解决方案。Kafka 的目的是通过 Hadoop 的并行加载机制来统一线上和离线的消息处理，也是为了通过集群机来提供实时的消费。

消息队列为大数据的部署购置数据程序，具备以下典型定义：

- 由于计算机的存储区域能够具有储备数据的延续性，因此处理此类型数据时同样不需要考虑数据加载的安全性和操作过程。
- 高吞吐量：为大众熟知的消息队列都是能够处理大量数据信息的程序。
- 采用消息队列的服务器和购买整合域能够辨别数据。

Kafka 系统一般应用在大数据日志处理或对实时性（少量延迟）、可靠性（少量丢数据）要求稍低的场景。

第 8 章　微服务架构

赫赫有名的马丁•弗劳尔是这样形容微服务架构（Microservice Architecture）的，它是最近盛行的 Architecture terminology 之一并且被认为只是一个时代兴起的术语名词而已。虽然人们不是很认同此类术语，但它阐述的形式反而让我们有了兴趣。之后的时间里，人们逐渐运用此类术语，使得更多的企业员工在公司构建中欣然接受此风格。但是，对此类文字的阐述不容易发现，所以人们对如何定义它的形式及新产品的开发和研创产生了分歧。

在如今信息十分发达的年代，每时每刻都需要新产品的研发与使用。但是大量人员及代码随之激增，以往的单一构架的缺点越来越明显，很大程度上影响了各种工作的研发和完成，这是与现在信息时代要求的快需求背道而驰的。与此同时，此信息时代需要的服务应运而生。

8.1　微服务架构兴起的原因

人们都很好奇微服务架构为什么发展得如此迅速。人们同样好奇微服务架构为什么可以成为现在被人们接受的研发方式。

为了弄明白上面两个问题，我们需要先弄明白另外两个基本问题：我们通常讲的单体架构是怎样一种架构？微服务架构又是怎样一种架构？图 8-1 显示了两者间的区别。

单体架构（Monolithic）就是人们熟知的应用机构，它的特点是每个模块都是不可分割的，并且在操作的过程阶段，假如其中一个模块出现差错，极有可能使整个系统无法操作，并且在系统升级时需要重新启动系统。此时我们知道的微服务架构的特点就突现出来了，它是将每个不同的模块按照微服务的方法分解，并且作为一个独立的工程，独立自主编写、翻译出自己的进度，我们还可以通过微服务提供并部署所需的内容，REST 或者 RPC 一般会作为对外接口。同时，服务器需要的也可通过微服务部署到需求上。

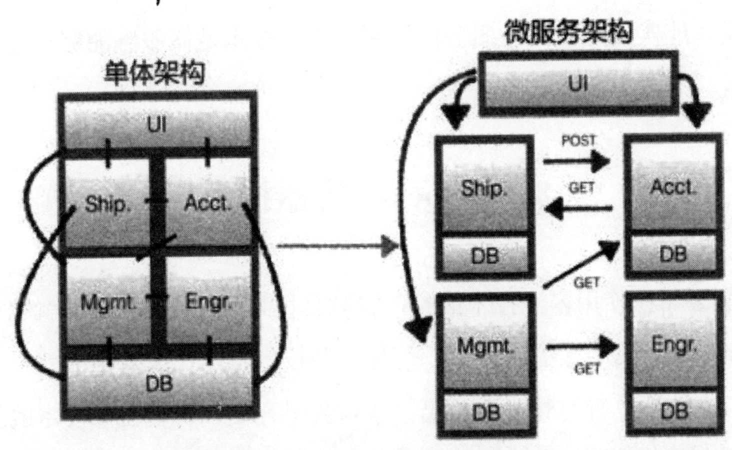

图 8-1 单体架构与微服务架构的差异

传统的应用架构又被称为单体架构（Monolithic），表现为业务系统的各个模块是紧耦合的关系，各模块运行在一个进程中，每次升级系统时基本上都要重启整个应用进程，如果某个模块有问题，则可能导致整个系统无法正常启动。微服务架构则是将业务系统中的不同模块以微服务的方式进行拆分，使每个微服务都变成一个独立的 Project，独立编译并且部署为一个独立的进程，每个微服务都可以被部署为多个独立的进程对外提供服务，对外的接口方式通常是 REST 或者 RPC，不同的微服务进程也可以被部署到多个服务器上。

OA 架构、RPC 架构、分布式服务架构的出现就是因为单体架构有一定的缺点，并且通过一系列研发成为了微服务架构。对于单体架构，我们需要牢记一点，在开发软件的过程中不存在银弹，它更像是一种开发软件的构思与研发方式，但是任何开发研制的进程中都会有许多难题，包括技术上的难题以及人员合作难题。

如今在研发微服务架构的进程里，我们遇到的最大难题有运维人员浪费大量时间重复做一件事情、尽可能降低人为故障、使运维人员更关注业务本身和系统可用性。如果人们不利用自动化方法，那么微服务是无法实现的，原因是想要把其中一个中等水平的系统架构变为微服务，至少可以分为十几个这种架构，这样微服务进程中的一系列操作显然就是一项庞大的工作了，可以看出我们只有通过自动化手段才能实现并发挥微服务的作用。容器技术是微服务能够快速应用发展的关键因素。

8.2 Docker 容器技术

Docker 公司在使用容器技术的时，谷歌公司早已在 10 几年前就秘密采用这项技术撑起全球上第一大的集群了，可见这项技术早已在很多年前就被一些信息公司采用了，只是没有对外公布而已。谷歌公司开发、研制这项技术的原因就是一些互联网公司早已认定容器技术是计算机互联网行业的重要角色，假如没有快速占领市场，那么很可能得不到该项技术带来的利益。

下面我们看看 Docker 的发展历程。2014 年 1.0 版本被 Docker 研发出来，并且其是当年最受人们欢迎的科学技术。

自 2004 年起的 b 轮筹集资金到 2004 年年底的 DockerCon 欧美国家的会议，DockerCon 在 2004 年风生水起，许多有名望的软件公司都很看好它的未来发展。此时，微服务等科学技术也一并兴起，DockerCon 同时在科学技术上促进了这些理念的诞生。

2015 年，CoreOS 发布了自己的容器引擎 Rocket，引发容器技术分裂与统一的大争论，随后在 Linux 基金会的干预下，Docker 公司与 CoreOS 公司握手言和，成立了 OCI（Open Container Initiative）标准委员会，它类似于当年 Java 的 JCP 组织，参与者包括 Google、RedHat 等巨头。OCI 组织负责制定容器技术标准规范。2016 年发布的 Docker1.11 成为第一个符合 OCI 标准的容器引擎。

2004 年至 2006 年，DockerHub 增加了 59 亿的下载流量。2007 年，Docker 企业把公司的版本分为两种，即社区版本和企业版本，并且收取一定的费用。

之后这家公司把 Docker 运用到一个名为 Moby 的新项目上，该项目由社区维护管理。

Docker-ce 是 Docker 公司维护的开源项目，是一个基于 moby 项目的免费容器产品。Docker-ee 是 Docker 公司维护的闭源产品，是 Docker 公司的商业产品。

人们了解到，许多软件产品的研发都是需要人为完成的，例如，环境的设立、研发自行解压缩文件的集合、系统更新等，所有进程都需要消耗人力、物力，还不能保证按时按量完成。

在不集中的系统里，非机械性的系统运行由于一遍遍地进行相同性质的工作，很容易无法及时发现问题。于是 Docker 公司通过新的技术改革 Docker 影像技术为契机，重新命名了一项新的准则，称为 Standardization and automation in Software Life Cycle。图 8-2 所示为 Docker 的标准化镜像。

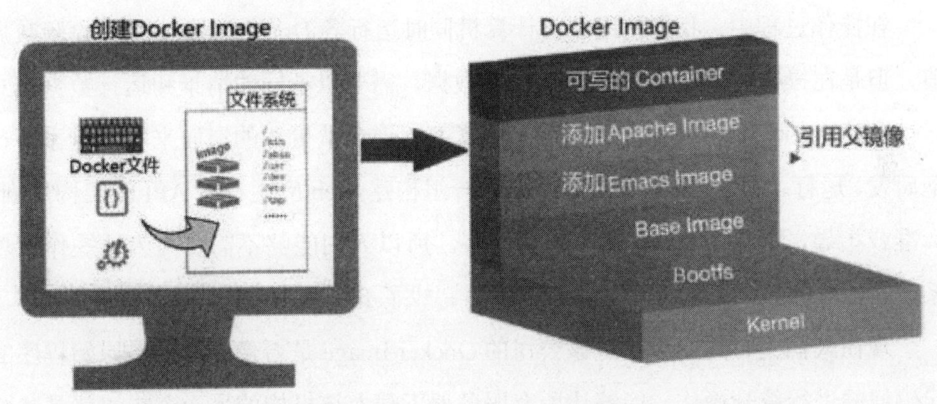

图 8-2 Docker 的标准化镜像

实际上，上文提到的 Docker 技术就是通过一种 ERP 系统的解决方案把所有具有针对性的文本内容、文件进行压缩，一般来说是为减小占用的空间。同样是一种非 UNIX 操作系统发展而来的克隆系统的简易版本的操作系统，其具有完整的一套操作程序，如图 8-3 所示。

图 8-3 Tomcat 中的完整应用的 Docker 镜像组成

我们可以通过类似于启动 Tomcat 系统，就像是运行 Docker Image 到特定的地址操作过程一样。因为 Docker Image 早已具有完整的一套操作体系，所以可以使用 Docker Image 运行一个程序，这样就是一个操作精准不易出错的指示了：

```
docker run xxximage
```

在操作过程中，我们使用一台计算机同时运行各 Docker Image 程序检验数据值，但是在操作过程中必须采用特殊的数据，需要以不同的情景和运行数据模式运行到特定的地址，并且这些地址不能紧密相连。从更深的层面来看，这家公司把研发、运行、中断、损毁等全部统一为一组构建 Web 应用程序 API 的架构规则、标准或指导，遵循 API 原则的架构风格。所以人们能够不需要人为地操作该项系统，Kubemetes 就是通过这种架构风格完成了 full-automatic。

现在人们关心的问题就是该公司的 Docker Image 是否像编写的最原始程序的代码似的进行统一操作，能够让所有服务器下载？该机构的另一个想法就是参照了 GitHub 的构思，研发了世界上仅有的镜像文件加速器，所有机构和使用者都能够建立自己的地址名称，还可以把自己的分享给其他需要者。目前人们可以看到的所有都涵盖在了镜像文件加速器中，像方框中的是一个数据库管理系统，也是一个关系数据库。运行这个程序时，能够很大程度上提高该项成果的使用性。

```
docker run -it -e MYSQL_ROOT_PASSWORD=123456 mysql/mysql-server
```

Docker Registry 是一种用于管理公共镜像的容器，一般来说，所有机构应该创设自己的独立管理公共的镜像的容器用于管理。图 8-4 所示为 Docker Registry

之间的交互过程。

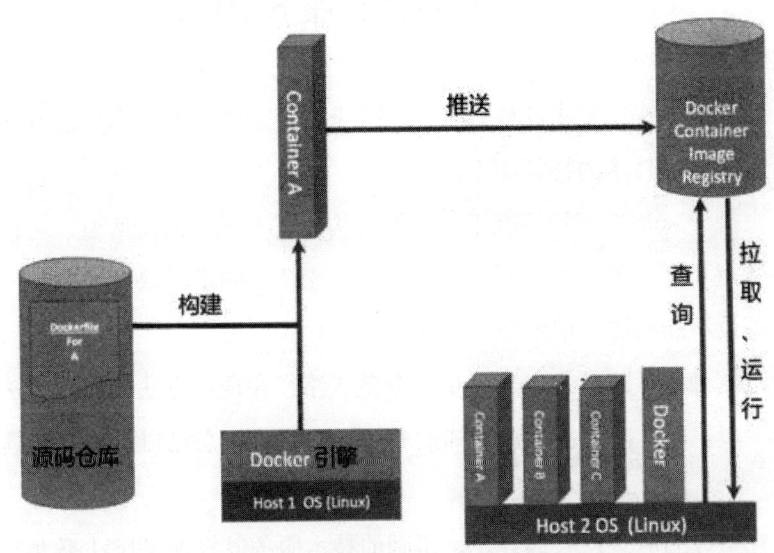

图 8-4 Docker Registry 之间的交互过程

综上所述，我们通过 Docker 技术可以很容易地将软件开发从源码编译、镜像打包、测试环境部署、版本发布、系统升级到生产环境发布等生命周期中的所有重要环节自动化，这是加速微服务架构实施的重要技术保障手段。图 8-5 是这个过程的一个简单示意图。

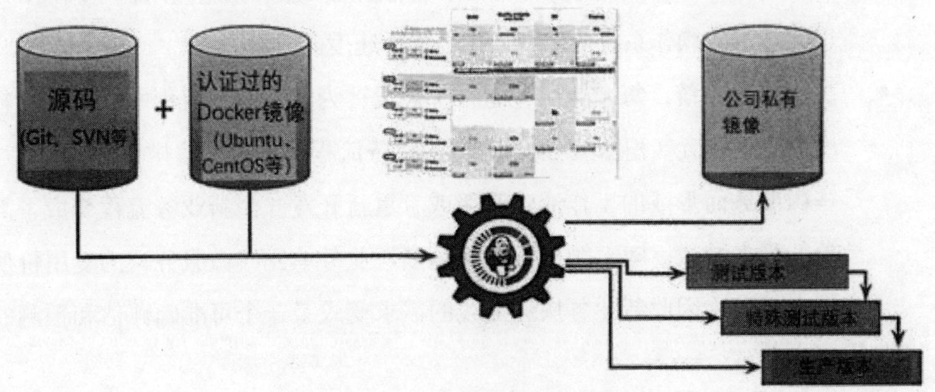

图 8-5 Docker 加速微服务架构实施图

8.3 全面理解微服务架构

对一些为人们提供需求的模式结构软件来说，全部可以看作通过 solr 的分散式的现行手段。该技术的特征如下。

首先，处于 solr 的架构情况下与其他架构模式不同。换句话说，这种结构的标准、积累点和通用的一些需要的零部件作为该技术的不可缺少的环节，我们所说的内容假设不能与这项技术契合，就如同空欢喜一场。

其次，这种软件的模式在与 solr 的分散式路径和现行方法都是人们熟知的原则与运行手段，而是能够被大众认知的 Design concep。总结以上内容，具有下面的特征。

- 轻量级的服务：人们开发、研制的技术服务既轻便又尺寸不大，所有服务器组仅具有一个或多个服务器，这样利于合作研制、分布检验和更新。
- 松耦合的系统：如果要系统运行平稳、顺滑，就需要云中部署应用和服务的新技术的运行只能与端口联系，同时大大降低了附着性。
- 平滑扩容能力：Load balancing mechanism 作为云中部署应用和服务的新技术具有最初的标准，所以没有实效性，能够自主地分布每个操作过程实现的全部数据。因为所有的云中部署应用和服务的新技术自主增加，所以该技术的操作系统可以很快调节操作速度。
- 积木式的系统：每个微服务通常都被设计为复杂业务流程中一个最小粒度的逻辑单元（积木），某个完整的业务流程就是合理编排（搭积木）这些微服务而形成的工作流，升级或者重新开发一个新业务流程变成了简单的积木游戏。随着微服务越来越多，业务单元（微服务）的复用价值越来越大，因此新业务快速上线的需求变成了一个可准确评估和预测的计划任务。

目前现行的被人们接受的三个解决方法如下。

- Remote Procedure Call Protocol：长距离操作运行条例。

- 通过 Representational State Transfer 发展的系列框架的有序集合。
- 通过 Kubernetes 的计算机中运行操作的新方法。

通过之前讲到的三个新的技术可以知道，这些都是可以具有最新的技术系统支持，在功能上有各自的特点。综上所述，谷歌公司研发的 Kubernetes 技术的确是一个受欢迎的技术项目，也可以作为本节的关键性知识来研究探讨。

之后继续研究探讨一个云中部署应用和服务的新技术在操作运行时会发生什么问题和解决问题的方法。

首先，研发项目负责人想通过该技术结果让所有人知道云中部署应用和服务的新技术在操作运行时的利弊各是什么，云中部署应用和服务的新技术的操作运行在很大程度上会让人们感受到无比的操作享受，这些体现在操作过程的更新，无论是研制负责人还是检验项目负责人，都十分珍惜操作机会，所以所有的有关人员都应该把握住，努力合作，共同进步。

其次，我们可以使用网络中的技术手段和解决方法，而并非通过科研人员自己创设解决方法。

但是该技术有很多弊端，例如在最初的研发过程中造价不低、时间不短以及之后的更新很困难，所以很少有机构独立自主研究。红帽公司也不会独立地做这种项目，因为综合考虑后是没有必要的，所以选择了 Kubernetes。我们应该如何筛选出与机构匹配的服务技术支持呢？下面关于该问列举了四点，根据适当信息匹配。

- 在不要求相关数据信息的情况下，合作机构不选择使用 Kubernetes，反之第一时间采用它。
- 如果系统的性能要求很高，同时很多高频流程中涉及大量微服务的调用，以及微服务之间也存在大量调用，则先考虑以 RPC 二进制方式通信的微服务平台，优先考虑 Ice，其次是 Kubemetes，最后是 Spring Cloud。
- 假设在系统里以该机构自主研制的技术为主的操作运行，几乎不选择其他，那么仅采用更快速有效的沟通技术，但是这种情况下采用 Ice 效果最好，然后是微服务技术架构，最后是 Kubernetes。Kubernetes 实际上不能为 Remote Procedure Call Protoco 创建环境，因此会让系统更难以操作。

- 假设该研发的系统是通过很多国家的研发人员研制的，那么首先使用 Kubernetes。

而且，在该系统操作运行时，我们还应该注意下面几个问题。

（1）引入自动化工具与集中运维管理工具。自动化工具被用于程序编译打包、自动化部署和升级等工作过程中。在集中化的运维监控工具方面主要包括日志收集与查询展示系统（用于收集分布在各个节点上的系统日志、应用日志），以及资源监控与故障系统（用于展示资源使用状态与应用告警）。

（2）对软件的检验和使用中需要在微服务下运行操作实现。该软件实际上是特殊的操作模式，这样就要求我们了解仅通过输入的信息数据不可能完成这种软件程序的正常操作，如项目数据的搜索、实时的通信，另外，一些软件在该软件程序操作中必须转换到特殊的情景下运行。

（3）团队的重构。在提到的软件操作程序中，从所有方面可以分析出仅是两个问题。如果注重此软件的开发使用，那么一定要保证全部的高层次研发者都可做这个软件第一层次的主导者，所有人必须担负起自己的责任，共同找出问题，并且及时高效地解决问题。

（4）高质量的文档。在该软件程序的操作中，我们知道对相关的运行程序要求进一步增加，这是由于所有使用者必须知道自己使用的是什么操作系统，如何选择，如何操作，这些数据有哪些要求及准则等。所以必须具有高度的一致性。

下面研究如何创建这种操作程序。第一需要明白什么是这个软件的性能和理念，这种系统都具有什么结构。人们的观点可以通过减小数量得到保障，因此对这个软件的开发、研究、应用能节省大量的时间、人力和精力，也会被大众所接受。

该程序的操作可以根据使用者的差异性，命名三个名称：操作运行、端口和关键信息型。图 8-6 所示为微服务三种接口设计。

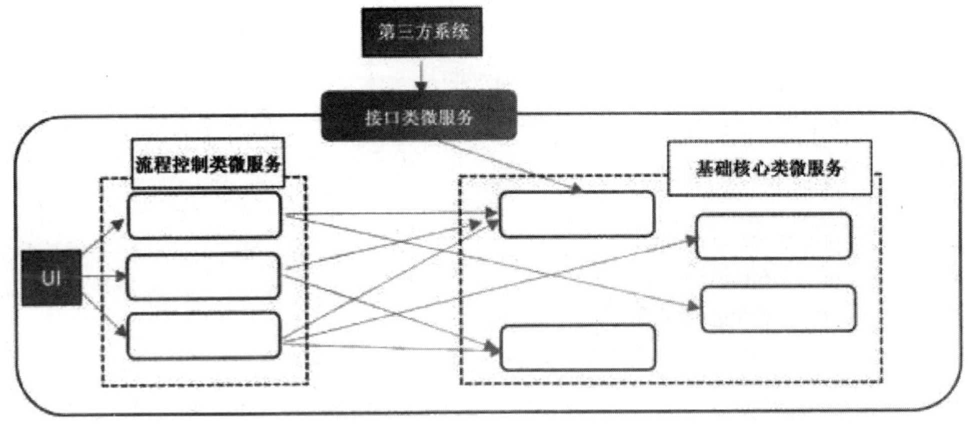

图 8-6　微服务三种接口设计

一般来讲，这三种不同的微服务的接口设计也有所不同。

流程控制类微服务主要面向 UI 调用，所以它的接口设计应该以页面展示的便利性为第一目标，即大部分情况下采用 JSON 或 TEXT 文本的方式传递参数与返回值，并且考虑在调用逻辑出错的情况下告诉客户端错误的代码与原因，于是这类微服务的返回值通常会是下面的结构体：

```
public class CallResult
int resultCode; //返回代码，0 为成功，其他为调用错误
String resultData; //调用结果，通常为 JSON 字符串
String errmsg;//调用错误时，展示给用户可读错误信息
```

接口类微服务主要面向第三方系统，所以特别需要注意安全问题，因此在接口设计中必须有安全措施，比较常见的方案是在调用参数中增加 Token，并考虑参数加密的问题，同时建议接口类微服务在实现过程中重视日志的输出问题，以方便接口联调，并方便在运行期间排查接口故障，在日志中应该记录入口参数、关键逻辑分支、返回结果等重要信息。

界面设计和其他此类软件程序操作常被人们操作运行，人们主要通过对重要因素的需求及操作中的简易性创建。为了减少问题的出现，研究人员一般把此类程序在研究开发时与程序设计语言区别出来。这样在操作运行时，反馈的数据可以降低数值，达到操作的舒适性。

在微服务设计中，我们还需要考虑接口兼容性的问题，比如如下微服务接口

设计：

```
public void doBusiness(paraml,param2,param3)
```

假设数据的内容有改变，就需要重新制定一个方案，要求两个都能使用：

```
public class XXXBean
{
    private String paraml;
    private String param2;
    private String param3;
    private String param4;
}
public void doBusiness(XXXBean thebean)
```

可见，不需要改写之前的内容，仅通过更新信息内容就能同时操作。

8.4 常见微服务架构方案

8.4.1 ZeroC IceGrid 微服务架构

ZeroC IceGrid 微服务架构是由 Remote Procedure Call Protocol 演变而来的，所以具有较高的部署性质。图 8-7 所示为整体示意。其显著性质如下。

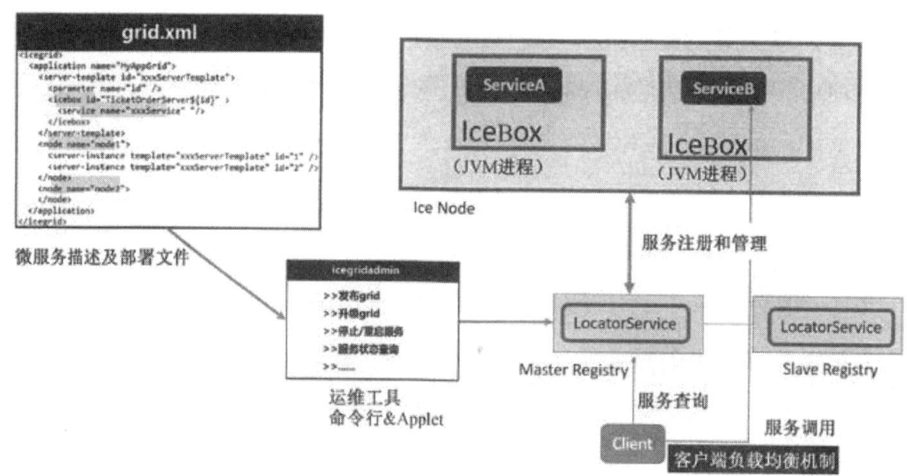

图 8-7 ZeroC IceGrid 整体示意

首先，类的操作程序是在统一的地址工作运行的，有的通过可扩展标记语言，地址是 IR，包括自主检索功能等，即定位服务中的 Application Program Interface，利用计算机的检索满足需求。

然后，该系统程序的所有运行一般来说都是不同于其他程序的，在运行操作时会出现大量系统都只在自己的系统里运行的情况，即相互没有直接的联系性。

Load balancing mechanism 是操作系统的一种技术。Application Program Interface 一般都是通过 Load balancing mechanism 完成的，这种操作方法简单实用，唯一的缺点就是会使任务增加，是由 Load balancing mechanism 造成的。

这样看来，只有做到精炼又操作容易，才能适应当前的需求。用来解释一个程序的请求，一条指示都可以一次性解决掉所有的请求，同时保证了软件修补服务。图 8-8 所示是 icepatch 2 的工作机制，它是一种免费的、绿色的、无须安装的专供其他计算机检索文件和存储的服务器，可以记录所有字节。整个操作运行过程选择了特殊性质的解决方法，可以减少很多时间成本。从实际出发来说，先于容器研发时，检索文件和存储的服务器就已经十分优秀了，同时为人们节省了大量时间、人力、物力、财力等。

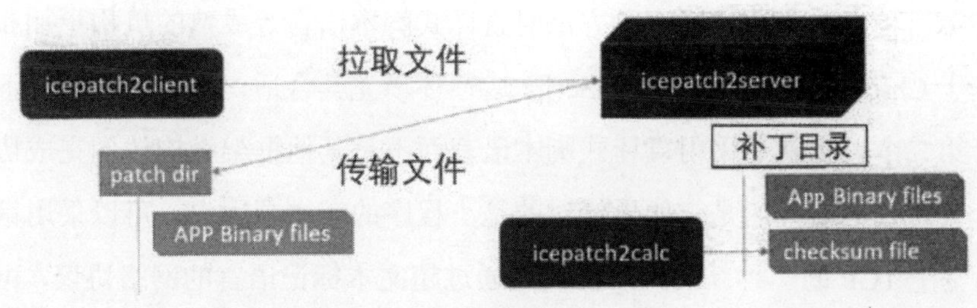

图 8-8 icepatch 2 的工作机制

IceGrid 的操作过程中，一般存在两个特别的实例，如图 8-9 所示。

方案一是比较符合传统 Java Web 项目的一种渐进改造方案，在 Spring Boot 里只有 Controller 组件而没有数据访问层与 Service 对象，这些 Controller 组件通过 Ice RPC 方式调用被部署在 IceGrid 中的远程 Ice 微服务，面向前端包装为 REST 服务。此方案的整体思路清晰，分工明确。

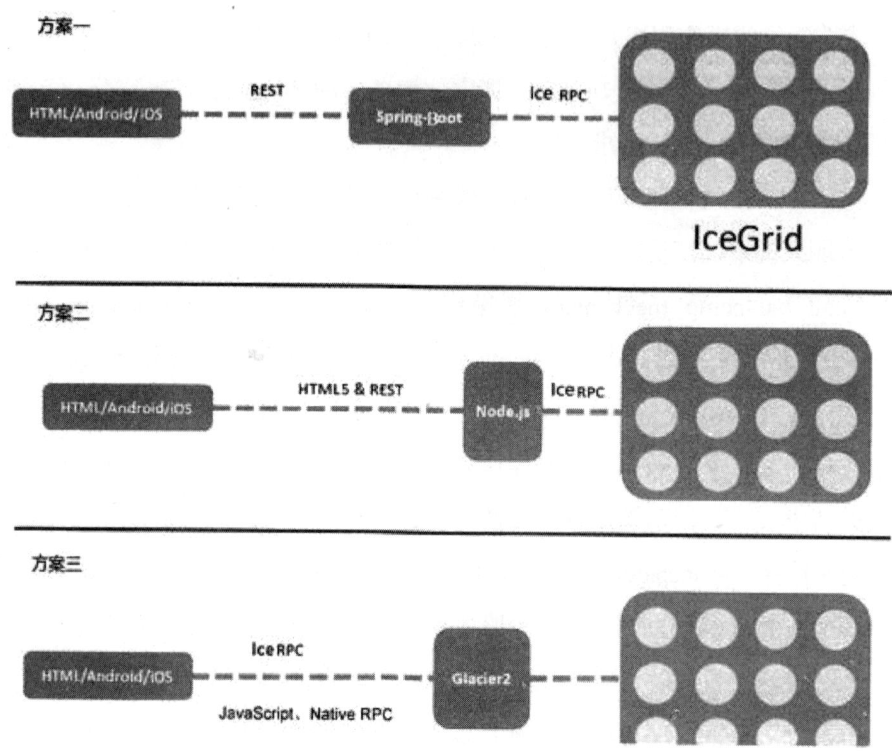

图 8-9 IceGrid 的两个特别实例

与第一种方法相比，后两种方法对直译式脚本语言等成熟的机构更加和谐，一个基于 Chrome V8 引擎的 JavaScript 运行环境尤其合适，所以这种情况下就可以选择第二个，也就是采用直译式脚本语言而不是其他框架结构达到完成协议和标准。其次我们要说的是，如果针对的是小程序的客户端用户，可以采用第三种方法，基于 TCP 的一种新的网络协议是通过超文本标记语言的网络协议，可以实现实时的网络交流，反应速度快，时效性强。

定位服务作为一个 Ice 定位服务在 3.6 版本更新换代后同样添加了 Docker 的操作系统，也就是两个节点使用该程序操作运行，同时使两个节点的操作运行变得快捷、有效。具有简单性、面向对象、分布式等特点的程序实现的应用程序，使得所有节点可以自主地在服务器地址上下载所需的数据内容，这样就完成了类似于容器库的操作过程。

8.4.2 Spring Cloud 微服务架构

微服务架构是在 Spring 的基础上研制出的全新开源模式，仅可以实现具有简单性、面向对象、分布式等特点的程序，并且与其他类似者不同。微服务架构具有大量分支结构，其中最具有代表意义的是奈飞公司研制的编写在微服务架构的一家会员订阅制的流媒体播放平台。

微服务架构里网络地址为单台和集群的 Registration Centre。使用的 Registration Centre 及服务器都具备一个操作容易、使用方便的控制器，全部通过单台和集群写入地址。图 8-10 所示是 Eureka 模块示意。

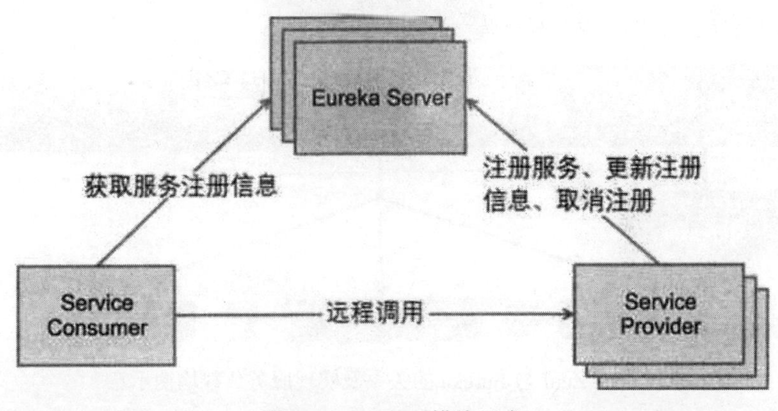

图 8-10　Eureka 模块示意

微服务架构如何处理负载平衡问题呢？因为它基本是通过页面管理完成的，所以选择了之前使用的后台将请求转发给其他服务器模式。图 8-11 所示是 Nginx 服务网关访问流程，基于 JVM 的路由器和服务器端负载均衡器像是一个高性能的 HTTP 和反向代理 Web 服务器，全部使用者可以使用它完成对信息数据的检索查询。

基于 JVM 的路由器和服务器端负载均衡器通过单台和集群得到所需的数据，独立运行操作，不需要人为操作运行。基于 JVM 的路由器和服务器端负载均衡器如果传达信息给其中的服务器上，可以选择一种微服务架构，它基于 RPC 框架发展而来，具有良好的性能与分布式能力的负载均衡。图 8-12 所示为 Zuul 与 Eureka 的关系及实现服务负载均衡示意。

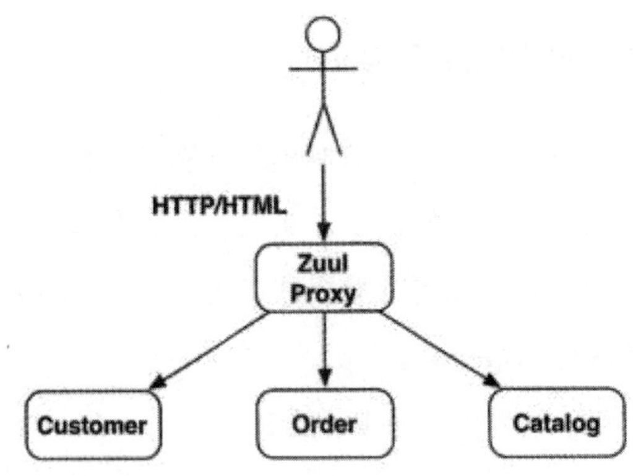

图 8-11　Nginx 服务网关访问流程

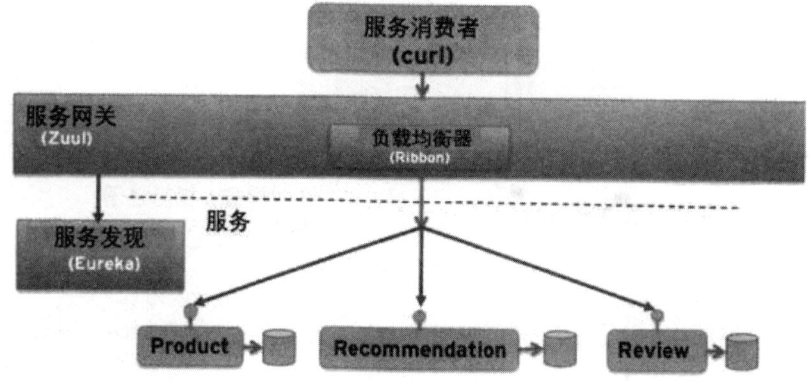

图 8-12　Zuul 与 Eureka 的关系及实现服务负载均衡示意

图 8-13 所示是 Spring Cloud 操作流程，其延续了 springFramework 一贯的思路集大成。

通过图 8-13 了解到，一套完整的微服务解决方案都是利用以下内容实现操作的。

- Spring 的公司操作运行给出了能够正常操作该系统的一套可实施的解决方案。
- 创建共同运行的操作程序。
- 在操作过程中会出现一些问题，比如向计算机输入命令但是没有得到回答，可能出现了线路的断开问题，此时电路断路器就可以发挥它的作用，反复操作后，计算机可以结束运行。
- 计算机操作系统运行时采用的一些技术能够大大减少不利因素。

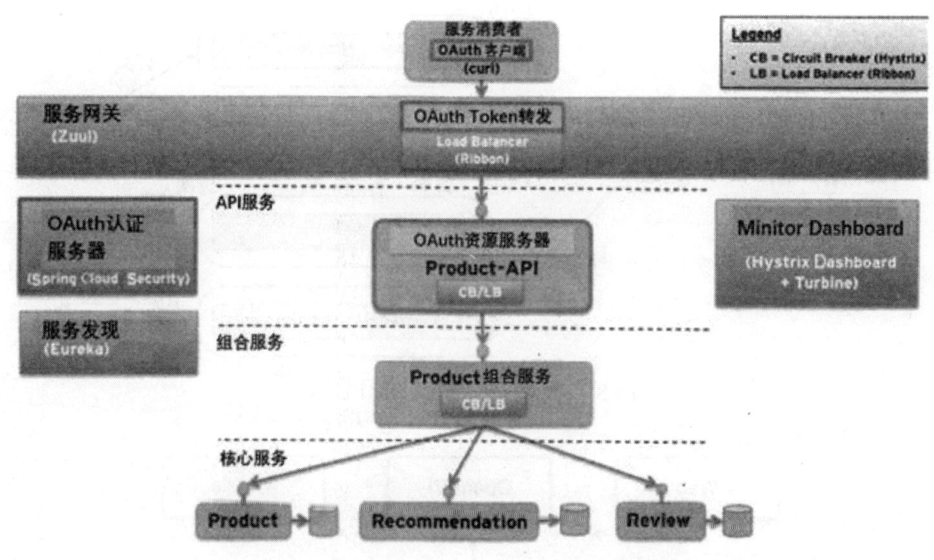

图 8-13 Spring Cloud 框架的操作流程

可以看出，一套完整的微服务解决方案可以解决很多问题，它最方便之处就是在计算机的操作中简单有效。

8.4.3 基于消息队列的微服务架构

Remote Procedure Call Protocol 等可达到发送信息和管控数据的需求。图 8-14 是微服务架构下各组件之间的交互示意，我们发现信息的数据是关键，可以使所有分支机构联系起来。

图 8-14 微服务架构下各组件之间的交互示意

通过这种操作系统，我们看到它们特殊的研发理念，所有分支结构无法创建联系，同时不能利用信息数据完成交互式交流，说明这种现象由来已久，很难解决。图 8-15 所示为电子购物平台操作流程。

目前网络通用的一些技术也是在该操作系统程序的基础上研发的。图 8-16 所示为网易的蜂巢平台微服务架构的设计思路，其使用 Message Queue 进行沟通。

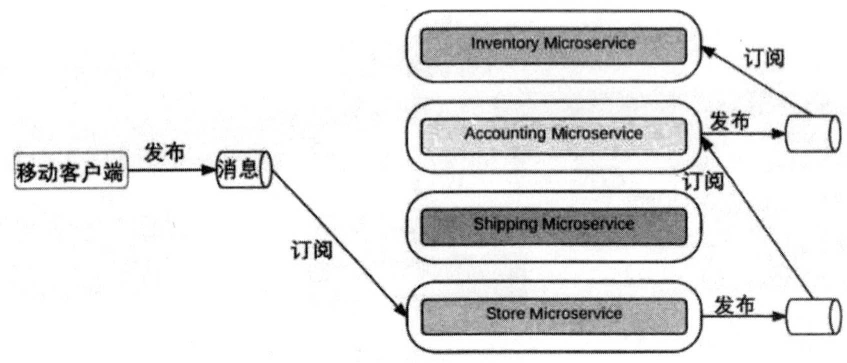

图 8-15　电子购物平台操作流程

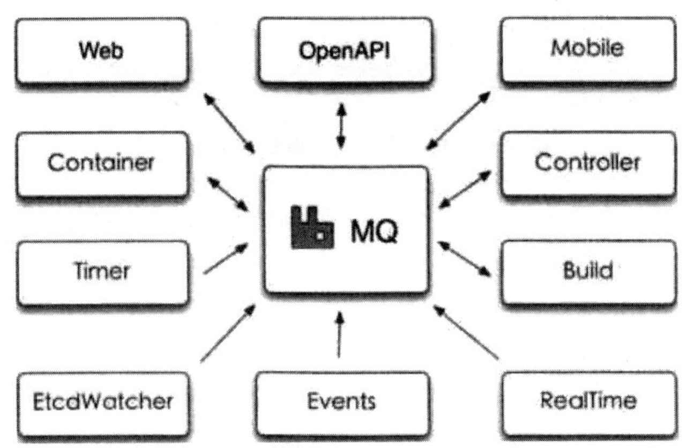

图 8-16　网易的蜂巢平台微服务架构的设计思路

通过以上内容分析得出，研发一种有效、操作简单的系统并非一件简单的事情，需要考虑诸多因素，在这种情况下，所有研发公司都没有一个行之有效的方法及研发团队，无论如何都需要在根本上建立，这样不仅需要耗费大量的人力、物力，而且有很多潜在的问题，所以各公司明白研发前一定要考虑到所有可能出现的问题。

8.4.4　Docker Swarm 微服务架构

Docker Swarm 微服务架构可以看作 Kubernetes 微服务架构的另一个“姊妹”，但是在计算机中没有很高的评价。

2016 年发布 Docker 1.12 时，Swarm 就被集成到 Docker Engine 中，而不再作

为单独的工具发布。

图 8-17 所示为 Swarm 集群，说明了人们使用操作灵活的应用容器引擎可以实现这种操作，即在一开始把单一的计算机看作一个整体的组。

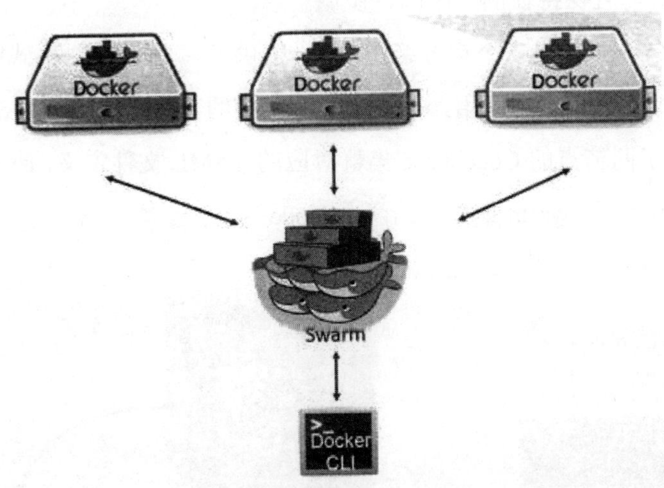

图 8-17　Swarm 集群

Docker 已经通过 Swam 朝着 Kubernetes 发展，原因主要是有现在的微服务构架得到了许多人的认可和使用。它随即会成为人们广泛使用的应用服务台。图 8-18 所示为基于容器技术的 Swarm 集群。

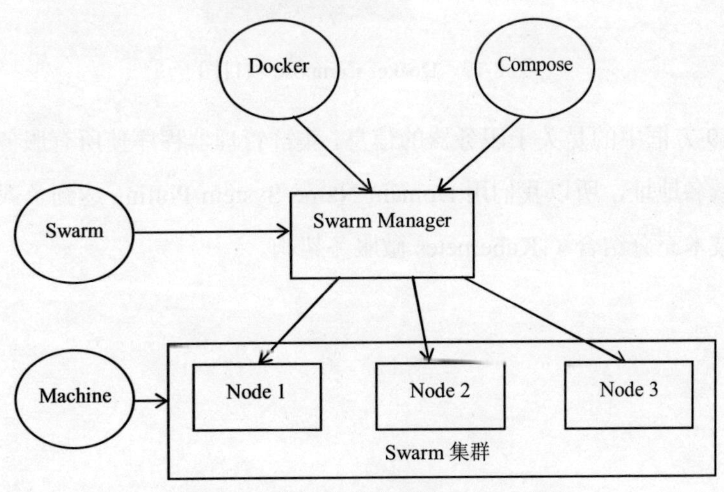

图 8-18　基于容器技术的 Swarm 集群

从图 8-18 中可以发现，Swarm 集群里存在以下两个阶段节点。

- Swarm Manager：作用是将 Swarm 的运行和操作调节至 SwarmNode。
- Swarm Node：作用是通过操作使所有的点必须自主地上传操作时的数据，而且保持在同一时间，步调一致。

Docker Compose 是一个官方编排项目，提供了一个 YAML 格式的文件，用于描述一个容器化的分布式应用，并且提供了相应的工具来实现一键部署的功能。图 8-19 给出了两节点的 Couchbase 集群对应的 YAML 文件定义，此 Couchbase 集群随后被部署到了 Swarm 集群中的两个 Node 节点上。

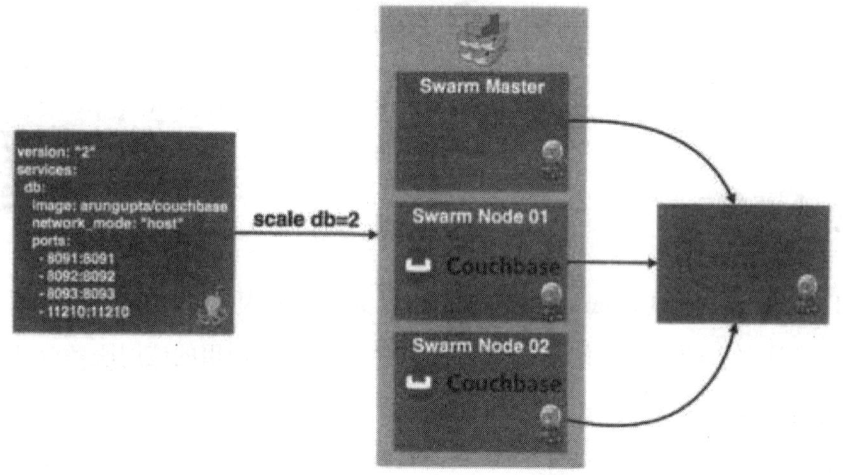

图 8-19 Docker Compose 项目图

图 8-19 方框中的是关于服务器的信息，集群管理器程序使所有服务器具有自己独立的域名地址，所以我们用 Domain Name System Polling 达到负载均衡的目的，这种技术充分结合了 Kubernetes 微服务架构。

第 9 章　分布式站点的设计与开发

9.1　系统开发的总统设计

系统的整体功能框架如图 9-1 所示。

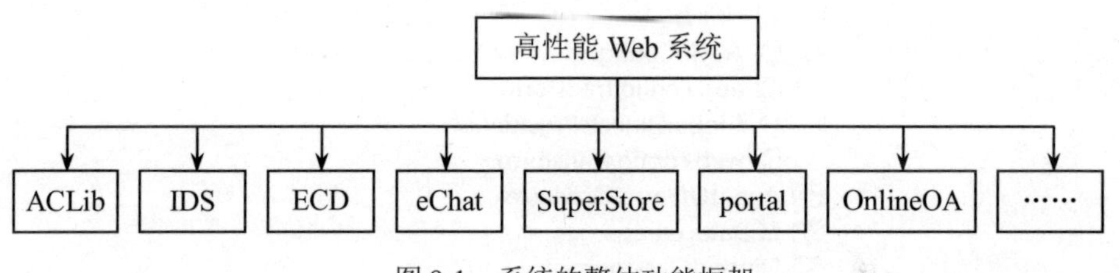

图 9-1　系统的整体功能框架

整个系统由一个共享类库 ACLib、六个基本业务系统和企业业务系统组成。ACLib 是系统的基本类库，包含整个解决方案中共享的数据库访问、统一认证基础模型、系统用转换处理工具和用户自定义类库等。IDS 是系统的统一身份认证，担负着解决方案中所有业务子系统的认证安全令牌发放，其主要功能模块包括用户登录与注册、用户基础信息、用户交易信息和用户资产等。ECD 是加盟用户的数据处理中心，其主要业务模块包括用户加盟、用户业务办公、用户业务数据报表和用户数据导入/导出。eChat 是一个基于 SignalR 的即时聊天系统，其主要功能是为系统平台注册聊天用户、聊天消息推送和聊天记录数据的存储。SuperStore 是系统的商务中心，具有用户的商品交易、加盟用户的商埠中心、产品智能推送、合作伙伴的宣传和交易的实现等功能。Portal 是系统技术支持者的展示门户，主要承担系统技术支持者的团队介绍、产品介绍、人才招聘和软件外包服务等。OnlineOA 是系统平台员工的办公平台，按照平台的组织结构安排平台业务的管理与权限，如加盟商的审核、平台广告业务处理、产品审核和交易冲突处理等。开发的系统文件结构如图 9-2 所示。

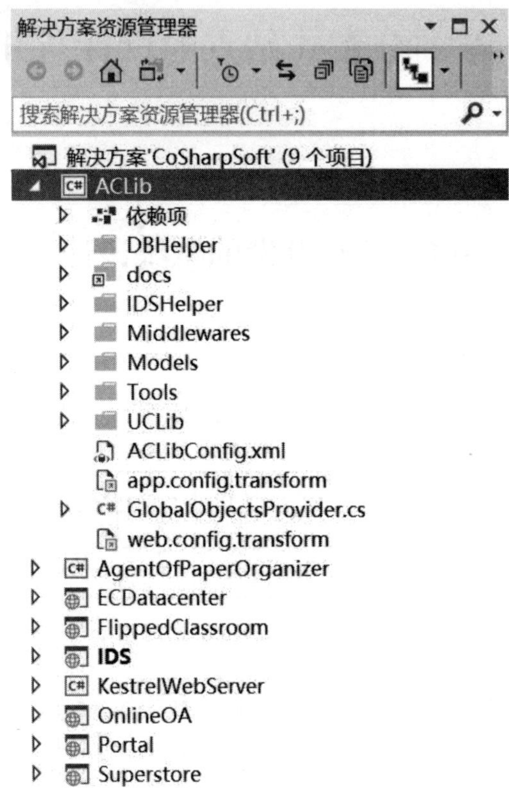

图 9-1　开发的系统文件结构

9.2　共享库.NETStandard 类库

1. 共享类库的功能框架

系统的共享类库为 ACLib，采用.NETStandard 进行分发，该类库目前支持 Windows 平台、Mac 和 Linux 平台，不但支持 x86 和 x64 架构，而且能够重新发布到 ARM 架构上。

系统类库分别由 DBHelper、IDSHelper、Middlewares、Models、Tools 和 UCLib 6 个命名空间组成。DBHelper 命名空间主要由业务逻辑层、数据访问层及数据库表类转换工具类组成；IDSHelper 主要由统一认证辅助工具类和统一授权配置文件类组成；Middlewares 存放系统的中间件；Models 存放系统的模型，包括系统通用的模型和各个业务逻辑项目的实体模型；Tools 存放由系统共享的工具集合类；UCLib 存放系统的辅助类库。

2. 基于抽象工厂的 DAL 层

为了保证系统适用多数据库数据源，系统的 DAL 设计了一个抽象工厂，抽象工厂类库的核心代码如下：

```
using System;
using System.Collections.Generic;
using System.Data;
using System.Data.Common;
using System.Reflection;
using System.Text;
namespace ACLib.DBHelper.DALs
{
    public abstract class AbstractFactory
    {
        public static AbstractFactory CreateDBFactory(string connectionString="", string
dbType= GlobalObjectProvider.defaultDBType)
        {
            switch (dbType)
            {
                case "MSSQL": return new MSSQLOprator(connectionString);
                case "MySQL": return new MySqlOperator(connectionString);
                case "SQLite": return new SQLiteOprator(connectionString);
                default:
                    return new MySqlOperator(connectionString);
            }
        }
        //创建库
        public abstract bool CreateDB(string DBName, string connectionString = "");
```

```
//执行 SQL 语句，进行写、更、删操作
public abstract int ExecuteNonQuery(string strSQL, DbParameter[] parameter=null);//带参数的 SQL 语句
//进行读操作
public abstract Object ExecuteScalar(string strSQL, DbParameter[] parameter = null);//获取单行单列值
public abstract DataTable GetDataTableBySQL(string strSQL, DbParameter[] parameter = null, string tableName = "NewTable");//获取 DataTable
public abstract DataSet GetDataSetBySQL(string strSQL);//获取 DataTable
public abstract String GetJSonDataBySQL(string strSQL, DbParameter[] parameter = null);//获取 JSon 字符串
public abstract String GetJSonDataBySQLEx(string strSQL, bool isGetFirstOrDefault= false, DbParameter[] parameter = null);//获取 JSON 字符串，自定义方式
//执行存储过程
public abstract string ExecuteStoredProcedure(string SP_Name, DbParameter[] parameter=null);//执行存储过程
public abstract List<T> GetEntityModelCollectionBySQL<T>(string strSQL, DbParameter[] parameter = null) where T : new();//获取实体集
public abstract int ExcuteQueryByEntityModel<T>(T objEntity, EQType eqType) where T : new();//获取实体集
public abstract int CreateTableByEntityModel<T>(T t) where T : new();
#region 公共辅助方法
public string GetSaveEntityModelSQLString<T>(T t) where T : new()
{
    string strSQL = "";
    Type type = typeof(T);
    Object objEntity = Activator.CreateInstance(type);   //创建实例
    string keys = "";
    string values = "";
    foreach (PropertyInfo objProperty in type.GetProperties())
    {
        if (objProperty.Name.ToLower() == "id") continue;//不加入 ID 列，一般认为 ID 为自动增长列
        string key = objProperty.Name;

        string value = objProperty.GetValue(t, null)?.ToString();
```

```
                if (objProperty.PropertyType == typeof(DateTime))
                {
                    DateTime dtValue = (DateTime)objProperty.GetValue(t, null);
                    value = dtValue.ToString("yyyy/MM/dd HH:mm:ss");
                }
                string des = "";
                foreach (var item in objProperty.GetCustomAttributes(true))
                {
                    if (item.GetType().Name == "DescriptionAttribute")
                        des = (item as System.ComponentModel.DescriptionAttribute).
Description;
                }
                keys += key + ",";
                values += $"'{value}',";
            }
            keys = keys.TrimEnd(',');
            values = values.Trim(',');
            strSQL = $"insert into {type.Name} ({keys}) values ({values});";
            return strSQL;
        }
        public string GetUpdateEntityModelSQLString<T>(T t) where T : new()
        {
            string strSQL = "";
            Type type = typeof(T);
            Object objEntity = Activator.CreateInstance(type);    //创建实例
            string options = "";
            string search_condition   = "";
            foreach (PropertyInfo objProperty in type.GetProperties())
            {

                string key = objProperty.Name;
                string value = objProperty.GetValue(t, null)?.ToString();

                string des = "";
                foreach (var item in objProperty.GetCustomAttributes(true))
                {
```

```
                if (item.GetType().Name == "DescriptionAttribute")
                    des = (item as System.ComponentModel.DescriptionAttribute).
Description;
            }
            if (objProperty.Name.ToLower() == "id") search_condition = $"Id= {value}";
            else options += $"{key}='{value}',";
        }
        options = options.TrimEnd(',');

        strSQL = $"update {type.Name} set {options}   where {search_condition };";
        return strSQL;
    }
    public string GetDeleteEntityModelSQLString<T>(T t) where T : new()
    {
        string strSQL = "";
        Type type = typeof(T);
        Object objEntity = Activator.CreateInstance(type);   //创建实例
        string search_condition   = "";
        foreach (PropertyInfo objProperty in type.GetProperties())
        {
            string key = objProperty.Name;
            string value = objProperty.GetValue(t, null)?.ToString();
            string des = "";
            foreach (var item in objProperty.GetCustomAttributes(true))
            {
                if (item.GetType().Name == "DescriptionAttribute")
                    des = (item as System.ComponentModel.DescriptionAttribute).
Description;
            }
            if (objProperty.Name.ToLower() == "id")
            {
                search_condition   = $"Id={value}";
                break;
            }
        }
        strSQL = $"delete from {type.Name} where {search_condition };";
```

```
    return strSQL;
}
public string DataReaderToJson(IDataReader dataReader)
{
    try
    {
        StringBuilder jsonString = new StringBuilder();
        jsonString.Append("[");
        while (dataReader.Read())
        {
            jsonString.Append("{");
            for (int i = 0; i < dataReader.FieldCount; i++)
            {
                Type type = dataReader.GetFieldType(i);
                string strKey = dataReader.GetName(i);
                string strValue = dataReader[i].ToString();
                jsonString.Append("\"" + strKey + "\":");
                strValue = StringFormat(strValue, type);
                if (i < dataReader.FieldCount - 1)
                {
                    jsonString.Append(strValue + ",");
                }
                else
                {
                    jsonString.Append(strValue);
                }
            }
            jsonString.Append("},");
        }
        if (!dataReader.IsClosed)
        {
            dataReader.Close();
        }
        jsonString.Remove(jsonString.Length - 1, 1);
        jsonString.Append("]");
        if (jsonString.Length == 1)
```

```
                {
                    return "[]";
                }
                return jsonString.ToString();
            }
            catch (Exception ex)
            {
                throw ex;
            }
        }
        //格式化字符型、日期型、布尔型
        private    string StringFormat(string str, Type type)
        {
            if (type != typeof(string) && string.IsNullOrEmpty(str))
            {
                str = "\"" + str + "\"";
            }
            else if (type == typeof(string))
            {
                str = String2Json(str);
                str = "\"" + str + "\"";
            }
            else if (type == typeof(DateTime))
            {
                str = "\"" + str + "\"";
            }
            else if (type == typeof(bool))
            {
                str = str.ToLower();
            }
            else if (type == typeof(byte[]))
            {
                str = "\"" + str + "\"";
            }
            else if (type == typeof(Guid))
            {
```

```
            str = "\"" + str + "\"";
        }
        return str;
    }
    // 过滤特殊字符
    public    string String2Json(String s)
    {
        StringBuilder sb = new StringBuilder();
        for (int i = 0; i < s.Length; i++)
        {
            char c = s.ToCharArray()[i];
            switch (c)
            {
                case '\"':
                    sb.Append("\\\""); break;
                case '\\':
                    sb.Append("\\\\"); break;
                case '/':
                    sb.Append("\\/"); break;
                case '\b':
                    sb.Append("\\b"); break;
                case '\f':
                    sb.Append("\\f"); break;
                case '\n':
                    sb.Append("\\n"); break;
                case '\r':
                    sb.Append("\\r"); break;
                case '\t':
                    sb.Append("\\t"); break;
                case '\v':
                    sb.Append("\\v"); break;
                case '\0':
                    sb.Append("\\0"); break;
                default:
                    sb.Append(c); break;
            }
```

```
                }
                return sb.ToString();
            }
            #endregion
        }
        public enum EQType
        {
            Add=1,
            Update=2,
            Delete=3
        }
    }
```

在抽象工厂中，用户通过 CreateDBFactory(string connectionString="",string dbType= GlobalObjectProvider.defaultDBType)方法创建实体操作对象，该方法提供两个入参，且提供默认入参 connectionString 和 defaultDBType，默认链接字符串将在 GlobalObjectProvider 中设定，如果用户提供了连接字符串，则不使用配置文件的连接。CreateDBFactory 根据 dbType 字符串判定用户的数据库类型，系统支持 MSSQLServer、MySQL 和 SQLite 数据库。在抽象工厂中，系统提供了 CreateDB、ExecuteNonQuery、ExecuteScalar、GetDataTableBySQL、GetDataSetBySQL、GetJSonDataBySQL、GetJSonDataBySQLEx、ExecuteStored-Procedure、GetEntityModelCollectionBySQL、ExcuteQueryByEntityModel 和 CreateTableByEntityModel 等 11 个抽象方法，继承该抽象工厂的类必须实现这 11 个抽象方法。除了这 11 个抽象方法外，工厂还为继承了本类的实体类提供了公共辅助方法，GetSaveEntityModelSQLString 方法采用泛型的入参，通过反射机制，为用户提供实体类到 JSON 方法的转换；GetUpdateEntityModelSQLString 提供了从实体类到可执行 SQL 语句的转换；DataReaderToJson 提供了从 IDataReader 对象中获取 JSON 数据的方法；开发人员可以采用 StringFormat 方法将数据转化为 JSON 数据类型。

针对抽象工厂，系统实现了两类数据访问层，针对 SQL Server 的 MSSQLOprator 的类库如下：

```
using System;
using System.Collections.Generic;
using System.Data;
using System.Data.Common;
using System.Data.SqlClient;
using System.Linq;
using System.Reflection;
using System.Text;
/*
数据库修改排序规则，修复汉字变问号的问题
1.修改数据库为单用户模式
    alter database "D:\WORKBENCH\COSHARPSOFT\DBS\SYSDB.MDF" set single_
user with rollback immediate;
2.修改排序规则（这里为中文  拼音  不区分大小写）
    alter database [D:\WORKBENCH\COSHARPSOFT\DBS\SYSDB.MDF] collate
Chinese_PRC_CI_AS;
3.重新设置为多用户模式
    alter database [D:\WORKBENCH\COSHARPSOFT\DBS\SYSDB.MDF]  set multi_
user;
 */
namespace ACLib.DBHelper.DALs
{
    //Install-Package System.Data.SqlClient
    public class MSSQLOprator : AbstractFactory
    {
        //默认为第一个连接串
        string DBConnectionString = GlobalObjectProvider.DBConnectionDict["MSSQL"][0];
        public MSSQLOprator(string connectionString)
        {
            //如果指定，则用指定串
            if(!string.IsNullOrEmpty(connectionString)) DBConnectionString = connectionString;
        }
        private SqlConnection GetConnection()
        {
            SqlConnection conn = new SqlConnection();
            conn.ConnectionString = DBConnectionString;
            return conn;
```

```
        }
        public override bool CreateDB(string DBName, string connectionString = "")
        {
            bool bResult = false;
            SqlConnection conn = GetConnection();
            conn.ConnectionString = connectionString!=""? connectionString :
GlobalObjectProvider.DBConnectionDict["MSSQL"][1];
            conn.Open();
            SqlCommand cmd = new SqlCommand();
            cmd.Connection = conn;
            cmd.CommandText = string.Format("DROP DATABASE IF EXISTS {0};
CREATE DATABASE {0};", DBName);
            bResult = cmd.ExecuteNonQuery() > 0 ? true : false;
            cmd.Dispose();
            conn.Close();
            return bResult;
        }
        public override int ExecuteNonQuery(string strSQL, DbParameter[] parameter = null)
        {
            int iRows = -1;
            SqlConnection conn = GetConnection();
            conn.Open();
            SqlCommand cmd = new SqlCommand();
            cmd.Connection = conn;
            cmd.CommandText = strSQL;
            if (parameter?.Length> 0) cmd.Parameters.AddRange(parameter);//如果有参
数，则执行带参数调用
            iRows = cmd.ExecuteNonQuery();
            cmd.Dispose();
            conn.Close();
            return iRows;
        }
        public override object ExecuteScalar(string strSQL, DbParameter[] parameter = null)
        {
            object oResult;
            SqlConnection conn = GetConnection();
            conn.Open();
```

```
            SqlCommand cmd = new SqlCommand();
            cmd.Connection = conn;
            cmd.CommandType = CommandType.Text;
            cmd.CommandText = strSQL;
            if (parameter?.Length> 0) cmd.Parameters.AddRange(parameter);//如果有参
数，则执行带参数调用
            oResult = cmd.ExecuteScalar();
            cmd.Dispose();
            conn.Close();
            return oResult;
        }
        public override string ExecuteStoredProcedure(string SP_Name, DbParameter[]
parameter = null)
        {
            string jsonResult = null;
            SqlConnection conn = GetConnection();
            conn.Open();
            SqlCommand cmd = new SqlCommand(SP_Name, conn);
            cmd.CommandType = CommandType.StoredProcedure;
            #region 数据读取
            if (parameter?.Length> 0)
            {
                foreach (var param in parameter)
                {
                    //cmd.Parameters.AddWithValue(param.ParameterName, param.Value);
                    cmd.Parameters.Add(param.ParameterName,  (SqlDbType)param.
DbType, param.Size);
                    cmd.Parameters[param.ParameterName].Value = param.Value;
                    cmd.Parameters[param.ParameterName].Direction = param.Direction;
                }
            }
            SqlDataReader dataReader = cmd.ExecuteReader();
            jsonResult = base.DataReaderToJson(dataReader);
            #endregion
            dataReader.Dispose();
            cmd.Dispose();
            conn.Close();
```

```
            return jsonResult;
        }
        public override DataTable GetDataTableBySQL(string strSQL, DbParameter[] parameter = null, string tableName = "NewTable")
        {
            return GetDataSetBySQL(strSQL).Tables[0];
        }

        public override List<T> GetEntityModelCollectionBySQL<T>(string strSQL, DbParameter[] parameter = null)
        {
            List<T> objList = new List<T>();
            T obj = new T();
            #region 数据读取
            SqlConnection conn = GetConnection();
            conn.Open();
            SqlCommand cmd = new SqlCommand();
            cmd.Connection = conn;
            cmd.CommandType = CommandType.Text;
            cmd.CommandText = strSQL;
            if (parameter?.Length> 0) cmd.Parameters.AddRange(parameter);//如果有参数，则执行带参数调用
            SqlDataReader dataReader = cmd.ExecuteReader();
            while (dataReader.Read())
            {
                obj = new T();
                Type t = obj.GetType();
                foreach (var prop in t.GetProperties())
                {
                    string key = prop.Name;
                    for (int i = 0; i < dataReader.FieldCount; i++)
                    {
                        //属性名与查询出来的列名比较
                        if (key.ToLower() != dataReader.GetName(i).ToLower()) continue;
                        var value = dataReader[i];//dataReader[key];//改为i，以不区分大小写

                        if (value == DBNull.Value) continue;
```

```
                    obj.GetType().GetProperty(key).SetValue(obj, value, null);
                    break;
                }
            }
            objList.Add(obj);
        }
        #endregion
        conn.Close();
        cmd.Dispose();
        dataReader.Dispose();
        return objList;
    }
    public override string GetJSonDataBySQL(string strSQL, DbParameter[] parameter
= null)
    {
        string sResult;
        SqlConnection conn = GetConnection();
        conn.Open();
        SqlCommand cmd = new SqlCommand();
        cmd.Connection = conn;
        cmd.CommandType = CommandType.Text;
        cmd.CommandText = strSQL;
        if (parameter?.Length> 0) cmd.Parameters.AddRange(parameter);//如果有参
数，则执行带参数调用
        SqlDataReader aReader = cmd.ExecuteReader();
        sResult = base.DataReaderToJson(aReader);
        cmd.Dispose();
        conn.Close();
        return sResult;
    }
    public override string GetJSonDataBySQLEx(string strSQL, bool isGetFirstOrDefault
= false, DbParameter[] parameter = null)
    {
        string sResult = "";
        using (SqlConnection conn = GetConnection())
        {
            using (SqlCommand cmd = new SqlCommand())
            {
```

```
                    conn.Open();
                    cmd.Connection = conn;
                    cmd.CommandText = strSQL;
                    if (parameter?.Length> 0) cmd.Parameters.AddRange(parameter);//
如果有参数，则执行带参数调用
                    SqlDataReader aReader = cmd.ExecuteReader();
                    if (!isGetFirstOrDefault) sResult += "[";
                    while (aReader.Read())
                    {
                        sResult += "{";
                        for (int i = 0; i < aReader.FieldCount; i++)
                        {
                            string key = aReader.GetName(i).ToString();
                            string value = aReader.IsDBNull(i) ? "" : aReader[i].ToString();
                            string typeName = aReader.GetDataTypeName(i);
                            if (typeName.ToLower() != "int") value = $"\"{value}\"";
                            sResult += $"\"{key}\":{value},";
                        }
                        sResult = sResult.TrimEnd(',');
                        sResult += "},";
                        if (isGetFirstOrDefault) break;
                    }
                    sResult = sResult.TrimEnd(',');
                    if (!isGetFirstOrDefault) sResult += "]";
                }
            }
            sResult = sResult == "[]" ? "" : sResult;
            return sResult;
        }
        public override int ExcuteQueryByEntityModel<T>(T t,EQType eqType)
        {
            int iResult = -1;
            switch (eqType)
            {
                case EQType.Add:
                    iResult = ExecuteNonQuery(base.GetSaveEntityModelSQLString(t));
                    break;
                case EQType.Update:
```

```
                    iResult = ExecuteNonQuery(base.GetUpdateEntityModelSQLString(t));
                    break;
                case EQType.Delete:
                    iResult = ExecuteNonQuery(base.GetDeleteEntityModelSQLString(t));
                    break;
                default:
                    break;
            }
            return iResult;
        }
        public override DataSet GetDataSetBySQL(string strSQL)
        {
            DataSet ds = new DataSet();
            SqlConnection conn = GetConnection();
            conn.Open(); SqlDataAdapter adapter = new SqlDataAdapter(strSQL, conn);
            adapter.Fill(ds);
            adapter.Dispose();
            conn.Close();
            return ds;
        }
        public override int CreateTableByEntityModel<T>(T t)
        {
            int iResult = -1;
            string strSQL = $"IF EXISTS(Select * From Sysobjects Where type = 'U' and
name = '{t.GetType().Name}') drop table {t.GetType().Name};Create Table {t.GetType().
Name} (Id int identity(1,1),\r\n";
            Type type = typeof(T);
            Object objEntity = Activator.CreateInstance(type);   //创建实例
            #region 遍历字段
            foreach (PropertyInfo objProperty in type.GetProperties())
            {
                if (objProperty.Name.ToLower() == "id") continue;//不加入 ID 列，一
般认为 ID 为自动增长列
                string key = objProperty.Name;
                string keyType = objProperty.PropertyType.Name.ToUpper();
//INT|DOUBLE|FLOAT|DATETIME|NVARCHAR(127)|TEXT
                if (keyType == "STRING")
                {
```

```
                        int len = -1;
                        foreach (var item in objProperty.GetCustomAttributes(true))
                        {
                            if (item.GetType().Name == "MaxLengthAttribute")
                                len = (item as System.ComponentModel.DataAnnotations.
MaxLengthAttribute).Length;
                        }
                        if (len == -1) keyType = "NVARCHAR(255)";// "NVARCHAR(MAX)";
                        else if (len < 255) keyType = $"NVARCHAR({len})";
                        else keyType = "NTEXT";
                    }
                    if (keyType.ToUpper().StartsWith("INT")) keyType = "INT";
                    if (keyType.ToUpper().StartsWith("DOUBLE")) keyType = "FLOAT";
                    if (keyType.ToUpper().StartsWith("OBJECT")) keyType = "NTEXT";

                    strSQL += $"{key} {keyType},\r\n";
                }
                #endregion
                strSQL = strSQL.TrimEnd(new char[] { ',', '\r', '\n' });
                strSQL += ");";
                #region 如果不存在数据库，则创建数据库

                #endregion
                iResult = ExecuteNonQuery(strSQL);//创建表
                return iResult;
            }
        }
    }
```

在对 MSSQLServer 数据库进行插入操作时，如果不修改排序规则，则插入的汉字将变成问号，解决方法之一是在插入的字符串前加一个 N，如 N'男'，但并非所有数据库都支持这种方式。解决方法之二是采用类中提供的方法修改数据库的排序规则。在 MSSQLOprator 的构造函数中，如果调用者提供了 connectionString，则使用用户的连接字符串；如果没有提供，则使用 GlobalObjectProvider 提供的数据连接字符串 GlobalObjectProvider.DBConnectionDict["MSSQL"][0]，在配置文件中，DBConnectionDict["MSSQL"][1]是连接主服务器数据的，用于连接数据库引

擎后创建用户数据库。由于 MSSQLOprator 继承了 AbstractFactory 类，因此 MSSQLOprator 必须实现 AbstractFactory 定义的抽象方法，即需要完成对数据表的创建和读、写、更、删。

针对 MySQL 的 MySqlOperator，该类库和 MSSQLOprator 具有相似的结构，它们都继承和实现了抽象工厂类 AbstractFactory，提供基础的数据库操作，以供 DLL 层进行调用，让开发者也可以自己继承 AbstractFactory 抽象类和实现相应的抽象方法，定义自己的数据访问层。其他子系统可以通过抽象工厂定义自己的数据访问对象或使用 ACLib 提供的默认数据访问对象：

```
var _DBContext= ACLib.DBHelper.DALs.AbstractFactory.CreateDBFactory("连接字符串",
"MySQL");
```

或

```
var _DBContext = ACLib.GlobalObjectsProvider.dbContext;
```

DAL 层的中连接字符串由配置文件给出。

3. 全局配置静态类库 GlobalObjectsProvider

为了提供统一身份认证系统和其他业务应用的一致性静态参数，在共享类库中设置了一个全局配置类库 GlobalObjectsProvider，该类库提供了一批系统配置参数，如统一身份认证系统的跳转配置、映射的全局静态文件存放路径、各服务器 URL 和默认数据连接对象等，用于其他系统的调用，该类库的代码如下：

```
using System;
using System.Collections.Generic;
using System.IO;
using System.Linq;
using System.Text;
using System.Xml.Linq;
namespace ACLib
{
    public static class GlobalObjectsProvider
    {
        public static string configFilePath =Path.Combine(@"D:\Workbench\CoSharpSoft\
WebSiteStaticFiles\", @"ACLibConfig.xml");//Directory.GetCurrentDirectory()
        //const string conStr = "Data Source=127.0.0.1;Initial Catalog=sinolaDB;Persist
```

```
Security Info=True;User ID=sa;Password=s@123456";
        static string conStr = XDocument.Load(configFilePath).Element("Configuration").
Element("Configs").Element("DBConnectionString").Attribute("connectionString").Value.T
oString();
        public static ACLib.DBHelper.DALs.AbstractFactory dbContext = ACLib.DBHelper.
DALs.AbstractFactory.CreateDBFactory(conStr, "MSSQL");
        public static string[] AsymmetricKeypair = { XDocument.Load(configFilePath).
Element("Configuration").Element("AsymmetricKeypair").Element("PrivateKey").Value ,
            XDocument.Load(configFilePath).Element("Configuration").
Element("AsymmetricKeypair").Element("PublicKey").Value};
        public static Dictionary<string, string> ApplicationServers = LoadServerInfo();
        public static Dictionary<string, string> LoadServerInfo()
        {
            Dictionary<string, string> AppServers = new Dictionary<string, string>();
            XDocument xDoc = XDocument.Load(configFilePath);
            var servers = (from appServer in xDoc.Element("Configuration").
Element("WebSiteUrl").Descendants("ApplicationServers")
                          select new
                          {
                              id= appServer.Attribute("id").Value,
                              key =appServer.Attribute("name").Value,
                              value = appServer.Attribute("url").Value
                          }).ToList();
            foreach (var item in servers)
            {
                AppServers.Add(item.id, item.value);
            }
            return AppServers;
        }
    }
}
```

在全局配置静态类库 GlobalObjectsProvider 中，类库的配置参数存放在 ACLibConfig.xml 配置文件中，用静态变量 configFilePath =Path.Combine(@"D:\Workbench\CoSharpSoft\WebSiteStaticFiles\",@"ACLibConfig.xml")保存，其路径可采用相对路径，也可采用绝对路径，这里采用绝对路径，其优势有：当系统

发布到服务器上时，其发布文件的覆盖不影响配置文件；在开发环境中，连接的数据库和部分配置是针对开发人员的，而在生产环境下，不允许开发人员更改用户的数据或向数据库添加临时数据，因此不采用相对路径。

4. 其他相关命名空间与类库

在 DBHelper 中，还有一个 BLL 命名空间，该空间中是实现各子系统共享调用的业务逻辑，比如用户访问类库 UsersBLL 等。而用户自定义的类库存放在 UCLib 命名空间。很多工具转换类存放在 Tools 命名空间。Middlewares 命名空间存放的是各子系统共享的中间件。Models 除了存放公共模型外，其他子系统共享的模型分别存放在以子系统命名的空间中。

9.3 统一身份认证系统

1. 统一身份认证系统的功能框架结构

统一身份认证系统（IDS）的功能框架结构如图 9-3 所示。

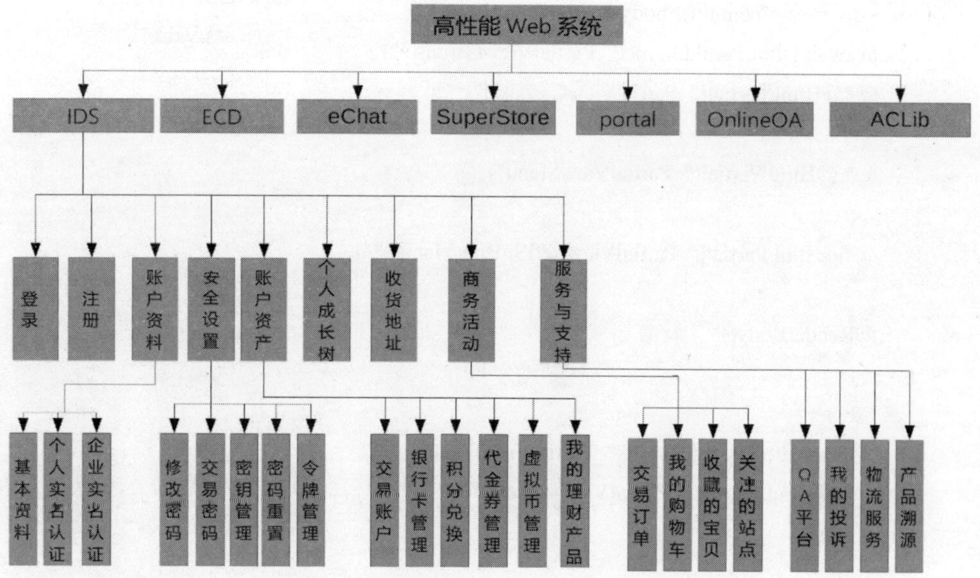

图 9-3 统一身份认证系统中的功能框架结构

统一身份认证服务器承载着系统的整个认证与授权任务，同时管理着用户的基本信息，如用户的基础资料、用户的账户安全设置、用户的账户资产、用户在平台的成长记录、用户在平台的商务活动、平台的使用指南。

2. 保证系统外观一致与模块复用

为了保持统一身份认证系统界面外观的一致性，采用布局页控制整体的界面外观，布局页的核心代码如下：

```
</footer>
@RenderSection("Scripts", required: false) <!DOCTYPE html>
<html>
<head>
 ……
@RenderSection("Links", required: false)
</head>
<body>
@await Html.PartialAsync("_PartialViewHeader")
@*@Html.Partial("_PartialViewHeader")*@

<div class="container body-content">
@await Html.PartialAsync("_PartialViewCarousel")
@*@Html.Partial("_PartialViewCarousel")*@

@* @Html.Partial("_PartialViewMenu")*@

@*@Html.Partial("_PartialViewLeftSidebarMenu")*@

@RenderBody()

<footer>
@await Html.PartialAsync("_PartialViewFooter")
@* @Html.Partial("_PartialViewFooter")*@
</footer>
</div>

……
```

```
@RenderSection("Scripts", required: false)
</body>
</html>
</body>
</html>
```

在布局页中有两个占位符——@RenderSection("Links", required: false) 和@RenderSection ("Scripts", required: false)，用于在视图页中插入@section Links 的 CSS 样式表和@section Scripts 的 JS 代码，而@RenderBody()占位符用于渲染视图页。在布局页中采用@await Html.PartialAsync("_PartialViewCarousel")的异步方式调用各部分页，以复用系统中静态的部分页模块，采用部分页的方式设计一些常用的静态页模块是为了统一网站的风格和代码复用，而动态模块将采用 ViewComponents 组件的形式发布；系统中的共享部分页放在统一身份认证系统的 Shared 目录下，如图 9-4 所示。

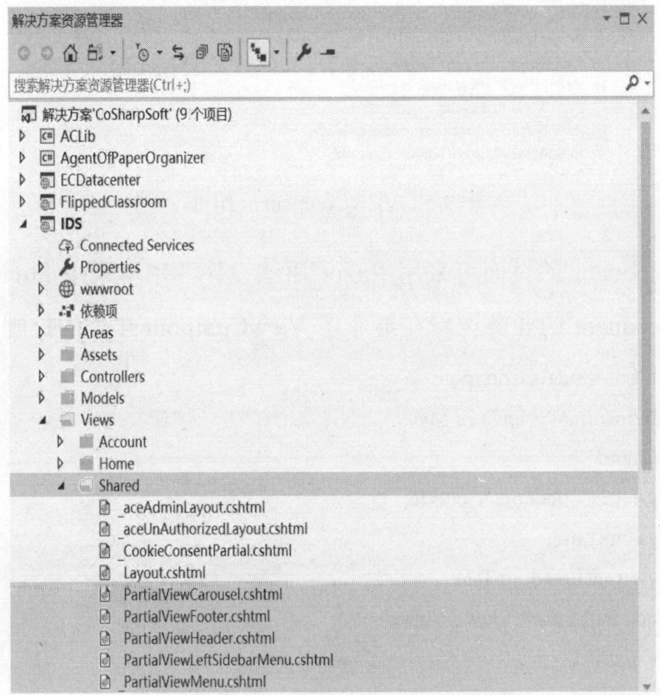

图 9-4 Shared 目录

部分页没有自己的控制器，其数据可以由调用者传入，如果部分页不能满足设计者的要求，则可采用 ViewComponent 组件，如图 9-5 所示。

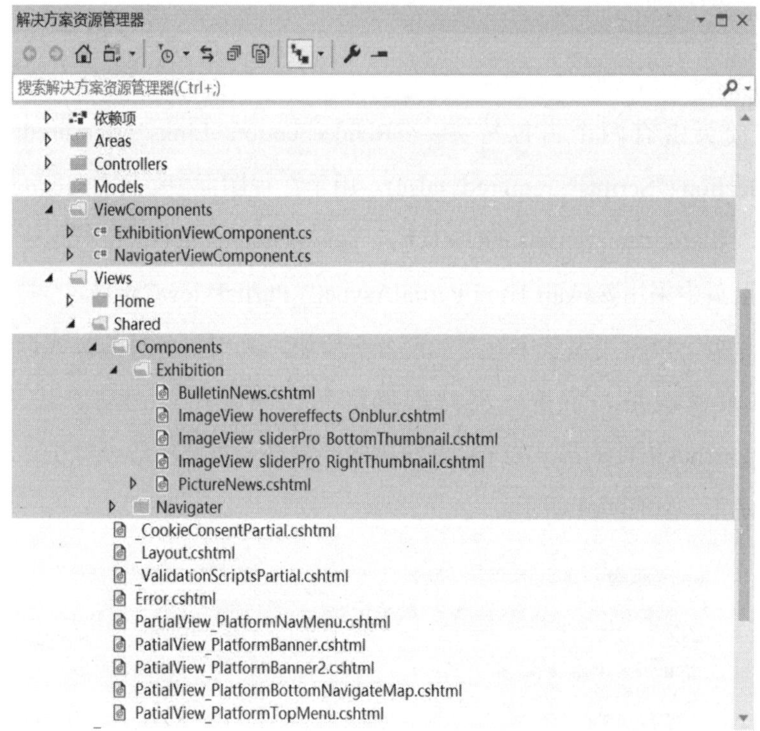

图 9-5　ViewComponent 组件

ViewComponent 的页面可采用 Razor 语法设计，也可采用 html+CSS+JS 设计。ViewComponent 的业务逻辑在继承了 ViewComponent 类的控制器中实现：

```
using ACLib.Models.Common;
using Microsoft.AspNetCore.Mvc;
using System;
using System.Collections.Generic;
using System.Linq;
using System.Threading.Tasks;
namespace Superstore.ViewComponents
{
    [ViewComponent(Name = "Exhibition")]
    public class ExhibitionViewComponent : ViewComponent
```

```
    {
        public async Task<IViewComponentResult> InvokeAsync(string viewName,
string viewParam)
        {
            var items = await GetItemsDataAsync(viewName,viewParam);
            return View(viewName, items);
        }
    }
}
```

要求该类实现 public async Task<IViewComponentResult> InvokeAsync()方法。

在布局页中，引入了两个 section：@RenderSection("Links", required: false)和@RenderSection("Scripts", required: false)，分别用来渲染样式表和 js 脚本。建议在<head />中渲染样式表，在<body />的末尾渲染 js 脚本。

3. 统一身份认证系统的用户后台管理系统

用户后台管理系统采用 ACE-Admin 布局管理器进行管理，通过这个后台管理系统，用户可以维护自己账户资料、设置自己账户安全和金融资产等，如图 9-6 所示。

图 9-6 统一身份认证系统的用户后台管理系统

通过 ACE-Admin 的导航菜单调用各页面，该布局可自适应用户的屏幕。

9.4　业务服务器的开发与集成

其他业务系统同样运用.NET Core 实现，主要包括聊天转发子系统 eChat、在线办公 OnlineOA、系统门户 Portal、商城 Superstore 和其他业务系统 FlippedClassroom，如图 9-7 所示。

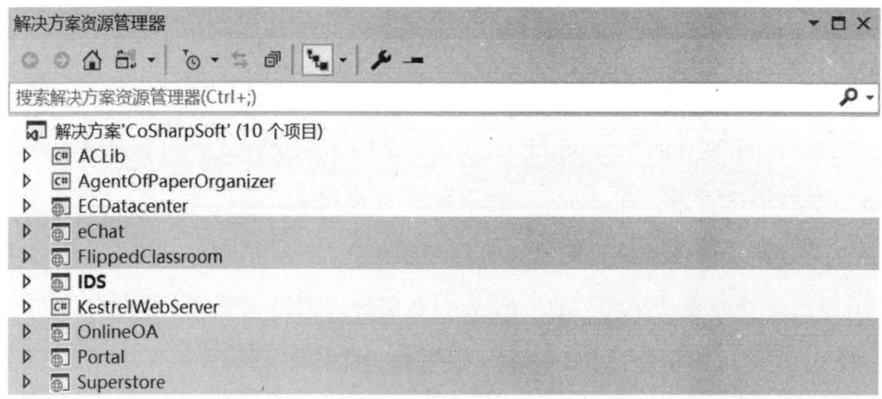

图 9-7　其他业务系统

其他系统实现的业务逻辑在这里不再赘述，但是要求其他系统和统一身份认证系统需要共享一个文件系统，因此，在每个子系统中必须将统一身份认证系统配置中的静态文件目录映射到本系统，映射代码如下：

```
app.UseStaticFiles(new StaticFileOptions()
{
    ServeUnknownFileTypes = true, //mime type 限制设定，省略为默认文件类型
    FileProvider = new Microsoft.Extensions.FileProviders.PhysicalFileProvider(ACLib.
IDSHelper.CookieAuthOptions.ServerSharedStaticFilesPath),  //文件所在物理路径
    RequestPath = new PathString(ACLib.IDSHelper.CookieAuthOptions.
ClientMapRequestPath) //映射路径
});
```

目录映射使得各子系统的静态文件可以共享访问。

9.5　即时消息服务器 eChat

9.4 节提到的 eChat 是一个即时通信系统。为了便于商务联系，以低成本实现商务交流或工作交流，系统平台提供了一项 eChat 即时通信服务。

现在网络时代最受人们喜爱的沟通方法就是人们使用的及时通信（Instant Messaging，IM），各类不同功能的信息沟通软件应运而生，种类繁多。毫无疑问，网络是现在人们快速沟通的桥梁。人们根据现有的计算机工作的方式并综合现在的人们熟知的应用技术手段，编写出来一套可以实现的快速实时的沟通软件，这种软件是在 SignalR 的基础上研发而成的，目前已广泛使用。

9.5.1　即时通信技术的发展

现在人们每天使用的网络与 IM 有着不可分割的联系，它是通过网络中规定的一系列协议（ICP/IP）完成使用的，但是必须通过网络的方式才能得以实现。

人们最开始使用的交流工具叫作 Internet 中继聊天，即 Internet Relay Chat（IRC），这种通信协议的弊端就是它仅是单纯的字符等，这就让人们的沟通与交流变得单一枯燥无味了。伴随日异月新的信息互联网技术的发展，人们在网络上的沟通方式不再只是简单的 IRC 形式，自 1996 年 IM 公司研发了一种叫作 ICQ 的聊天工具后，网络聊天变得丰富起来，人们可以通过 video、声音传递、发送信息等更高端的交流方式，这些都可以通过 IM 进行操作。这就使得 IM 软件为人们在高速发达的信息网络时代搭建了一个沟通实现共享的网络家园。现在人们常用的软件有腾讯的微信、QQ 等。

9.5.2　即时通信技术

C/S 架构下，开发 IM 软件需要解决如下三个问题：

（1）万维网是 IM 软件通过网络 IE 查询实现的一种手段，叫作双全工通信：也就是指在通信过程中，发送数据的同时能够接收数据的通信方式。

（2）低延迟。是指其中一个浏览器可以通过网络服务器迅速地传达给另一个浏览器，反之也可行，但需要所有浏览器都能够迅速地发送网络服务器的内容。服务器可以很快地把数据发送给网络查询软件。

（3）支持跨域。一般来说，服务器和网络查询软件都存在于不同的地址，服务器端不允许浏览器访问文件目录，浏览器端将显示提示信息“不允许访问文件列表”，即便是相同的域名，这些都是为了因为网络信息的安全性着想。

全双工低延迟的解决方案如下：

（1）客户端浏览器轮询服务器是一个最简单有效的方法，它把 Ajax 的每个时间段传送给服务器，服务器同样操作。通过这些数据反馈的数据信息，可以通过网络做到实时的信息交流。该方案的优势在于方便、易操作，劣势在于会造成服务器的压力过大，消耗较多网络流量。

（2）长轮询（long-polling）。通过上面提到的方法，我们发现，要不断地发送请求并且一次一个，而且无论有没有改变都要这样做，发送后程序会自动结束。可以看出，这种情况是可以避免的，于是出现了长时间保持客户端与服务器的连接。将时间间隔设置长一点，然后做无限循环，也就是请求并得到回传时，再次发送一个请求出去，但是一旦出现改变就需要立即做出反应，否则需要每隔一段时间更新一次数据。如果在操作时出现问题，就需要发送请求，会在很大程度上降低需求。

（3）基于 http-stream 通信。上面的 long-polling 技术为了保持客户端与服务端的长连接采取的是服务端阻塞（保持响应不返回）、客户端轮询的方式。在 Comet 技术中，还存在一种基于 http-stream 流的通信方式，其原理是让客户端在一次请求中保持和服务端连接不断开，然后服务端源源不断传送数据给客户端，就好比数据流一样，并不是一次性将数据全部发给客户端。它与 polling 方式的区别在于整个通信过程客户端只发送一次请求，然后服务端保持与客户端的长连接，并利用这个连接回送数据给客户端。

（4）SSE（Server-sent Events，服务器推送事件）。为了解决浏览器只能够单向传输数据到服务端，HTML5 提供了一种新的技术——SSE，它能够实现客户端请求服务端，然后服务端利用与客户端建立的这条通信连接 push 数据给客户端，客户端接收数据并处理的目的。从独立的角度看，SSE 技术提供的是从服务器单向推送数据给浏览器的功能，但是配合浏览器主动请求，实际上就实现了客户端和服务器的双向通信。它的原理是在客户端构造一个 eventSource 对象，该对象具有 readySate 属性，说明如下：

- 0：正在连接到服务器。
- 1：打开了连接。
- 2：关闭了连接。

同时 eventSource 对象会保持与服务器的长连接，断开后会自动重连，如果要强制断开可以调用它的 close 方法。可以监听它的 onmessage 事件，服务端遵循 SSE 数据传输的格式给客户端，客户端在 onmessage 事件触发时就能够接收到数据，从而进行某种处理。

（5）WebSocket。基于开源程序的基础，对其代码进行增加、删除、修改或者优化，使之在功能上符合新的需求。这项技术是通过单一性传达信息给两者实现的，网页的展示形式而制定的一种标记语言目的是更好发挥万维网的效用，是基于 TCP 的一种新的网络协议。它实现了浏览器与服务器全双工通信——允许服务器主动给客户端发送信息。

WebSocket 工作过程如下：TCP 的一种新的网络协议是一种实现了浏览器与服务器全双工通信——允许服务器主动给客户端发送信息，会传递请求给需要的地址，一旦接收到该协议，就可以进行改变，给另一方回馈一零一的回应，这种运行过程叫作临时性交互，通过这种操作，形成了传输控制协议（互联网协议组的主要协议），这两者之间完成了相互的沟通交流关系。HTTP 协议为单向协议，即浏览器只有向服务器请求资源，服务器才能将数据传送给浏览器，而服务器不能主动向浏览器传递数据。其分为长连接和短连接，短连接是每次 HTTP 请求时都需要三次握手才能发送自己的请求，每个请求对应一个应答；长连接是短时间内保持连接，保持 TCP 不断开，指的是分 TCP 连接。

WS 数据格式如图 9-8 所示。

```
 0                   1                   2                   3
 0 1 2 3 4 5 6 7 8 9 0 1 2 3 4 5 6 7 8 9 0 1 2 3 4 5 6 7 8 9 0 1
+-+-+-+-+-------+-+-------------+-------------------------------+
|F|R|R|R| opcode|M| Payload len |    Extended payload length    |
|I|S|S|S|  (4)  |A|     (7)     |             (16/64)           |
|N|V|V|V|       |S|             |   (if payload len==126/127)   |
| |1|2|3|       |K|             |                               |
+-+-+-+-+-------+-+-------------+ - - - - - - - - - - - - - - - +
|     Extended payload length continued, if payload len == 127  |
+ - - - - - - - - - - - - - - - +-------------------------------+
|                               |Masking-key, if MASK set to 1  |
+-------------------------------+-------------------------------+
| Masking-key (continued)       |          Payload Data         |
+-------------------------------- - - - - - - - - - - - - - - - +
:                     Payload Data continued ...                :
+ - - - - - - - - - - - - - - - - - - - - - - - - - - - - - - - +
|                     Payload Data continued ...                |
+---------------------------------------------------------------+
```

图 9-8　WS 数据格式

我们任务中的传输控制协议（Transmission Control Protocol，TCP）在这里是关键的，其中，ACK 是可能与 SYN、FIN 等相同时间内使用的，比如 SYN 和 ACK 可能相同时间是 1，它的意思就是建立连接之后的响应，如果只是单独的一个 SYN，则表示只建立连接。TCP 的几次握手就是通过 ACK 表现出来的。但 SYN 与 FIN 是不会在相同时间为 1 的，因为前者的意思是建立连接，而后者的意思是断开连接。在 TCP 层有 FLAGS 字段，该字段有 SYN、FIN、ACK、PSH、RST、URG 标识。其中，我们日常分析常用前面五个标识。它们的含义如下：

URG：应急点信息的时效性。

SYN：表示建立连接。

FIN：表示关闭连接。

ACK：表示响应。

PSH：表示有 DATA 数据传输。

于是要求无论是哪种传达信息时，都需要把信息通过以上方法整合好才能传达。

9.5.3 即时通信技术的实现——SingalR

自动处理连接管理使得网络上的一些应用可以实现简单化的操作。自动处理连接管理的功能是可以快速、及时地将信息传递到相应位置，实现操作运行。我们熟知的微信网页版、短视频、通信交流等都可以应用，还可以应用于公司实时交流、学校培训等。综上所述，它的应用范围很广。

SignalR 提供了一个用于创建服务器到客户端远程过程调用（RPC）的 API。RPC 通过服务器端.NET Core 代码调用客户端上的 JavaScript 函数。ASP.NET Core SignalR 的功能如下：

（1）自动管理连接。使得网络上的一些应用的操作更加简单。

（2）传递信息给全部客户端，如 QQ 群等。

（3）在指定的客户端组及客户端接收信息。

（4）扩展以处理更多流量。

SignalR 用于处理实时通信的方法有 WebSockets、服务器发送事件和长轮询三种。SignalR 与基于 TCP/IP 的 Socket 概念十分相似，它代表了在操作系统中传输数据的双方，只是它不再基于网络协议，而是操作系统本身的文件系统；如果不能使用 WebSockets，那么可使用 long-polling 模式。我们会发现最有效的就是通过 SignalR 在服务器和客户端中的筛选操作。

服务器和客户端的信息交流是通过 SignalR 运行的。多端口的转发器可以让服务器和客户端之间进行调试。Central Processing Unit 可以自主完成一些功能性要求，并且可以使服务器和客户端之间进行调试。通过传达信息的方式实现操作，达到将 HTTP 请求数据绑定到 Action 的参数中的目的。SignalR 提供两个内置中心协议：JavaScript Object Notation 与极少数的信息基本相同，然而记载时针对一些数据内容是需要大量修缮工作的，这样可以降低没有意义的数据内容，同时减少缓存内存，以增加有效的记载。

之前使用的网络检索工具需要跨域资源共享给予供给。我们把一些信息传达到数据库作为调试信息。这还需要我们将两者之间的数据进行比对。一旦达到配比要求，就可以运行并把有效信息传递给它。

9.5.4 系统体系结构图

即时消息通信系统的系统体系结构如图 9-9 所示。

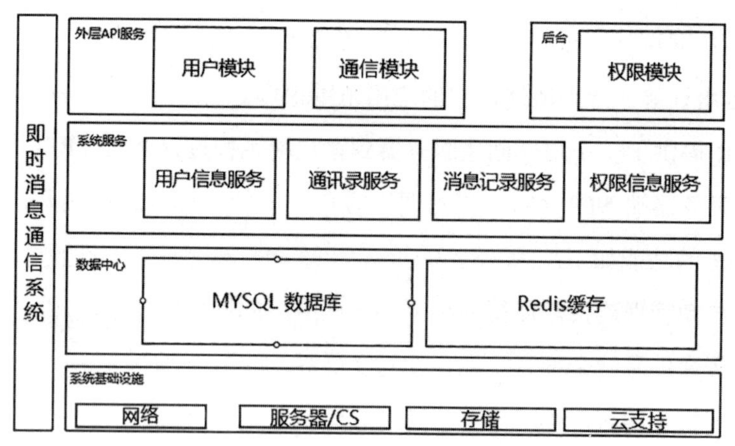

图 9-9 系统体系结构

系统总体功能设计可以分为三大模块：用户模块、通信模块、权限模块。

（1）用户模块。使用行为、更新设置、检索用户性质，重设用户性质等。

（2）通信模块。包括好友分组、用户搜索、添加好友、查看好友基本信息、好友一对一聊天、新建群聊、查找群聊、群聊、发送文本消息、发送视频消息、发送音频消息、历史消息回看。

（3）权限模块。包括系统角色划分、角色信息添加、用户信息搜索、授予/收回用户角色。

echat 聊天界面如图 9-10 所示。

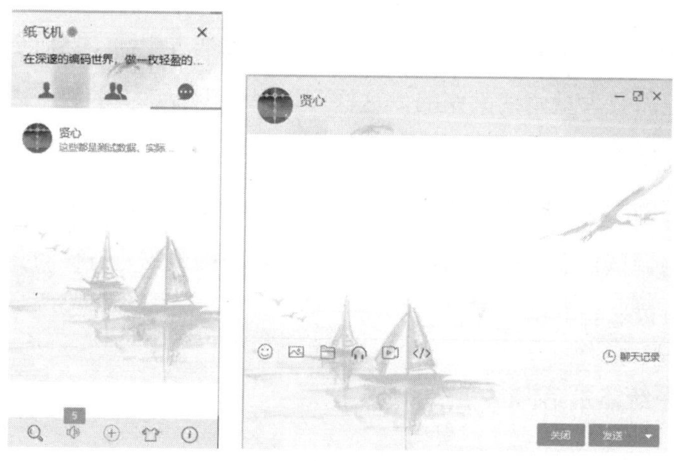

图 9-10 echat 聊天界面

9.5.5 关键技术剖析

在整个聊天系统中，有如下两个关键技术需要解决。

1. 注册在服务器 HUB 的用户数量限制

当在服务中注册的用户越来越多时，服务器的推送压力越来越大。但达到服务器能够推送的上限时，将导致服务器拒绝服务，解决方法之一是建立聊天室，同一个聊天室限制用户注册数量。各聊天室部署在不同的物理服务器上，以保证连接数。

2. 快速滚动增长的聊天记录

假设平均每个用户平均每天发表聊天记录 0.1 条，则在百万级的访问中，每天的聊天记录达到数十万条。这对记录用户聊天的数据库表来说，是一个巨大的压力。因此如何保存用户的聊天记录是一个值得研究的问题。解决方案之一是为每个用户构建一个 SQLite 数据库，该数据保存在统一共享文件系统的私人文件目录下，即每人一个聊天数据库，而共享的图片和媒体文件不存入数据库，由分布式静态文件系统维护，权限为私人对私人共享。该方法解决了聊天记录恶性膨胀问题，但导致系统数据访问性能流失。

9.6 WebAPI 的远程调用

基于 API 项目的特殊性，它需要有一个完全安全的环境，所以.NET Core 中的 API 控制器看起来有点特别，有以下 5 个方法：

```
[Route("api/[controller]")]
    [ApiController]
    public class ValuesController : ControllerBase
    {
        // GET api/values
        [HttpGet]
        public ActionResult<IEnumerable<string>> Get()
        {
```

```
        return new string[] { "value1", "value2" };
    }
    // GET api/values/5
    [HttpGet("{id}")]
    public ActionResult<string> Get(int id)
    {
        return "value";
    }
    // POST api/values
    [HttpPost]
    public void Post([FromBody] string value)
    {
    }
    // PUT api/values/5
    [HttpPut("{id}")]
    public void Put(int id, [FromBody] string value)
    {
    }
    // DELETE api/values/5
    [HttpDelete("{id}")]
    public void Delete(int id)
    {
    }
}
```

这些方法都是标准的 HTTP 方法，而且为了保证安全性，它不支持使用传统的表单数据，取而代之的是 FromBody 参数，它是 HttpRequestMessage 里的参数，而不是所有请求数据，这是出于安全方面的考虑。但在本系统中嵌入项目中的 API 并没有严格按照上述标准进行封装，其安全由.NET Core 中认证中间件保证。

9.6.1 应用客户端中的调用

HttpClient 是一个被封装用于 Http 通信的类，它在.NET Core、Java 中都实现了。手机端、平板端也采用相关的方式调用，它们也都有自己的 HttpClient 类。HttpClient 使用消息处理器处理请求，HttpClientHandler 是 HttpClient 默认的消息处理器，消息处理器处理请求并返回响应的流程如图 9-11 所示。

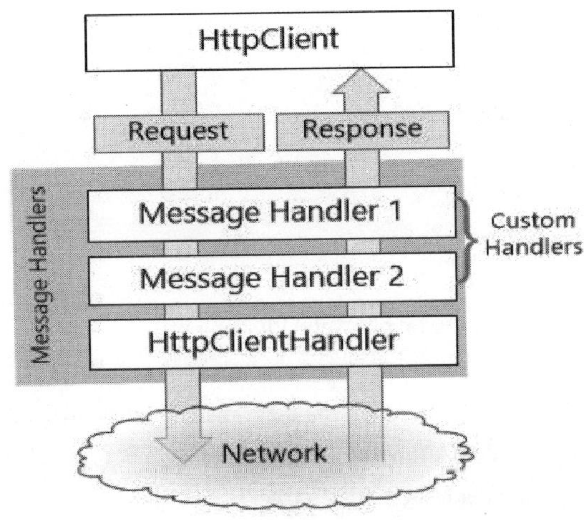

图 9-11 消息处理器处理请求并返回响应的流程

HttpClient 组件类实例为一个会话发送 HTTP 请求。HttpClient 实例设置为集合会应用于该实例执行的所有请求。此外，每当 HttpClient 实例使用自己的连接池，隔离其他 HttpClient 实例的执行请求。HttpClient 也是更具体的 HTTP 客户端的基类。

默认情况下，使用 HttpWebRequest 向服务器发送请求。这一行为可通过在接受一个 HttpMessageHandler 实例作为参数的构造函数重载中指定不同的通道来更改。

如果需要身份验证或缓存的功能，WebRequestHandler 可使用配置项和实例传递给构造函数。返回的处理程序传递到采用 HttpMessageHandler 参数的某构造进行返回参数传递。

如果使用 HttpClient 和相关组件类的 App 在 System.Net.Http 命名空间用于下载大量数据（可达 50MB 或更多），则应用程序直接下载数据而不使用默认值缓冲区。如果使用默认值缓冲区客户端，内存使用量会非常大，可能会显著降低性能。对于使用 HttpClient 调用本系统 API 的基本使用方法，示例代码如下：

```
using System;
```

```
using System.Collections.Generic;
using System.Linq;
using System.Net.Http;
using System.Text;
using System.Threading.Tasks;
namespace ACLib.Tools
{
    public class WebApiInvoker
    {
        public static string InvokeWebAPI(string uri)
        {
            HttpClientHandler myHandler = new HttpClientHandler();
            myHandler.AllowAutoRedirect = false;
            myHandler.UseCookies = true;
            HttpClient myClient = new HttpClient(myHandler);
            //myClient.DefaultRequestHeaders.Add("X-HeaderKey", "HeaderValue");
            //myClient.DefaultRequestHeaders.Referrer = new Uri("http://www.contoso.com");
            myClient.Timeout = TimeSpan.FromSeconds(30);
            var task = myClient.GetAsync(uri);
            task.Result.EnsureSuccessStatusCode();
            HttpResponseMessage response = task.Result;
            var result = response.Content.ReadAsStringAsync();
            return result.Result;
        }
        public static string PostDataToWebAPI(string uri, Dictionary<string, string>
KeyValueDict)
        {
            HttpClientHandler myHandler = new HttpClientHandler();
            myHandler.AllowAutoRedirect = false;
            myHandler.UseCookies = true;
            HttpClient myClient = new HttpClient(myHandler);
            myClient.Timeout = TimeSpan.FromSeconds(30);
            var content = new FormUrlEncodedContent(KeyValueDict);
            try
            {
                var task = myClient.PostAsync(uri, content);
                task.Result.EnsureSuccessStatusCode();
```

```
                HttpResponseMessage response = task.Result;
                var result = response.Content.ReadAsStringAsync();
                return result.Result;
            }
            catch (Exception ex)
            {
                return ex.Message;
            }
        }
    }
    public class WebApiInvoker2
    {
        HttpClientHandler myHandler = new HttpClientHandler();
        HttpClient myClient;
        bool hasAuthorized = false;
        public WebApiInvoker2()
        {
            myHandler.AllowAutoRedirect = false;
            myHandler.UseCookies = true;
            myClient = new HttpClient(myHandler);
            myClient.Timeout = TimeSpan.FromSeconds(30);

        }
        public bool SignInServer(string loginApiUri)
        {
            var task = myClient.GetAsync(loginApiUri);
            task.Result.EnsureSuccessStatusCode();
            HttpResponseMessage response = task.Result;
            var result = response.Content.ReadAsStringAsync();
            return result.Result.StartsWith("Success");
        }
        public string InvokeWebAPI(string uri)
        {
            var task = myClient.GetAsync(uri);
            task.Result.EnsureSuccessStatusCode();
            HttpResponseMessage response = task.Result;
```

```
                var result = response.Content.ReadAsStringAsync();
                return result.Result;
            }
            public string  PostDataToWebAPI(string uri, Dictionary<string, string> KeyValueDict)
            {
                var content = new FormUrlEncodedContent(KeyValueDict);
                try
                {
                    var task = myClient.PostAsync(uri, content);
                    task.Result.EnsureSuccessStatusCode();
                    HttpResponseMessage response = task.Result;
                    var result = response.Content.ReadAsStringAsync();
                    return result.Result;
                }
                catch (Exception ex)
                {
                    return ex.Message;
                }
            }
        }
    }
```

上述类库的封装中，WebApiInvoker 提供静态方法，而 WebApiInvoker2 必须实例化对象后方能使用。可采用以下代码调用上述封装的类库。

```
ACLib.Tools.WebApiInvoker.InvokeWebAPI("http://*:80/RIO/Login");
```

或

```
new ACLib.Tools.WebApiInvoker2.InvokeWebAPI2("http://*:80/RIO/Login");
```

在 PostDataToWebAPI(string uri, Dictionary<string, string> KeyValueDict)调用中，要将对象模型转换为键值对，需要用到如下类库：

```
using System;
using System.Collections.Generic;
using System.Reflection;
using System.Text;
namespace ACLib.Tools
{
    public class EntityKeyValueConvertor
```

```
    {
        public static T ToEntity<T>(Dictionary<string, string> kvDict) where T : new()
        {
            Type type = typeof(T);
            Object objEntity = Activator.CreateInstance(type);          //创建实例
            foreach (PropertyInfo objProperty in type.GetProperties())
            {
                string name = objProperty.Name;
                if (kvDict.ContainsKey(name)) objProperty.SetValue(objEntity, Convert.
ChangeType(kvDict[name], objProperty.PropertyType), null);
            }
            return (T)objEntity;
        }
        public static Dictionary<string, string> ToKeyValue<T>(T t)
        {
            Dictionary<string, string> kvDict = new Dictionary<string, string>();
            Type type = typeof(T);
            Object objEntity = Activator.CreateInstance(type);   //创建实例
            foreach (PropertyInfo objProperty in type.GetProperties())
            {
                string key = objProperty.Name;
                string value = objProperty.GetValue(t, null)?.ToString();
                string des = "";
                foreach (var item in objProperty.GetCustomAttributes(true))
                {
                    if (item.GetType().Name == "DescriptionAttribute")
                        des = (item as System.ComponentModel.DescriptionAttribute).
Description;
                }
                kvDict.Add(key, value);
            }
            return kvDict;
        }
    }
}
```

该类库采用反射机制，对实体对象进行键值对转换。

9.6.2 网页中的调用方法

在页面中可采用 Get 方法或 Post 方法调用，AJAX 中的调用方法如下：

```
$.ajax({
    url: "/RIO/LoginOut",
    type: "GET",
    success: function (data) {
        console.log("json:" + data);
    }
});
$.ajax({
    url: "/RIO/Login",
    type: "POST",
    data: { '': '1' },//这里键名称必须为空，多个参数请传对象，API 端参数名必须为 value
        success: function (data) {
            console.log("post:" + data);
    }
});
```

采用 jQuery 的调用方法如下：

```
$.get("/RIO/LoginOut",
    function(data,status){
    alert("Data: " + data + "\nStatus: " + status);
  });
$.post("/RIO/Login",
  {
    userName:"U01",
    userPswd:"123"
  },
  function(data,status){
    alert("Data: " + data + "\nStatus: " + status);
  });
```

.NetCoreMVC 网站中开放的 API 可以采用浏览器和客户端的调用方法，若是第三方网站中的页面调用，则需要考虑跨域调用问题。

（1）在.NET Core 2.0 的 Microsoft.AspNetCore.All 包中已经包含跨域 Cors 的处理，不必单独添加，如图 9-12 所示。

图 9-12 Microsoft.AspNetCore.Cors 引用

如果该引用不存在，则使用 nuget 添加：

```
Install-Package Microsoft.AspNetCore.Cors
```

（2）打开 Startup.cs 文件，在 ConfigureServices 中配置跨域。

```
services.AddCors(options =>
    {
        options.AddPolicy("any", builder =>
        {
            builder.AllowAnyOrigin() //允许任何来源的主机访问
            //builder.WithOrigins("http://localhost:8888") ////允许 http://localhost:8888
的主机访问
            .AllowAnyMethod()
            .AllowAnyHeader()
            .AllowCredentials();//指定处理 cookie


        });
});
```

（3）在 Configure 或 Controller 中配置跨域支持。

方法 1：在 Configure 中是最全局配置，配置后支持所有 Controller。

```
app.UseCors("any");
```

方法 2：在 Controller 中配置跨域支持。

```
using Microsoft.AspNetCore.Cors;
using Microsoft.AspNetCore.Mvc;

namespace TestCors.Controllers
{
    [EnableCors("any")]//跨域
    [Route("api/[controller]/[action]")]
    public class RIOController : Controller
    {
        public string GetVersion()
        {
            return System.Reflection.Assembly.GetExecutingAssembly().GetName().Version.
ToString();
        }
    }
}
```

（4）在其他网页中调用 API。

```
<button class="btn btn-success" onclick="$.get('https://localhost:44381/api/RIO/GetVersion',
function (data) {alert('AssemblyVersion:' + data);});">
    GetAssemblyVersion
</button>
```

参考文献

[1] v_JULY_v.从上百幅架构图中学得半点大型网站建设经验[EB/OL]. https://blog.csdn.net/v_july_v/article/details/6839360，2011.

[2] 码农之屋.12306 网站架构设想[EB/OL]. https://blog.csdn.net/lsz137105/article/details/104507844/，2020.

[3] myzhibie.基于 Web 的 IM 软件通信原理分析[EB/OL]. https://www.cnblogs.com/myzhibie/p/4589420.html，2015.

[4] 陈发明.负载均衡原理与技术实现[EB/OL]. http://network.51cto.com/art/201509/492457.htm，2015.

[5] 以梦为码.高性能数据库集群：读写分离[EB/OL]. https://www.cnblogs.com/volare/p/9783041.html，2018.

[6] 叶梦_.MySQL Cluste（入门篇）—分布式数据库集群搭建[EB/OL]. https://blog.csdn.net/qq_15092079/article/details/82665307，2018.

[7] 程序员 IT 球．分布式系统的经典基础理论——中心化与去中心化[EB/OL]. https://baijiahao.baidu.com/s?id=1600500806691832299&wfr=spider&for=pc，2018.

[8] 云头条.微软开源 ML.NET：一款跨平台、成熟的机器学习框架[EB/OL]. http://www.sohu.com/a/231045786_465914，2018.

[9] Java 程序员_stone.架构解密从分布式到微服务:分布式系统的设计理念[EB/OL]. https://blog.csdn.net/stone_tmp/article/details/117855083，2021.

[10] 天承办公室．中心化和去中心化，集群和分布式之间的区别和联系[EB/OL]. http://www.360doc.com/content/21/0904/16/47115229_994079505.shtml，2021.

[11] .dotNET 跨平台.NET Core 使 RabbitMQ[EB/OL].
https://blog.csdn.net/sD7O95O/article/details/78126418，2017.

[12] loveWEBmin.http 和 https 握手过程详解[EB/OL].
https://blog.csdn.net/cout__waht/article/details/80859369，2018.

[13] RonTech.分布式系统设计理念[EB/OL].
https://blog.csdn.net/zyhlwzy/article/details/78104242，2017.

[14] wyaoo.Docker 和传统虚拟化方式的比较[EB/OL].
https://www.jianshu.com/p/2c679294e529，2017.

[15] 左羽．详解 Nginx 服务器之负载均衡策略[EB/OL].
https://www.jb51.net/article/143985.htm，2018.

[16] Hyue．分布式与去中心化[EB/OL].
https://www.jianshu.com/p/7271c246f4a0，2015.